U0296554

国家科技支撑计划项目(2012BAD29B01)
国家科技基础性工作专项(2015FY111200)

中国市售茶叶农药残留报告
2019

（华东卷一）

庞国芳　申世刚　主编

科学出版社

北　京

内 容 简 介

《中国市售茶叶农药残留报告》共分8卷：华北卷(北京市、天津市、石家庄市、太原市、呼和浩特市)，东北卷-电商平台卷(沈阳市、长春市、哈尔滨市和电商平台)，华东卷一(上海市、南京市、杭州市、合肥市)，华东卷二(福州市、南昌市、济南市)，华中卷(郑州市、武汉市、长沙市)，华南卷(广州市、南宁市、海口市)，西南卷(重庆市、成都市、贵阳市、昆明市、拉萨市及林芝地区)和西北卷(西安市、兰州市、西宁市、银川市、乌鲁木齐市)。

每卷包括2019年市售7种茶叶农药残留侦测报告和膳食暴露风险与预警风险评估报告。分别介绍了市售茶叶样品采集情况，液相色谱-四极杆飞行时间质谱(LC-Q-TOF/MS)和气相色谱-四极杆飞行时间质谱(GC-Q-TOF/MS)农药残留检测结果，农药残留分布情况，农药残留检出水平与最大残留限量(MRL)标准对比分析，以及农药残留膳食暴露风险评估与预警风险评估结果。

本书对从事农产品安全生产、农药科学管理与施用、食品安全研究与管理的相关人员具有重要参考价值，同时可供高等院校食品安全与质量检测等相关专业的师生参考，广大消费者也可从中获取健康饮食的裨益。

图书在版编目（CIP）数据

中国市售茶叶农药残留报告. 2019. 华东卷. 一 / 庞国芳，申世刚主编. —北京：科学出版社，2020.2

ISBN 978-7-03-063879-3

Ⅰ. ①中… Ⅱ. ①庞… ②申… Ⅲ. ①茶叶—农药残留物—研究报告—华东地区—2019 Ⅳ. ①S481

中国版本图书馆 CIP 数据核字（2019）第 288750 号

责任编辑：杨 震 刘 冉 杨新改/责任校对：杨 赛
责任印制：肖 兴/封面设计：北京图阅盛世

科学出版社 出版
北京东黄城根北街 16 号
邮政编码：100717
http://www.sciencep.com

北京九天鸿程印刷有限责任公司 印刷
科学出版社发行 各地新华书店经销

*

2020 年 2 月第 一 版 开本：787×1092 1/16
2020 年 2 月第一次印刷 印张：22
字数：520 000

定价：188.00 元
（如有印装质量问题，我社负责调换）

中国市售茶叶农药残留报告
2019
(华东卷一)
编 委 会

序

据世界卫生组织统计，全世界每年至少发生 50 万例农药中毒事件，死亡 11.5 万人，数十种疾病与农药残留有关。为此，世界各国均制定了严格的食品标准，对不同农产品设置了农药最大残留限量(MRL)标准。我国将于 2020 年 2 月实施《食品安全国家标准　食品中农药最大残留限量》(GB 2763—2019)，规定食品中 483 种农药的 7107 项最大残留限量标准；欧盟、美国和日本等发达国家和地区分别制定了 162248 项、39147 项和 51600 项农药最大残留限量标准。作为农业大国，我国是世界上农药生产和使用最多的国家。据中国统计年鉴数据统计，2000~2015 年我国化学农药原药产量从 60 万吨/年增加到 374 万吨/年，农药化学污染物已经是当前食品安全源头污染的主要来源之一。

因此，深受广大消费者及政府相关部门关注的各种问题也随之而来：我国市售茶叶农药残留污染状况和风险水平到底如何？我国农产品农药残留水平是否影响我国农产品走向国际市场？这些看似简单实则难度相当大的问题，涉及农药的科学管理与施用，食品农产品的安全监管，农药残留检测技术标准以及资源保障等多方面因素。

可喜的是，此次由庞国芳院士科研团队承担完成的国家科技支撑计划项目(2012BAD29B01)和国家科技基础性工作专项(2015FY111200)研究成果之一《中国市售茶叶农药残留报告》(以下简称《报告》)，对上述问题给出了全面、深入、直观的答案，为形成我国农药残留监控体系提供了海量的科学数据支撑。

该《报告》包括茶叶农药残留侦测报告和茶叶农药残留膳食暴露风险与预警风险评估报告两大重点内容。其中，"茶叶农药残留侦测报告"是庞国芳院士科研团队利用他们所取得的具有国际领先水平的多元融合技术，包括高通量非靶向农药残留侦测技术、农药残留侦测数据智能分析及残留侦测结果可视化等研究成果，对我国 32 个城市 363 个采样点的 4944 例 7 种市售茶叶进行非靶向农药残留侦测的结果汇总；同时，解决了数据维度多、数据关系复杂、数据分析要求高等技术难题，运用自主研发的海量数据智能分析软件，深入比较分析了农药残留侦测数据结果，初步普查了我国主要城市茶叶农药残留的"家底"。而"茶叶农药残留膳食暴露风险与预警风险评估报告"是在上述农药残留侦测数据的基础上，利用食品安全指数模型和风险系数模型，结合农药残留水平、特性、致害效应，进行系统的农药残留风险评价，最终给出了我国主要城市市售茶叶农药残留的膳食暴露风险和预警风险结论。

该《报告》包含了海量的农药残留侦测结果和相关信息，数据准确、真实可靠，具有以下几个特点：

一、样品采集具有代表性。侦测地域范围覆盖全国除港澳台以外省级行政区的 32 个城市(包括 4 个直辖市，27 个省会城市，1 个地级市)的 363 个采样点。随机从超市、茶叶专营店或电商平台采集样品 4944 批。样品采集地覆盖全国 25%人口的生活区域，具有代表性。

二、检测过程遵循统一性和科学性原则。所有侦测数据来源于 10 个网络联盟实验室，按"五统一"规范操作(统一采样标准、统一制样技术、统一检测方法、统一格式数据上传、统一模式统计分析报告)全封闭运行，保障数据的准确性、统一性、完整性、安全性和可靠性。

三、农残数据分析与评价的自动化。充分运用互联网的智能化技术，实现从农产品、农药残留、地域、农药残留最高限量标准等多维度的自动统计和综合评价与预警。

总之，该《报告》数据庞大，信息丰富，内容翔实，图文并茂，直观易懂。它的出版，将有助于广大读者全面了解我国主要城市市售茶叶农药残留的现状、动态变化及风险水平。这对于全面认识我国茶叶食用安全水平、掌握各种农药残留对人体健康的影响，具有十分重要的理论价值和实用意义。

该书适合政府监管部门、食品安全专家、茶叶生产和经营者以及广大消费者等各类人员阅读参考，其受众之广、影响之大是该领域内前所未有的，值得大家高度关注。

2019 年 12 月

前　言

　　食品是人类生存和发展的基本物质基础，食品安全是全球的重大民生问题，也是世界各国目前所面临的共同难题，而食品中农药残留问题是引发食品安全事件的重要因素，尤其受到关注。目前，世界上常用的农药种类超过 1000 种，而且不断地有新的农药被研发和应用，在关注农药残留对人类身体健康和生存环境造成新的潜在危害的同时，也对农药残留的检测技术、监控手段和风险评估能力提出了更高的要求和全新的挑战。

　　为解决上述难题，作者团队此前一直围绕世界常用的 1200 多种农药和化学污染物展开多学科合作研究，例如，采用高分辨质谱技术开展无需实物标准品作参比的高通量非靶向农药残留检测技术研究；运用互联网技术与数据科学理论对海量农药残留检测数据的自动采集和智能分析研究；引入网络地理信息系统(Web-GIS)技术用于农药残留检测结果的空间可视化研究等等。与此同时，对这些前沿及主流技术进行多元融合研究，在农药残留检测技术、农药残留数据智能分析及结果可视化等多个方面取得了原创性突破，实现了农药残留检测技术信息化、检测结果大数据处理智能化、风险溯源可视化。这些创新研究成果已整理成《食用农产品农药残留监测与风险评估溯源技术研究》一书另行出版。

　　《中国市售茶叶农药残留报告》(以下简称《报告》)是上述多项研究成果综合应用于我国农产品农药残留检测与风险评估的科学报告。为了真实反映我国市售茶叶中农药残留污染状况以及残留农药的相关风险，2019 年作者团队采用液相色谱-四极杆飞行时间质谱(LC-Q-TOF/MS)及气相色谱-四极杆飞行时间质谱(GC-Q-TOF/MS)两种高分辨质谱技术，从全国 32 个城市(包括 27 个省会、4 个直辖市、1 个地级市)363 个采样点(包括超市、茶叶专营店、电商平台等)随机采集了 7 种市售茶叶 4944 例样品进行了非靶向农药残留筛查，初步摸清了这些城市市售茶叶农药残留的"家底"，形成了 2019 年全国重点城市市售茶叶农药残留检测报告。在这基础上，运用食品安全指数模型和风险系数模型，开发了风险评价应用程序，对上述茶叶农药残留分别开展膳食暴露风险评估和预警风险评估，形成了 2019 年全国重点城市市售茶叶农药残留膳食暴露风险与预警风险评估报告。现将这两大报告整理成书，以飨读者。

　　为了便于查阅，本次出版的《报告》按我国自然地理区域共分为八卷：华北卷(北京市、天津市、石家庄市、太原市、呼和浩特市)，东北卷-电商平台卷(沈阳市、长春市、哈尔滨市和电商平台)，华东卷一(上海市、南京市、杭州市、合肥市)，华东卷二(福州市、南昌市、济南市)，华中卷(郑州市、武汉市、长沙市)，华南卷(广州市、南宁市、海口市)，西南卷(重庆市、成都市、贵阳市、昆明市、拉萨市及林芝地区)和西北卷(西安市、兰州市、西宁市、银川市、乌鲁木齐市)。

　　《报告》的每一卷内容均采用统一的结构和方式进行叙述，对每个城市的市售茶叶农药残留状况和风险评估结果均按照 LC-Q-TOF/MS 及 GC-Q-TOF/MS 两种技术分别阐述。主要包括以下几方面内容：①每个城市的样品采集情况与农药残留检测结果；②每个城市的农药残留检出水平与最大残留限量(MRL)标准对比分析；③每个城市的茶叶中农药残留分布情况；④每个城市茶叶农药残留报告的初步结论；⑤农药残留风险评估方法及风险评价应用程序的开发；⑥每个城市的茶叶农药残留膳食暴露风险评估；⑦每个城市的茶叶农药残留预警风险评估；⑧每个城市茶叶农药残留风险评估结论与建议。

　　本《报告》是我国"十二五"国家科技支撑计划项目(2012BAD29B01)和"十三五"国家科技基础性工作专项(2015FY111200)的研究成果之一。该项研究成果紧扣国家"十三五"规划纲要"增强农产品安全保障能力"和"推进健康中国建设"的主题，可在这些领域的发展中，发挥重要的技术支撑作用。本《报告》的出版得到河北大学高层次人才科研启动经费项目(521000981273)的支持。

　　由于作者水平有限，书中不妥之处在所难免，恳请广大读者批评指正。

2019 年 11 月

缩 略 语 表

ADI	allowable daily intake	每日允许最大摄入量
CAC	Codex Alimentarius Commission	国际食品法典委员会
CCPR	Codex Committee on Pesticide Residues	农药残留法典委员会
FAO	Food and Agriculture Organization	联合国粮食及农业组织
GAP	Good Agricultural Practices	农业良好管理规范
GC-Q-TOF/MS	gas chromatograph/quadrupole time-of-flight mass spectrometry	气相色谱-四极杆飞行时间质谱
GEMS	Global Environmental Monitoring System	全球环境监测系统
IFS	index of food safety	食品安全指数
JECFA	Joint FAO/WHO Expert Committee on Food and Additives	FAO、WHO食品添加剂联合专家委员会
JMPR	Joint FAO/WHO Meeting on Pesticide Residues	FAO、WHO农药残留联合会议
LC-Q-TOF/MS	liquid chromatograph/quadrupole time-of-flight mass spectrometry	液相色谱-四极杆飞行时间质谱
MRL	maximum residue limit	最大残留限量
R	risk index	风险系数
WHO	World Health Organization	世界卫生组织

凡　　例

- 采样城市包括 31 个直辖市及省会城市(未含台北市、香港特别行政区和澳门特别行政区)、1 个地级市及电商平台,分成华北卷(北京市、天津市、石家庄市、太原市、呼和浩特市)、东北卷-电商平台卷(沈阳市、长春市、哈尔滨市、电商平台)、华东卷一(上海市、南京市、杭州市、合肥市)、华东卷二(福州市、南昌市、济南市)、华中卷(郑州市、武汉市、长沙市)、华南卷(广州市、南宁市、海口市)、西南卷(重庆市、成都市、贵阳市、昆明市、拉萨市及林芝地区)、西北卷(西安市、兰州市、西宁市、银川市、乌鲁木齐市)共 8 卷。

- 表中标注*表示剧毒农药;标注◇表示高毒农药;标注▲表示禁用农药;标注 a 表示超标。

- 书中提及的附表(侦测原始数据),请扫描封底二维码,按对应城市获取。

目　　录

上　海　市

第 1 章　LC-Q-TOF/MS 侦测上海市 121 例市售茶叶样品农药残留报告 ······················ 3

1.1　样品种类、数量与来源 ··· 3

1.2　农药残留检出水平与最大残留限量标准对比分析 ··············· 11

1.3　茶叶中农药残留分布 ·· 16

1.4　初步结论 ··· 21

第 2 章　LC-Q-TOF/MS 侦测上海市市售茶叶农药残留膳食暴露风险 与预警风险评估 ·· 24

2.1　农药残留风险评估方法 ··· 24

2.2　LC-Q-TOF/MS 侦测上海市市售茶叶农药残留膳食暴露风险评估 ··· 30

2.3　LC-Q-TOF/MS 侦测上海市市售茶叶农药残留预警风险评估 ······ 34

2.4　LC-Q-TOF/MS 侦测上海市市售茶叶农药残留风险评估结论与建议 ··· 40

第 3 章　GC-Q-TOF/MS 侦测上海市 121 例市售茶叶样品农药残留报告 ···················· 43

3.1　样品种类、数量与来源 ·· 43

3.2　农药残留检出水平与最大残留限量标准对比分析 ··············· 51

3.3　茶叶中农药残留分布 ·· 58

3.4　初步结论 ··· 63

第 4 章　GC-Q-TOF/MS 侦测上海市市售茶叶农药残留膳食暴露风险 与预警风险评估 ·· 66

4.1　农药残留风险评估方法 ··· 66

4.2　GC-Q-TOF/MS 侦测上海市市售茶叶农药残留膳食暴露风险评估 ·· 72

4.3　GC-Q-TOF/MS 侦测上海市市售茶叶农药残留预警风险评估 ······ 76

4.4　GC-Q-TOF/MS 侦测上海市市售茶叶农药残留风险评估结论与建议 ····· 83

南　京　市

第 5 章　LC-Q-TOF/MS 侦测南京市 110 例市售茶叶样品农药残留报告 ···················· 89

5.1　样品种类、数量与来源 ·· 89

5.2　农药残留检出水平与最大残留限量标准对比分析 ··············· 96

5.3　茶叶中农药残留分布 ··· 102

5.4　初步结论 ·· 106

第 6 章　LC-Q-TOF/MS 侦测南京市市售茶叶农药残留膳食暴露风险
与预警风险评估···109
　　6.1　农药残留风险评估方法 ·······································109
　　6.2　LC-Q-TOF/MS 侦测南京市市售茶叶农药残留膳食暴露风险评估·······114
　　6.3　LC-Q-TOF/MS 侦测南京市市售茶叶农药残留预警风险评估 ···········118
　　6.4　LC-Q-TOF/MS 侦测南京市市售茶叶农药残留风险评估结论与建议·······124

第 7 章　GC-Q-TOF/MS 侦测南京市 110 例市售茶叶样品农药残留报告·······127
　　7.1　样品种类、数量与来源 ·······································127
　　7.2　农药残留检出水平与最大残留限量标准对比分析 ·················134
　　7.3　茶叶中农药残留分布 ···141
　　7.4　初步结论 ···145

第 8 章　GC-Q-TOF/MS 侦测南京市市售茶叶农药残留膳食暴露风险与
预警风险评估···149
　　8.1　GC-Q-TOF/MS 侦测农药残留风险评估方法 ······················149
　　8.2　GC-Q-TOF/MS 侦测南京市市售茶叶农药残留膳食暴露风险评估 ·······154
　　8.3　GC-Q-TOF/MS 侦测南京市市售茶叶农药残留预警风险评估 ···········158
　　8.4　GC-Q-TOF/MS 侦测南京市市售茶叶农药残留风险评估结论与建议·······164

杭 州 市

第 9 章　LC-Q-TOF/MS 侦测杭州市 107 例市售茶叶样品农药残留报告 ·······169
　　9.1　样品种类、数量与来源 ·······································169
　　9.2　农药残留检出水平与最大残留限量标准对比分析 ·················176
　　9.3　茶叶中农药残留分布 ···183
　　9.4　初步结论 ···186

第 10 章　LC-Q-TOF/MS 侦测杭州市市售茶叶农药残留膳食暴露风险
与预警风险评估··189
　　10.1　农药残留风险评估方法 ·······································189
　　10.2　LC-Q-TOF/MS 侦测杭州市市售茶叶农药残留膳食暴露风险评估·······195
　　10.3　LC-Q-TOF/MS 侦测杭州市市售茶叶农药残留预警风险评估 ···········199
　　10.4　LC-Q-TOF/MS 侦测杭州市市售茶叶农药残留风险评估结论与建议·······205

第 11 章　GC-Q-TOF/MS 侦测杭州市 107 例市售茶叶样品农药残留报告·······208
　　11.1　样品种类、数量与来源 ·······································208
　　11.2　农药残留检出水平与最大残留限量标准对比分析 ·················215
　　11.3　茶叶中农药残留分布 ···221
　　11.4　初步结论 ···224

第 12 章　GC-Q-TOF/MS 侦测杭州市市售茶叶农药残留膳食暴露风险
与预警风险评估 ··227
　12.1　农药残留风险评估方法 ···227
　12.2　GC-Q-TOF/MS 侦测杭州市市售茶叶农药残留膳食暴露风险评估 ·········233
　12.3　GC-Q-TOF/MS 侦测杭州市市售茶叶农药残留预警风险评估 ···········236
　12.4　GC-Q-TOF/MS 侦测杭州市市售茶叶农药残留风险评估结论与建议 ········243

合　肥　市

第 13 章　LC-Q-TOF/MS 侦测合肥市 120 例市售茶叶样品农药残留报告 ·········249
　13.1　样品种类、数量与来源 ···249
　13.2　农药残留检出水平与最大残留限量标准对比分析 ·····················257
　13.3　茶叶中农药残留分布 ···265
　13.4　初步结论 ··269
第 14 章　LC-Q-TOF/MS 侦测合肥市市售茶叶农药残留膳食暴露风险
与预警风险评估 ··273
　14.1　农药残留风险评估方法 ···273
　14.2　LC-Q-TOF/MS 侦测合肥市市售茶叶农药残留膳食暴露风险评估 ·········279
　14.3　LC-Q-TOF/MS 侦测合肥市市售茶叶农药残留预警风险评估 ···········283
　14.4　LC-Q-TOF/MS 侦测合肥市市售茶叶农药残留风险评估结论与建议 ·······290
第 15 章　GC-Q-TOF/MS 侦测合肥市 120 例市售茶叶样品农药残留报告 ·········293
　15.1　样品种类、数量与来源 ···293
　15.2　农药残留检出水平与最大残留限量标准对比分析 ·····················301
　15.3　茶叶中农药残留分布 ···308
　15.4　初步结论 ··312
第 16 章　GC-Q-TOF/MS 侦测合肥市市售茶叶农药残留膳食暴露风险
与预警风险评估 ··316
　16.1　农药残留风险评估方法 ···316
　16.2　GC-Q-TOF/MS 侦测合肥市市售茶叶农药残留膳食暴露风险评估 ·········321
　16.3　GC-Q-TOF/MS 侦测合肥市市售茶叶农药残留预警风险评估 ···········325
　16.4　GC-Q-TOF/MS 侦测合肥市市售茶叶农药残留风险评估结论与建议 ········332
参考文献 ···335

上　海　市

第1章　LC-Q-TOF/MS 侦测上海市 121 例市售茶叶样品农药残留报告

从上海市所属 3 个区，随机采集了 121 例茶叶样品，使用液相色谱-四极杆飞行时间质谱(LC-Q-TOF/MS)对 825 种农药化学污染物示范侦测(7 种负离子模式 ESI¯未涉及)。

1.1　样品种类、数量与来源

1.1.1　样品采集与检测

为了真实反映百姓日常饮用的茶叶中农药残留污染状况，本次所有检测样品均由检验人员于 2019 年 1 月期间，从上海市所属 9 个采样点,包括 4 个茶叶专营店和 5 个超市，以随机购买方式采集，总计 9 批 121 例样品，从中检出农药 37 种，384 频次。采样及监测概况见图 1-1 及表 1-1，样品及采样点明细见表 1-2 及表 1-3(侦测原始数据见附表 1)。

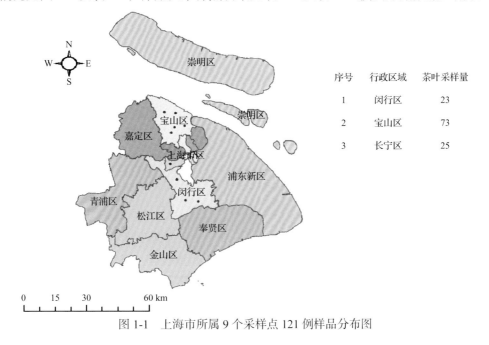

序号	行政区域	茶叶采样量
1	闵行区	23
2	宝山区	73
3	长宁区	25

图 1-1　上海市所属 9 个采样点 121 例样品分布图

表 1-1　农药残留监测总体概况

采样地区	上海市所属 3 个区
采样点(茶叶专营店+超市)	9
样本总数	121
检出农药品种/频次	37/384
各采样点样本农药残留检出率范围	42.9%～100.0%

表 1-2　样品分类及数量

样品分类	样品名称(数量)	数量小计
1. 茶叶		121
1) 发酵类茶叶	白茶(7)，黑茶(22)，红茶(23)，乌龙茶(24)	76
2) 未发酵类茶叶	绿茶(45)	45
合计	1.茶叶 5 种	121

表 1-3　上海市采样点信息

采样点序号	行政区域	采样点
茶叶专营店(4)		
1	宝山区	***茶庄
2	宝山区	***茶叶店
3	宝山区	***有限公司
4	闵行区	***茶庄(虹桥天地店)
超市(5)		
1	宝山区	***超市(吴淞店)
2	宝山区	***超市(牡丹江店)
3	长宁区	***超市(中山公园店)
4	闵行区	***超市(万科虹桥店)
5	闵行区	***超市(龙湖虹桥天街店)

1.1.2　检测结果

这次使用的检测方法是庞国芳院士团队最新研发的不需使用标准品对照，而以高分辨精确质量数(0.0001 m/z)为基准的 LC-Q-TOF/MS 检测技术，对于 121 例样品，每个样品均侦测了 825 种农药化学污染物的残留现状。通过本次侦测，在 121 例样品中共计检出农药化学污染物 37 种，检出 384 频次。

1.1.2.1　各采样点样品检出情况

统计分析发现 9 个采样点中，被测样品的农药检出率范围为 42.9%～100.0%。其中，***有限公司的检出率最高，为 100.0%。***茶庄(虹桥天地店)的检出率最低，为 42.9%，见图 1-2。

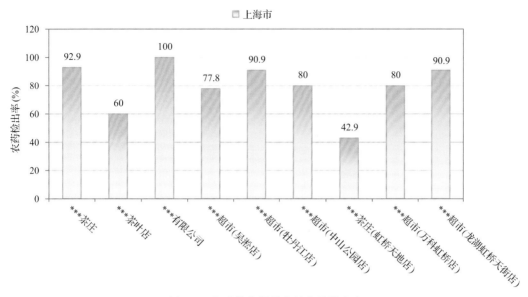

图 1-2　各采样点样品中的农药检出率

1.1.2.2　检出农药的品种总数与频次

统计分析发现，对于 121 例样品中 825 种农药化学污染物的侦测，共检出农药 384 频次，涉及农药 37 种，结果如图 1-3 所示。其中唑虫酰胺检出频次最高，共检出 75 次。检出频次排名前 10 的农药如下：①唑虫酰胺(75)，②噻嗪酮(53)，③啶虫脒(44)，④哒螨灵(39)，⑤苯醚甲环唑(26)，⑥吡唑醚菌酯(22)，⑦三唑磷(16)，⑧戊唑醇(15)，⑨嘧菌酯(10)，⑩噻虫嗪(10)。

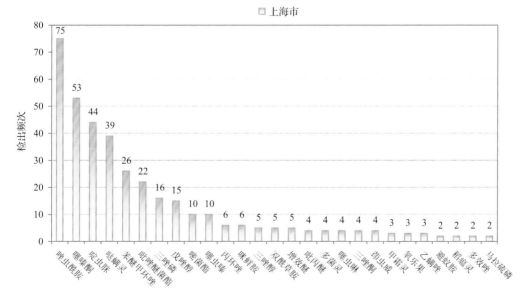

图 1-3　检出农药品种及频次(仅列出 2 频次及以上的数据)

由图 1-4 可见，绿茶、红茶、白茶、乌龙茶和黑茶这 5 种茶叶样品中检出的农药品种数较高，均超过 10 种，其中，绿茶检出农药品种最多，为 28 种。由图 1-5 可见，绿茶、乌龙茶和红茶这 3 种茶叶样品中的农药检出频次较高，均超过 60 次，其中，绿茶检出农药频次最高，为 202 次。

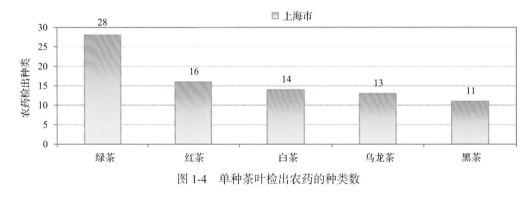

图 1-4　单种茶叶检出农药的种类数

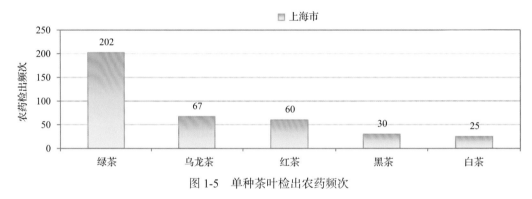

图 1-5　单种茶叶检出农药频次

1.1.2.3　单例样品农药检出种类与占比

对单例样品检出农药种类和频次进行统计发现，未检出农药的样品占总样品数的 18.2%，检出 1 种农药的样品占总样品数的 16.5%，检出 2～5 种农药的样品占总样品数的 47.9%，检出 6～10 种农药的样品占总样品数的 13.2%，检出大于 10 种农药的样品占总样品数的 4.1%。每例样品中平均检出农药为 3.2 种，数据见表 1-4 及图 1-6。

表 1-4　单例样品检出农药品种占比

检出农药品种数	样品数量/占比(%)
未检出	22/18.2
1 种	20/16.5
2～5 种	58/47.9
6～10 种	16/13.2
大于 10 种	5/4.1
单例样品平均检出农药品种	3.2

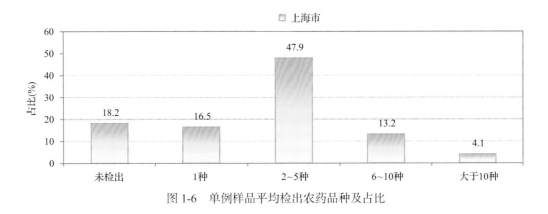

图 1-6　单例样品平均检出农药品种及占比

1.1.2.4　检出农药类别与占比

所有检出农药按功能分类，包括杀菌剂、杀虫剂、杀螨剂、植物生长调节剂、除草剂、驱避剂、增效剂共 7 类。其中杀菌剂与杀虫剂为主要检出的农药类别，分别占总数的 45.9%和 35.1%，见表 1-5 及图 1-7。

表 1-5　检出农药所属类别/占比

农药类别	数量/占比(%)
杀菌剂	17/45.9
杀虫剂	13/35.1
杀螨剂	2/5.4
植物生长调节剂	2/5.4
除草剂	1/2.7
驱避剂	1/2.7
增效剂	1/2.7

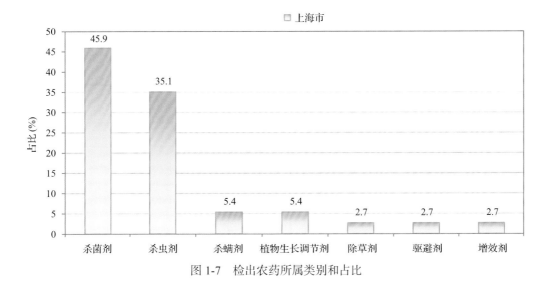

图 1-7　检出农药所属类别和占比

1.1.2.5 检出农药的残留水平

按检出农药残留水平进行统计，残留水平在 1～5 μg/kg(含)的农药占总数的 22.4%，在 5～10 μg/kg(含)的农药占总数的 20.1%，在 10～100 μg/kg(含)的农药占总数的 53.6%，在 100～1000 μg/kg 的农药占总数的 3.9%。

由此可见，这次检测的 9 批 121 例茶叶样品中农药多数处于中高残留水平。结果见表 1-6 及图 1-8，数据见附表 2。

表 1-6　农药残留水平/占比

残留水平(μg/kg)	检出频次数/占比(%)
1～5(含)	86/22.4
5～10(含)	77/20.1
10～100(含)	206/53.6
100～1000	15/3.9

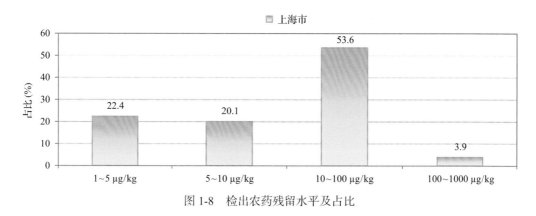

图 1-8　检出农药残留水平及占比

1.1.2.6 检出农药的毒性类别、检出频次和超标频次及占比

对这次检出的 37 种 384 频次的农药，按剧毒、高毒、中毒、低毒和微毒这五个毒性类别进行分类，从中可以看出，上海市目前普遍使用的农药为中低微毒农药，品种占 89.2%，频次占 94.5%。结果见表 1-7 及图 1-9。

表 1-7　检出农药毒性类别/占比

毒性分类	农药品种/占比(%)	检出频次/占比(%)	超标频次/超标率(%)
剧毒农药	0/0	0/0.0	0/0.0
高毒农药	4/10.8	21/5.5	0/0.0
中毒农药	20/54.1	262/68.2	0/0.0
低毒农药	6/16.2	69/18.0	0/0.0
微毒农药	7/18.9	32/8.3	0/0.0

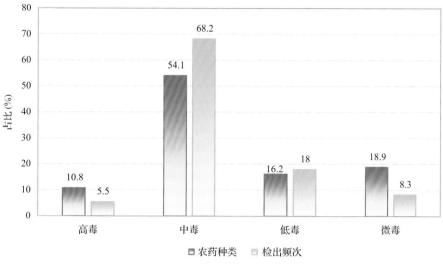

图 1-9　检出农药的毒性分类和占比

1.1.2.7　检出剧毒/高毒类农药的品种和频次

值得特别关注的是，在此次侦测的 121 例样品中有 3 种茶叶的 21 例样品检出了 4 种 21 频次的剧毒和高毒农药，占样品总量的 17.4%，详见图 1-10、表 1-8 及表 1-9。

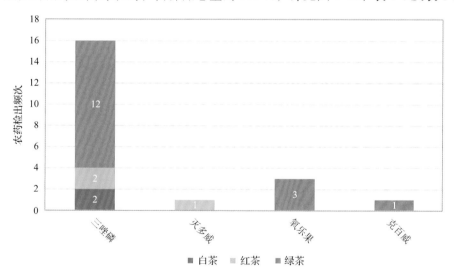

图 1-10　检出剧毒/高毒农药的样品情况

表 1-8　剧毒农药检出情况

序号	农药名称	检出频次	超标频次	超标率
		茶叶中未检出剧毒农药		
	合计	0	0	超标率：0.0%

表 1-9　高毒农药检出情况

序号	农药名称	检出频次	超标频次	超标率
从 3 种茶叶中检出 4 种高毒农药，共计检出 21 次				
1	三唑磷	16	0	0.0%
2	氧乐果	3	0	0.0%
3	克百威	1	0	0.0%
4	灭多威	1	0	0.0%
合计		21	0	超标率：0.0%

在检出的剧毒和高毒农药中，有 4 种是我国早已禁止在茶叶上使用的，分别是：灭多威、氧乐果、克百威和三唑磷。禁用农药的检出情况见表 1-10。

表 1-10　禁用农药检出情况

序号	农药名称	检出频次	超标频次	超标率
从 3 种茶叶中检出 4 种禁用农药，共计检出 21 次				
1	三唑磷	16	0	0.0%
2	氧乐果	3	0	0.0%
3	克百威	1	0	0.0%
4	灭多威	1	0	0.0%
合计		21	0	超标率：0.0%

注：表中*为剧毒农药；超标结果参考 MRL 中国国家标准计算

此次抽检的茶叶样品中，没有检出剧毒农药。

样品中检出剧毒和高毒农药残留水平没有超过 MRL 中国国家标准，但本次检出结果仍表明，高毒、剧毒农药的使用现象依旧存在。详见表 1-11。

表 1-11　各样本中检出剧毒/高毒农药情况

样品名称	农药名称	检出频次	超标频次	检出浓度(μg/kg)
茶叶 3 种				
白茶	三唑磷▲	2	0	24.4，5.2
红茶	三唑磷▲	2	0	13.5，5.2
红茶	灭多威▲	1	0	35.4
绿茶	三唑磷▲	12	0	8.4，12.9，47.0，2.4，5.3，5.0，36.6，12.2，14.5，3.3，37.8，51.8
绿茶	氧乐果▲	3	0	5.6，24.2，2.5
绿茶	克百威▲	1	0	1.4
合计		21	0	超标率：0.0%

注：表中*为剧毒农药；▲为禁用农药；a 为超标结果(参考 MRL 中国国家标准)

1.2　农药残留检出水平与最大残留限量标准对比分析

我国于 2016 年 12 月 18 日正式颁布并于 2017 年 6 月 18 日正式实施食品农药残留限量国家标准《食品中农药最大残留限量》(GB 2763—2016)。该标准包括 417 个农药条目，涉及最大残留限量(MRL)标准 4140 项。将 384 频次检出农药的浓度水平与 4140 项 MRL 中国国家标准进行核对，其中只有 185 频次的结果找到了对应的 MRL，占 48.2%，还有 199 频次的结果则无相关 MRL 标准供参考，占 51.8%。

将此次侦测结果与国际上现行 MRL 对比发现，在 384 频次的检出结果中有 384 频次的结果找到了对应的 MRL 欧盟标准，占 100.0%，其中，301 频次的结果有明确对应的 MRL，占 78.4%，其余 83 频次按照欧盟一律标准判定，占 21.6%；有 384 频次的结果找到了对应的 MRL 日本标准，占 100.0%，其中，339 频次的结果有明确对应的 MRL，占 88.3%，其余 45 频次按照日本一律标准判定，占 11.7%；有 174 频次的结果找到了对应的 MRL 中国香港标准，占 45.3%；有 205 频次的结果找到了对应的 MRL 美国标准，占 53.4%；有 79 频次的结果找到了对应的 MRL CAC 标准，占 20.6%(见图 1-11 和图 1-12，数据见附表 3 至附表 8)。

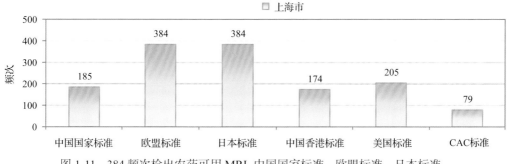

图 1-11　384 频次检出农药可用 MRL 中国国家标准、欧盟标准、日本标准、
中国香港标准、美国标准、CAC 标准判定衡量的数量

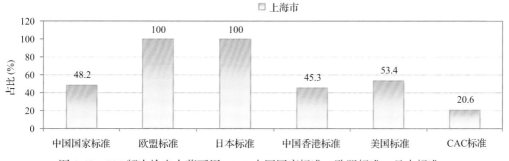

图 1-12　384 频次检出农药可用 MRL 中国国家标准、欧盟标准、日本标准、
中国香港标准、美国标准、CAC 标准衡量的占比

1.2.1　超标农药样品分析

本次侦测的 121 例样品中，22 例样品未检出任何残留农药，占样品总量的 18.2%，

99 例样品检出不同水平、不同种类的残留农药,占样品总量的 81.8%。在此,我们将本次侦测的农残检出情况与 MRL 中国国家标准、欧盟标准、日本标准、中国香港标准、美国标准和 CAC 标准这 6 大国际主流标准进行对比分析,样品农残检出与超标情况见表 1-12、图 1-13 和图 1-14,详细数据见附表 9 至附表 14。

表 1-12 各 MRL 标准下样本农残检出与超标数量及占比

	中国国家标准 数量/占比(%)	欧盟标准 数量/占比(%)	日本标准 数量/占比(%)	中国香港标准 数量/占比(%)	美国标准 数量/占比(%)	CAC 标准 数量/占比(%)
未检出	22/18.2	22/18.2	22/18.2	22/18.2	22/18.2	22/18.2
检出未超标	99/81.8	37/30.6	81/66.9	99/81.8	99/81.8	99/81.8
检出超标	0/0.0	62/51.2	18/14.9	0/0.0	0/0.0	0/0.0

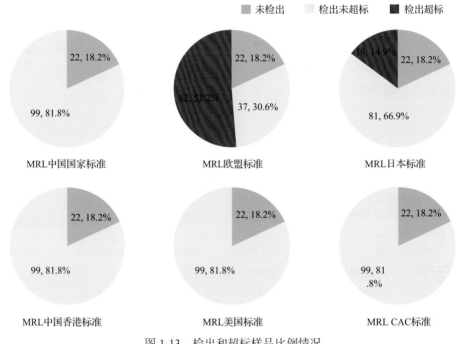

图 1-13 检出和超标样品比例情况

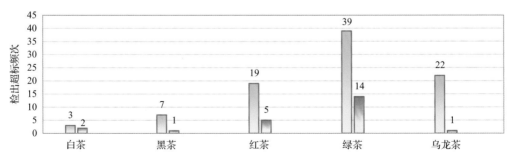

图 1-14 超过 MRL 中国国家标准、欧盟标准、日本标准、中国香港标准、
美国标准、CAC 标准结果在茶叶中的分布

1.2.2　超标农药种类分析

按照 MRL 中国国家标准、欧盟标准、日本标准、中国香港标准、美国标准和 CAC 标准这 6 大国际主流标准衡量，本次侦测检出的农药超标品种及频次情况见表 1-13。

表 1-13　各 MRL 标准下超标农药品种及频次

	中国国家标准	欧盟标准	日本标准	中国香港标准	美国标准	CAC 标准
超标农药品种	0	12	10	0	0	0
超标农药频次	0	90	23	0	0	0

1.2.2.1　按 MRL 中国国家标准衡量

按 MRL 中国国家标准衡量，无样品检出超标农药残留。

1.2.2.2　按 MRL 欧盟标准衡量

按 MRL 欧盟标准衡量，共有 12 种农药超标，检出 90 频次，分别为高毒农药三唑磷，中毒农药苯醚甲环唑、稻瘟灵、噁霜灵、啶虫脒、三唑醇、唑虫酰胺、戊唑醇和哒螨灵，低毒农药避蚊胺和噻嗪酮，微毒农药双酰草胺。

按超标程度比较，绿茶中唑虫酰胺超标 21.1 倍，红茶中唑虫酰胺超标 12.2 倍，乌龙茶中唑虫酰胺超标 11.0 倍，乌龙茶中哒螨灵超标 8.6 倍，绿茶中稻瘟灵超标 8.2 倍。检测结果见图 1-15 和附表 16。

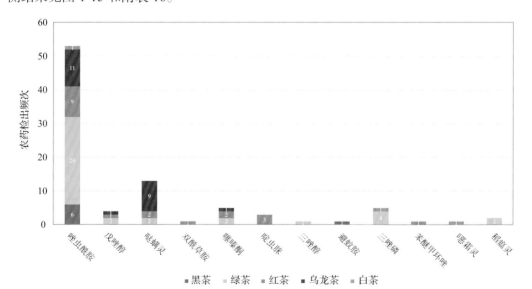

图 1-15　超过 MRL 欧盟标准农药品种及频次

1.2.2.3　按 MRL 日本标准衡量

按 MRL 日本标准衡量，共有 10 种农药超标，检出 23 频次，分别为高毒农药三唑磷，中毒农药稻瘟灵、甲霜灵、多效唑、噁霜灵和茚虫威，低毒农药避蚊胺、马拉硫磷和烯酰吗啉，微毒农药双酰草胺。

按超标程度比较，绿茶中稻瘟灵超标 8.2 倍，红茶中双酰草胺超标 4.5 倍，绿茶中三唑磷超标 4.2 倍，乌龙茶中茚虫威超标 2.6 倍，白茶中三唑磷超标 1.4 倍。检测结果见图 1-16 和附表 17。

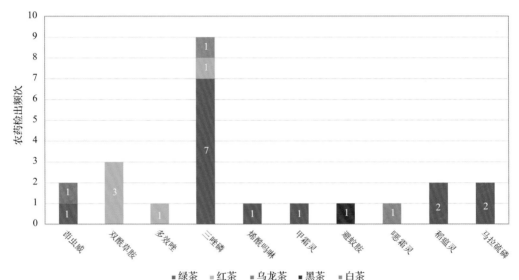

图 1-16　超过 MRL 日本标准农药品种及频次

1.2.2.4　按 MRL 中国香港标准衡量

按 MRL 中国香港标准衡量，无样品检出超标农药残留。

1.2.2.5　按 MRL 美国标准衡量

按 MRL 美国标准衡量，无样品检出超标农药残留。

1.2.2.6　按 MRL CAC 标准衡量

按 MRL CAC 标准衡量，无样品检出超标农药残留。

1.2.3　9 个采样点超标情况分析

1.2.3.1　按 MRL 中国国家标准衡量

按 MRL 中国国家标准衡量，所有采样点的样品均未检出超标农药残留。

1.2.3.2　按 MRL 欧盟标准衡量

按 MRL 欧盟标准衡量，有 7 个采样点的样品存在不同程度的超标农药检出，其中***有限公司的超标率最高，为 77.8%，如表 1-14 和图 1-17 所示。

表 1-14　超过 MRL 欧盟标准茶叶在不同采样点分布

序号	采样点	样品总数	超标数量	超标率(%)	行政区域
1	***超市(中山公园店)	25	14	56.0	长宁区
2	***超市(牡丹江店)	22	11	50.0	宝山区
3	***超市(吴淞店)	18	11	61.1	宝山区
4	***茶庄	14	10	71.4	宝山区
5	***超市(龙湖虹桥天街店)	11	4	36.4	闵行区
6	***茶叶店	10	5	50.0	宝山区
7	***有限公司	9	7	77.8	宝山区

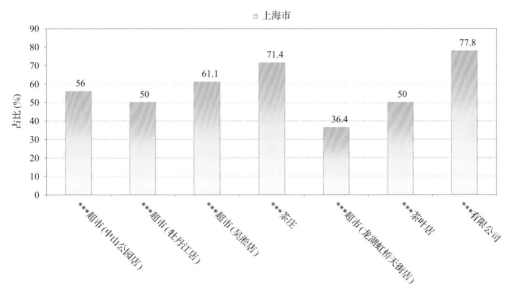

图 1-17　超过 MRL 欧盟标准茶叶在不同采样点分布

1.2.3.3　按 MRL 日本标准衡量

按 MRL 日本标准衡量，有 8 个采样点的样品存在不同程度的超标农药检出，其中***超市(万科虹桥店)的超标率最高，为 40.0%，如表 1-15 和图 1-18 所示。

表 1-15　超过 MRL 日本标准茶叶在不同采样点分布

序号	采样点	样品总数	超标数量	超标率(%)	行政区域
1	***超市(中山公园店)	25	2	8.0	长宁区
2	***超市(牡丹江店)	22	2	9.1	宝山区
3	***超市(吴淞店)	18	2	11.1	宝山区
4	***茶庄	14	3	21.4	宝山区
5	***超市(龙湖虹桥天街店)	11	3	27.3	闵行区
6	***茶叶店	10	3	30.0	宝山区
7	***有限公司	9	1	11.1	宝山区
8	***超市(万科虹桥店)	5	2	40.0	闵行区

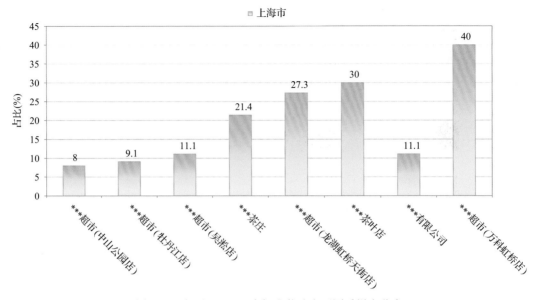

图 1-18 超过 MRL 日本标准茶叶在不同采样点分布

1.2.3.4 按 MRL 中国香港标准衡量

按 MRL 中国香港标准衡量，所有采样点的样品均未检出超标农药残留。

1.2.3.5 按 MRL 美国标准衡量

按 MRL 美国标准衡量，所有采样点的样品均未检出超标农药残留。

1.2.3.6 按 MRL CAC 标准衡量

按 MRL CAC 标准衡量，所有采样点的样品均未检出超标农药残留。

1.3 茶叶中农药残留分布

1.3.1 茶叶按检出农药品种和频次排名

本次残留侦测的茶叶共 5 种，包括白茶、黑茶、红茶、乌龙茶和绿茶。

根据检出农药品种及频次进行排名，将各项排名茶叶样品检出情况列表说明，详见表 1-16。

表 1-16 茶叶按检出农药品种和频次排名

按检出农药品种排名(品种)	①绿茶(28)，②红茶(16)，③白茶(14)，④乌龙茶(13)，⑤黑茶(11)
按检出农药频次排名(频次)	①绿茶(202)，②乌龙茶(67)，③红茶(60)，④黑茶(30)，⑤白茶(25)
按检出禁用、高毒及剧毒农药品种排名(品种)	①绿茶(3)，②红茶(2)，③白茶(1)
按检出禁用、高毒及剧毒农药频次排名(频次)	①绿茶(16)，②红茶(3)，③白茶(2)

1.3.2　茶叶按超标农药品种和频次排名

鉴于 MRL 欧盟标准和 MRL 日本标准制定比较全面且覆盖率较高，我们参照 MRL 中国国家标准、欧盟标准和日本标准衡量茶叶样品中农残检出情况，将茶叶按超标农药品种及频次排名列表说明，详见表 1-17。

表 1-17　茶叶按超标农药品种和频次排名

	MRL 中国国家标准	
按超标农药品种排名（农药品种数）	MRL 欧盟标准	①红茶(7)，②绿茶(7)，③乌龙茶(4)，④白茶(3)，⑤黑茶(2)
	MRL 日本标准	①绿茶(6)，②红茶(3)，③白茶(2)，④黑茶(1)，⑤乌龙茶(1)
	MRL 中国国家标准	
按超标农药频次排名（农药频次数）	MRL 欧盟标准	①绿茶(39)，②乌龙茶(22)，③红茶(19)，④黑茶(7)，⑤白茶(3)
	MRL 日本标准	①绿茶(14)，②红茶(5)，③白茶(2)，④黑茶(1)，⑤乌龙茶(1)

通过对各品种茶叶样本总数及检出率进行综合分析发现，绿茶、红茶和乌龙茶的残留污染最为严重，在此，我们参照 MRL 中国国家标准、欧盟标准和日本标准对这 3 种茶叶的农残检出情况进行进一步分析。

1.3.3　农药残留检出率较高的茶叶样品分析

1.3.3.1　绿茶

这次共检测 45 例绿茶样品，40 例样品中检出了农药残留，检出率为 88.9%，检出农药共计 28 种。其中唑虫酰胺、啶虫脒、噻嗪酮、哒螨灵和苯醚甲环唑检出频次较高，分别检出了 34、28、28、16 和 12 次。绿茶中农药检出品种和频次见图 1-19，超标农药见图 1-20 和表 1-18。

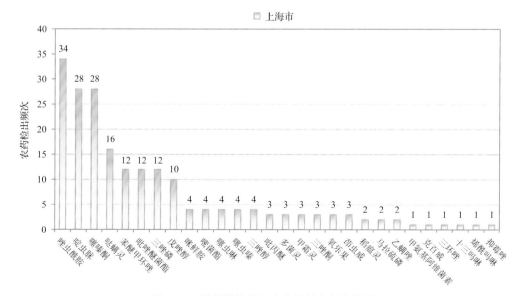

图 1-19　绿茶样品检出农药品种和频次分析

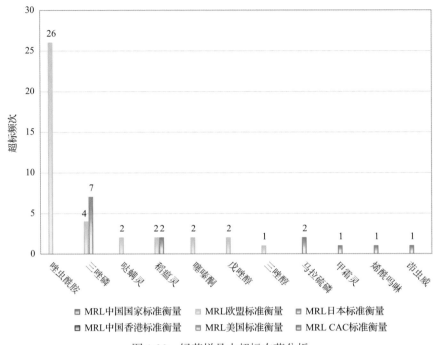

图 1-20　绿茶样品中超标农药分析

表 1-18　绿茶中农药残留超标情况明细表

样品总数	检出农药样品数	样品检出率(%)	检出农药品种总数
45	40	88.9	28

	超标农药品种	超标农药频次	按照 MRL 中国国家标准、欧盟标准和日本标准衡量超标农药名称及频次
中国国家标准	0	0	
欧盟标准	7	39	唑虫酰胺(26)，三唑磷(4)，哒螨灵(2)，稻瘟灵(2)，噻嗪酮(2)，戊唑醇(2)，三唑醇(1)
日本标准	6	14	三唑磷(7)，稻瘟灵(2)，马拉硫磷(2)，甲霜灵(1)，烯酰吗啉(1)，茚虫威(1)

1.3.3.2　红茶

这次共检测 23 例红茶样品，19 例样品中检出了农药残留，检出率为 82.6%，检出农药共计 16 种。其中噻嗪酮、唑虫酰胺、哒螨灵、啶虫脒和双酰草胺检出频次较高，分别检出了 12、10、7、7 和 5 次。红茶中农药检出品种和频次见图 1-21，超标农药见图 1-22 和表 1-19。

1.3.3.3　乌龙茶

这次共检测 24 例乌龙茶样品，22 例样品中检出了农药残留，检出率为 91.7%，检出农药共计 13 种。其中唑虫酰胺、哒螨灵、苯醚甲环唑、噻嗪酮和吡唑醚菌酯检出频次较高，分别检出了 20、13、9、5 和 4 次。乌龙茶中农药检出品种和频次见图 1-23，超标农药见图 1-24 和表 1-20。

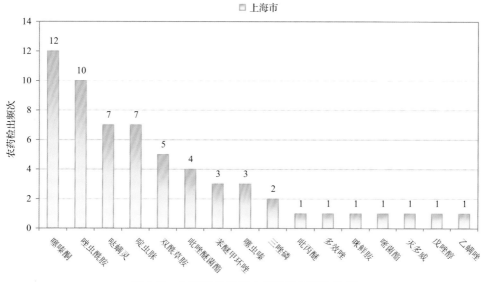

图 1-21　红茶样品检出农药品种和频次分析

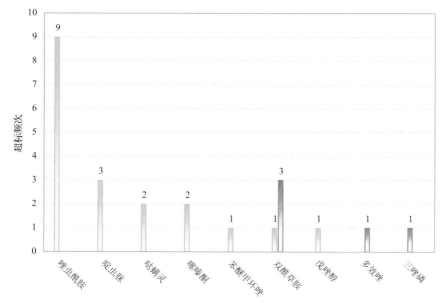

图 1-22　红茶样品中超标农药分析

表 1-19　红茶中农药残留超标情况明细表

样品总数		检出农药样品数	样品检出率(%)	检出农药品种总数
23		19	82.6	16
超标农药品种	超标农药频次	按照 MRL 中国国家标准、欧盟标准和日本标准衡量超标农药名称及频次		
中国国家标准	0	0		
欧盟标准	7	19	唑虫酰胺(9)，啶虫脒(3)，哒螨灵(2)，噻嗪酮(2)，苯醚甲环唑(1)，双酰草胺(1)，戊唑醇(1)	
日本标准	3	5	双酰草胺(3)，多效唑(1)，三唑磷(1)	

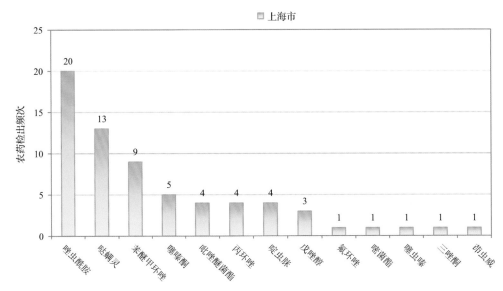

图 1-23　乌龙茶样品检出农药品种和频次分析

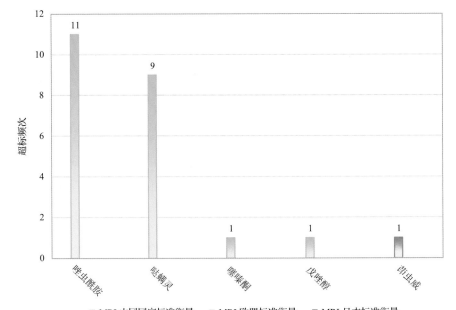

□ MRL中国国家标准衡量　□ MRL欧盟标准衡量　■ MRL日本标准衡量
□ MRL中国香港标准衡量　□ MRL美国标准衡量　■ MRL CAC标准衡量

图 1-24　乌龙茶样品中超标农药分析

表 1-20　乌龙茶中农药残留超标情况明细表

	样品总数	检出农药样品数	样品检出率(%)	检出农药品种总数
	24	22	91.7	13
	超标农药品种	超标农药频次	按照 MRL 中国国家标准、欧盟标准和日本标准衡量超标农药名称及频次	
中国国家标准	0	0		
欧盟标准	4	22	唑虫酰胺(11)，哒螨灵(9)，噻嗪酮(1)，戊唑醇(1)	
日本标准	1	1	茚虫威(1)	

1.4　初　步　结　论

1.4.1　上海市市售茶叶按 MRL 中国国家标准和国际主要 MRL 标准衡量的合格率

本次侦测的 121 例样品中，22 例样品未检出任何残留农药，占样品总量的 18.2%，99 例样品检出不同水平、不同种类的残留农药，占样品总量的 81.8%。在这 99 例检出农药残留的样品中：

按照 MRL 中国国家标准衡量，有 99 例样品检出残留农药但含量没有超标，占样品总数的 81.8%，无检出残留农药超标的样品。

按照 MRL 欧盟标准衡量，有 37 例样品检出残留农药但含量没有超标，占样品总数的 30.6%，有 62 例样品检出了超标农药，占样品总数的 51.2%。

按照 MRL 日本标准衡量，有 81 例样品检出残留农药但含量没有超标，占样品总数的 66.9%，有 18 例样品检出了超标农药，占样品总数的 14.9%。

按照 MRL 中国香港标准衡量，有 99 例样品检出残留农药但含量没有超标，占样品总数的 81.8%，无检出残留农药超标的样品。

按照 MRL 美国标准衡量，有 99 例样品检出残留农药但含量没有超标，占样品总数的 81.8%，无检出残留农药超标的样品。

按照 MRL CAC 标准衡量，有 99 例样品检出残留农药但含量没有超标，占样品总数的 81.8%，无检出残留农药超标的样品。

1.4.2　上海市市售茶叶中检出农药以中低微毒农药为主，占市场主体的 89.2%

这次侦测的 121 例茶叶样品共检出了 37 种农药，检出农药的毒性以中低微毒为主，详见表 1-21。

表 1-21　市场主体农药毒性分布

毒性	检出品种	占比	检出频次	占比
高毒农药	4	10.8%	21	5.5%
中毒农药	20	54.1%	262	68.2%
低毒农药	6	16.2%	69	18.0%
微毒农药	7	18.9%	32	8.3%

中低微毒农药，品种占比 89.2%，频次占比 94.5%

1.4.3　检出剧毒、高毒和禁用农药现象应该警醒

在此次侦测的 121 例样品中有 3 种茶叶的 21 例样品检出了 4 种 21 频次的剧毒和高毒或禁用农药，占样品总量的 17.4%。其中高毒农药三唑磷、氧乐果和克百威检出

频次较高。

按 MRL 中国国家标准衡量，检出高毒农药按超标程度比较均未超标。

剧毒、高毒或禁用农药的检出情况及按照 MRL 中国国家标准衡量的超标情况见表 1-22。

表 1-22　剧毒、高毒或禁用农药的检出及超标明细

序号	农药名称	样品名称	检出频次	超标频次	最大超标倍数	超标率
1.1	克百威◊▲	绿茶	1	0	0	0.0%
2.1	灭多威◊▲	红茶	1	0	0	0.0%
3.1	三唑磷◊▲	绿茶	12	0	0	0.0%
3.2	三唑磷◊▲	白茶	2	0	0	0.0%
3.3	三唑磷◊▲	红茶	2	0	0	0.0%
4.1	氧乐果◊▲	绿茶	3	0	0	0.0%
合计			21	0		0.0%

注：表中*为剧毒农药；◊ 为高毒农药；▲为禁用农药；超标倍数参照 MRL 中国国家标准衡量

这些剧毒和高毒农药都是中国政府早有规定禁止在茶叶中使用的，为什么还屡次被检出，应该引起警惕。

1.4.4　残留限量标准与先进国家或地区差距较大

384 频次的检出结果与我国公布的《食品中农药最大残留限量》(GB 2763—2016)对比，有 185 频次能找到对应的 MRL 中国国家标准，占 48.2%；还有 199 频次的侦测数据无相关 MRL 标准供参考，占 51.8%。

与国际上现行 MRL 对比发现：

有 384 频次能找到对应的 MRL 欧盟标准，占 100.0%；

有 384 频次能找到对应的 MRL 日本标准，占 100.0%；

有 174 频次能找到对应的 MRL 中国香港标准，占 45.3%；

有 205 频次能找到对应的 MRL 美国标准，占 53.4%；

有 79 频次能找到对应的 MRL CAC 标准，占 20.6%。

由上可见，MRL 中国国家标准与先进国家或地区标准还有很大差距，我们无标准，境外有标准，这就会导致我们在国际贸易中，处于受制于人的被动地位。

1.4.5　茶叶单种样品检出 14～28 种农药残留，拷问农药使用的科学性

通过此次监测发现，绿茶、红茶和白茶是检出农药品种最多的 3 种茶叶，从中检出农药品种及频次详见表 1-23。

表 1-23　单种样品检出农药品种及频次

样品名称	样品总数	检出农药样品数	检出率	检出农药品种数	检出农药(频次)
绿茶	45	40	88.9%	28	唑虫酰胺(34)、啶虫脒(28)、噻嗪酮(28)、哒螨灵(16)、苯醚甲环唑(12)、吡唑醚菌酯(12)、三唑磷(12)、戊唑醇(10)、咪鲜胺(4)、嘧菌酯(4)、噻虫啉(4)、噻虫嗪(4)、三唑醇(4)、吡丙醚(3)、多菌灵(3)、甲霜灵(3)、三唑酮(3)、氧乐果(3)、茚虫威(3)、稻瘟灵(2)、马拉硫磷(2)、乙螨唑(2)、甲氨基阿维菌素(1)、克百威(1)、三环唑(1)、十三吗啉(1)、烯酰吗啉(1)、抑霉唑(1)
红茶	23	19	82.6%	16	噻嗪酮(12)、唑虫酰胺(10)、哒螨灵(7)、啶虫脒(7)、双酰草胺(5)、吡唑醚菌酯(4)、苯醚甲环唑(3)、噻虫嗪(3)、三唑磷(2)、吡丙醚(1)、多效唑(1)、咪鲜胺(1)、嘧菌酯(1)、灭多威(1)、戊唑醇(1)、乙螨唑(1)
白茶	7	4	57.1%	14	哒螨灵(3)、啶虫脒(3)、嘧菌酯(3)、苯醚甲环唑(2)、噻虫嗪(2)、噻嗪酮(2)、三唑磷(2)、唑虫酰胺(2)、吡唑醚菌酯(1)、丙环唑(1)、多菌灵(1)、噁霜灵(1)、咪鲜胺(1)、三唑醇(1)

上述 3 种茶叶，检出农药 14～28 种，是多种农药综合防治，还是未严格实施农业良好管理规范(GAP)，抑或根本就是乱施药，值得我们思考。

第2章 LC-Q-TOF/MS 侦测上海市市售茶叶农药残留膳食暴露风险与预警风险评估

2.1 农药残留风险评估方法

2.1.1 上海市农药残留侦测数据分析与统计

庞国芳院士科研团队建立的农药残留高通量侦测技术以高分辨精确质量数（0.0001 m/z 为基准）为识别标准，采用 LC-Q-TOF/MS 技术对 825 种农药化学污染物进行侦测。

科研团队于 2019 年 3 月在上海市所属的 9 个采样点，随机采集了 121 例茶叶样品，具体位置如图 2-1 所示。

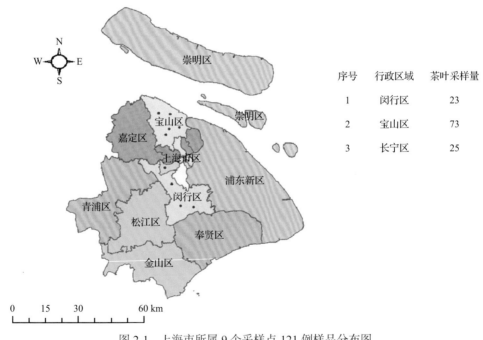

序号	行政区域	茶叶采样量
1	闵行区	23
2	宝山区	73
3	长宁区	25

图 2-1 上海市所属 9 个采样点 121 例样品分布图

利用 LC-Q-TOF/MS 技术对 121 例样品中的农药进行侦测，侦测出残留化学污染物 37 种，384 频次。侦测出农药残留水平如表 2-1 和图 2-2 所示。检出频次最高的前 10 种农药如表 2-2 所示。从侦测结果中可以看出，在茶叶中农药残留普遍存在，且有些茶叶存在高浓度的农药残留，这些可能存在膳食暴露风险，对人体健康产生危害，因此，为了定量地评价茶叶中农药残留的风险程度，有必要对其进行风险评价。

表 2-1　侦测出农药的不同残留水平及其所占比例列表

残留水平(μg/kg)	检出频次	占比(%)
1～5(含)	86	22.4
5～10(含)	77	20.1
10～100(含)	206	53.6
100～1000(含)	15	3.9
合计	384	100

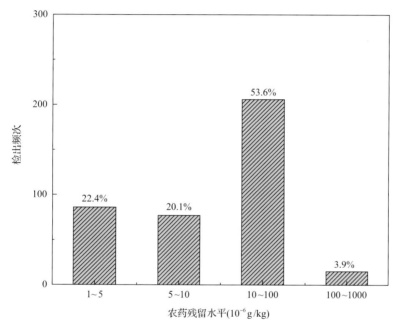

图 2-2　残留农药检出浓度频数分布图

表 2-2　检出频次最高的前 10 种农药列表

序号	农药	检出频次
1	唑虫酰胺	75
2	噻嗪酮	53
3	啶虫脒	44
4	哒螨灵	39
5	苯醚甲环唑	26
6	吡唑醚菌酯	22
7	三唑磷	16
8	戊唑醇	15
9	嘧菌酯	10
10	噻虫嗪	10

2.1.2　农药残留风险评价模型

对上海市茶叶中农药残留分别开展暴露风险评估和预警风险评估。膳食暴露风险评估利用食品安全指数模型对茶叶中的残留农药对人体可能产生的危害程度进行评价，该模型结合残留监测和膳食暴露评估评价化学污染物的危害；预警风险评价模型运用风险系数(risk index，R)，风险系数综合考虑了危害物的超标率、施检频率及其本身敏感性的影响，能直观而全面地反映出危害物在一段时间内的风险程度。

2.1.2.1　食品安全指数模型

为了加强食品安全管理，《中华人民共和国食品安全法》第二章第十七条规定"国家建立食品安全风险评估制度，运用科学方法，根据食品安全风险监测信息、科学数据以及有关信息，对食品、食品添加剂、食品相关产品中生物性、化学性和物理性危害因素进行风险评估"[1]，膳食暴露评估是食品危险度评估的重要组成部分，也是膳食安全性的衡量标准[2]。国际上最早研究膳食暴露风险评估的机构主要是 JMPR(FAO、WHO农药残留联合会议)，该组织自 1995 年就已制定了急性毒性物质的风险评估急性毒性农药残留摄入量的预测。1960 年美国规定食品中不得加入致癌物质进而提出零阈值理论，渐渐零阈值理论发展成在一定概率条件下可接受风险的概念[3]，后衍变为食品中每日允许最大摄入量(ADI)，而国际食品农药残留法典委员会(CCPR)认为 ADI 不是独立风险评估的唯一标准[4]，1995 年 JMPR 开始研究农药急性膳食暴露风险评估，并对食品国际短期摄入量的计算方法进行了修正，亦对膳食暴露评估准则及评估方法进行了修正[5]，2002 年，在对世界上现行的食品安全评价方法，尤其是国际公认的 CAC 评价方法、全球环境监测系统/食品污染监测和评估规划(WHO GEMS/Food)及 FAO、WHO 食品添加剂联合专家委员会(JECFA)和 JMPR 对食品安全风险评估工作研究的基础之上，检验检疫食品安全管理的研究人员提出了结合残留监控和膳食暴露评估，以食品安全指数 IFS 计算食品中各种化学污染物对消费者的健康危害程度[6]。IFS 是表示食品安全状态的新方法，可有效地评价某种农药的安全性，进而评价食品中各种农药化学污染物对消费者健康的整体危害程度[7, 8]。从理论上分析，IFS_c 可指出食品中的污染物 c 对消费者健康是否存在危害及危害的程度[9]。其优点在于操作简单且结果容易被接受和理解，不需要大量的数据来对结果进行验证，使用默认的标准假设或者模型即可[10, 11]。

1)IFS_c 的计算

IFS_c 计算公式如下：

$$IFS_c = \frac{EDI_c \times f}{SI_c \times bw} \tag{2-1}$$

式中，c 为所研究的农药；EDI_c 为农药 c 的实际日摄入量估算值，等于 $\sum(R_i \times F_i \times E_i \times P_i)$(i 为食品种类；$R_i$ 为食品 i 中农药 c 的残留水平，mg/kg；F_i 为食品 i 的估计日消费量，g/(人·天)；E_i 为食品 i 的可食用部分因子；P_i 为食品 i 的加工处理因子)；SI_c 为安全摄入量，可采用每日允许最大摄入量 ADI；bw 为人平均体重，kg；f 为校正因子，如果安全摄入量采用 ADI，则 f 取 1。

$IFS_c \ll 1$，农药 c 对食品安全没有影响；$IFS_c \leq 1$，农药 c 对食品安全的影响可以接受；$IFS_c > 1$，农药 c 对食品安全的影响不可接受。

本次评价中：

$IFS_c \leq 0.1$，农药 c 对茶叶安全没有影响；

$0.1 < IFS_c \leq 1$，农药 c 对茶叶安全的影响可以接受；

$IFS_c > 1$，农药 c 对茶叶安全的影响不可接受。

本次评价中残留水平 R_i 取值为中国检验检疫科学研究院庞国芳院士课题组利用以高分辨精确质量数（0.0001 m/z）为基准的 LC-Q-TOF/MS 侦测技术于 2019 年 3 月期间对上海市茶叶农药残留的侦测结果，估计日消费量 F_i 取值 0.0047 kg/(人·天)，$E_i = 1$，$P_i = 1$，$f = 1$，SI_c 采用《食品安全国家标准　食品中农药最大残留限量》（GB 2763—2016）中 ADI 值（具体数值见表 2-3），人平均体重（bw）取值 60 kg。

表 2-3　上海市茶叶中侦测出农药的 ADI 值

序号	农药	ADI	序号	农药	ADI	序号	农药	ADI
1	氧乐果	0.0003	14	氟环唑	0.02	27	甲霜灵	0.08
2	甲氨基阿维菌素	0.0005	15	灭多威	0.02	28	吡丙醚	0.1
3	三唑磷	0.001	16	三唑酮	0.03	29	多效唑	0.1
4	克百威	0.001	17	三唑醇	0.03	30	嘧菌酯	0.2
5	唑虫酰胺	0.006	18	吡唑醚菌酯	0.03	31	增效醚	0.2
6	噻嗪酮	0.009	19	多菌灵	0.03	32	烯酰吗啉	0.2
7	咪鲜胺	0.01	20	戊唑醇	0.03	33	马拉硫磷	0.3
8	哒螨灵	0.01	21	抑霉唑	0.03	34	十三吗啉	—
9	噁霜灵	0.01	22	三环唑	0.04	35	双苯基脲	—
10	噻虫啉	0.01	23	乙螨唑	0.05	36	双酰草胺	—
11	苯醚甲环唑	0.01	24	丙环唑	0.07	37	避蚊胺	—
12	茚虫威	0.01	25	啶虫脒	0.07			
13	稻瘟灵	0.016	26	噻虫嗪	0.08			

注："—"表示为国家标准中无 ADI 值规定；ADI 值单位为 mg/kg bw

2）计算 IFS_c 的平均值 $\overline{IFS}$，评价农药对食品安全的影响程度

以 $\overline{IFS}$ 评价各种农药对人体健康危害的总程度，评价模型见公式（2-2）。

$$\overline{IFS} = \frac{\sum_{i=1}^{n} IFS_c}{n} \tag{2-2}$$

$IFS_c \ll 1$，所研究消费者人群的食品安全状态很好；$\overline{IFS} \leq 1$，所研究消费者人群的

食品安全状态可以接受；$\overline{IFS}>1$，所研究消费者人群的食品安全状态不可接受。

本次评价中：

$\overline{IFS}\leqslant0.1$，所研究消费者人群的茶叶安全状态很好；

$0.1<\overline{IFS}\leqslant1$，所研究消费者人群的茶叶安全状态可以接受；

$\overline{IFS}>1$，所研究消费者人群的茶叶安全状态不可接受。

2.1.2.2　预警风险评估模型

2003 年，我国检验检疫食品安全管理的研究人员根据 WTO 的有关原则和我国的具体规定，结合危害物本身的敏感性、风险程度及其相应的施检频率，首次提出了食品中危害物风险系数 R 的概念[12]。R 是衡量一个危害物的风险程度大小最直观的参数，即在一定时期内其超标率或阳性检出率的高低,但受其施检频率的高低及其本身的敏感性(受关注程度)影响。该模型综合考察了农药在茶叶中的超标率、施检频率及其本身敏感性，能直观而全面地反映出农药在一段时间内的风险程度[13]。

1)R 计算方法

危害物的风险系数综合考虑了危害物的超标率或阳性检出率、施检频率和其本身的敏感性影响，并能直观而全面地反映出危害物在一段时间内的风险程度。风险系数 R 的计算公式如式(2-3)：

$$R = aP + \frac{b}{F} + S \qquad (2\text{-}3)$$

式中，P 为该种危害物的超标率；F 为危害物的施检频率；S 为危害物的敏感因子；a, b 分别为相应的权重系数。

本次评价中 F=1；S=1；a =100；b =0.1，对参数 P 进行计算，计算时首先判断是否为禁用农药，如果为非禁用农药，P=超标的样品数(侦测出的含量高于食品最大残留限量标准值，即 MRL)除以总样品数(包括超标、不超标、未侦测出)；如果为禁用农药，则侦测出即为超标，P=能侦测出的样品数除以总样品数。判断上海市茶叶农药残留是否超标的标准限值 MRL 分别以 MRL 中国国家标准[14]和 MRL 欧盟标准作为对照，具体值列于本报告附表一中。

2)评价风险程度

$R\leqslant1.5$，受检农药处于低度风险；

$1.5<R\leqslant2.5$，受检农药处于中度风险；

$R>2.5$，受检农药处于高度风险。

2.1.2.3　食品膳食暴露风险和预警风险评估应用程序的开发

1)应用程序开发的步骤

为成功开发膳食暴露风险和预警风险评估应用程序，与软件工程师多次沟通讨论，逐步提出并描述清楚计算需求，开发了初步应用程序。为明确出不同茶叶、不同农药、

不同地域的风险水平，向软件工程师提出不同的计算需求，软件工程师对计算需求进行逐一分析，经过反复的细节沟通，需求分析得到明确后，开始进行解决方案的设计，在保证需求的完整性、一致性的前提下，编写出程序代码，最后设计出满足需求的风险评估专用计算软件，并通过一系列的软件测试和改进，完成专用程序的开发。软件开发基本步骤见图 2-3。

图 2-3　专用程序开发总体步骤

2) 膳食暴露风险评估专业程序开发的基本要求

首先直接利用公式(2-1)，分别计算 LC-Q-TOF/MS 和 GC-Q-TOF/MS 仪器侦测出的各茶叶样品中每种农药 IFS$_c$，将结果列出。为考察超标农药和禁用农药的使用安全性，分别以我国《食品安全国家标准　食品中农药最大残留限量》(GB 2763—2016)和欧盟食品中农药最大残留限量(以下简称 MRL 中国国家标准和 MRL 欧盟标准)为标准，对侦测出的禁用农药和超标的非禁用农药 IFS$_c$ 单独进行评价；按 IFS$_c$ 大小列表，并找出 IFS$_c$ 值排名前 20 的样本重点关注。

对不同茶叶 i 中每一种侦测出的农药 c 的安全指数进行计算，多个样品时求平均值。按农药种类，计算整个监测时间段内每种农药的 IFS$_c$，不区分茶叶。

3) 预警风险评估专业程序开发的基本要求

分别以 MRL 中国国家标准和 MRL 欧盟标准，按公式(2-3)逐个计算不同茶叶、不同农药的风险系数，禁用农药和非禁用农药分别列表。

为清楚了解各种农药的预警风险，不分时间，不分茶叶，按禁用农药和非禁用农药分类，分别计算各种侦测出农药全部检测时段内风险系数。由于有 MRL 中国国家标准的农药种类太少，无法计算超标数，非禁用农药的风险系数只以 MRL 欧盟标准为标准，进行计算。

4) 风险程度评价专业应用程序的开发方法

采用 Python 计算机程序设计语言，Python 是一个高层次地结合了解释性、编译性、互动性和面向对象的脚本语言。风险评价专用程序主要功能包括：分别读入每例样品 GC-Q-TOF/MS 和 LC-Q-TOF/MS 农药残留检测数据，根据风险评价工作要求，依次对不同农药、不同食品、不同时间、不同采样点的 IFS$_c$ 值和 R 值分别进行数据计算，筛选出禁用农药、超标农药(分别与 MRL 中国国家标准、MRL 欧盟标准限值进行对比)单独重点分析，再分别对各农药、各茶叶种类分类处理，设计出计算和排序程序，编写计算机代码，最后将生成的膳食暴露风险评估和超标风险评估定量计算结果列入设计好的各个表格中，并定性判断风险对目标的影响程度，直接用文字描述风险发生的高低，如"不可接受"、"可以接受"、"没有影响"、"高度风险"、"中度风险"、"低度风险"。

2.2 LC-Q-TOF/MS 侦测上海市市售茶叶农药残留膳食暴露风险评估

2.2.1 每例茶叶样品中农药残留安全指数分析

基于 2019 年 3 月的农药残留侦测数据，发现在 121 例样品中侦测出农药 384 频次，计算样品中每种残留农药的安全指数 IFS$_c$，并分析农药对样品安全的影响程度，结果详见附表二，农药残留对茶叶样品安全的影响程度频次分布情况如图 2-4 所示。

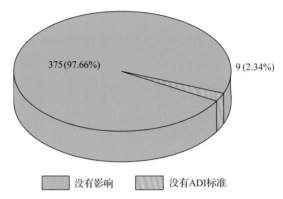

图 2-4 农药残留对茶叶样品安全的影响程度频次分布图

由图 2-4 可以看出，农药残留对样品安全的没有影响的频次为 375，占 97.66%；没有 ADI 标准的频次为 9 次，占 2.34%。

部分样品侦测出禁用农药 4 种 21 频次，为了明确残留的禁用农药对样品安全的影响，分析侦测出禁用农药残留的样品安全指数，禁用农药残留对茶叶样品安全的影响程度频次分布情况如图 2-5 所示，农药残留对样品安全没有影响的频次为 21，占 100%。

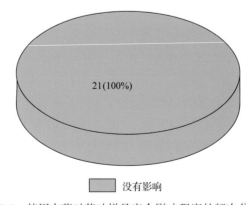

图 2-5 禁用农药对茶叶样品安全影响程度的频次分布图

此外，本次侦测没有发现样品中非禁用农药残留量超过了 MRL 中国国家标准。但是侦测发现部分样品中非禁用农药残留量超过了 MRL 欧盟标准，为了明确超标的非禁用农药对样品安全的影响，分析了非禁用农药残留超标的样品安全指数。

残留量超过 MRL 欧盟标准的非禁用农药对茶叶样品安全的影响程度频次分布情况如图 2-6 所示。可以看出超过 MRL 欧盟标准的非禁用农药共 85 频次，其中农药没有 ADI 的频次为 2，占 2.35%；农药残留对样品安全没有影响的频次为 83，占 97.65%。表 2-4 为茶叶样品中不可接受的残留超标非禁用农药安全指数列表。

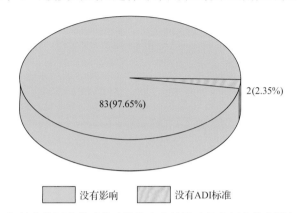

图 2-6　残留超标的非禁用农药对茶叶样品安全的影响程度频次分布图（MRL 欧盟标准）

表 2-4　茶叶样品中安全指数排名前 10 的残留超标非禁用农药列表（MRL 欧盟标准）

序号	样品编号	采样点	基质	农药	含量 (mg/kg)	欧盟标准	IFS_c	影响程度
1	20190110-310113-AHCIQ-OT-07B	***茶叶店	乌龙茶	哒螨灵	0.4818	0.05	$3.77×10^{-3}$	没有影响
2	20190108-310113-AHCIQ-OT-05B	***超市(吴淞店)	乌龙茶	哒螨灵	0.4435	0.05	$3.40×10^{-3}$	没有影响
3	20190108-310105-AHCIQ-GT-01H	***超市(中山公园店)	绿茶	唑虫酰胺	0.2206	0.01	$2.88×10^{-3}$	没有影响
4	20190108-310112-AHCIQ-GT-02C	***超市(龙湖虹桥天街店)	绿茶	唑虫酰胺	0.1685	0.01	$2.20×10^{-3}$	没有影响
5	20190110-310113-AHCIQ-GT-09H	***超市(牡丹江店)	绿茶	唑虫酰胺	0.1658	0.01	$2.16×10^{-3}$	没有影响
6	20190110-310113-AHCIQ-OT-09A	***超市(牡丹江店)	乌龙茶	哒螨灵	0.2618	0.05	$2.05×10^{-3}$	没有影响
7	20190110-310113-AHCIQ-OT-09B	***超市(牡丹江店)	乌龙茶	哒螨灵	0.2308	0.05	$1.81×10^{-3}$	没有影响
8	20190110-310113-AHCIQ-BT-08A	***有限公司	红茶	唑虫酰胺	0.1315	0.01	$1.72×10^{-3}$	没有影响
9	20190109-310113-AHCIQ-BT-06B	***茶庄	红茶	唑虫酰胺	0.1238	0.01	$1.62×10^{-3}$	没有影响
10	20190110-310113-AHCIQ-BT-08A	***有限公司	红茶	噻嗪酮	0.4818	0.05	$1.59×10^{-3}$	没有影响

2.2.2　单种茶叶中农药残留安全指数分析

本次 5 种茶叶侦测 37 种农药，检出频次为 384 次，其中 4 种农药没有 ADI，33 种农药存在 ADI 标准。全部茶叶均侦测出农药残留，未发现茶叶侦测出农药残留全部没有

ADI，按不同种类分别计算检出的具有 ADI 标准的各种农药的 IFS$_c$ 值，农药残留对茶叶的安全指数分布图如图 2-7 所示。

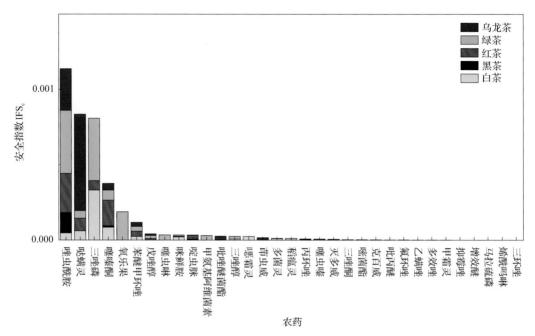

图 2-7　5 种茶叶中 33 种残留农药的安全指数分布图

本次侦测中，5 种茶叶和 37 种残留农药(包括没有 ADI)共涉及 83 个分析样本，农药对单种茶叶安全的影响程度分布情况如图 2-8 所示。可以看出，95.18%的样本中农药对茶叶安全没有影响。没有 ADI 标准有 4 个(4.82%)。

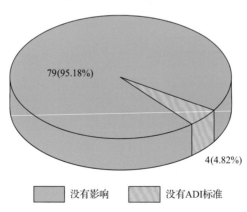

图 2-8　83 个分析样本的影响程度频次分布图

2.2.3　所有茶叶中农药残留安全指数分析

计算所有茶叶中 33 种农药的 IFS$_c$ 值，结果如图 2-9 及表 2-5 所示。

分析发现，所有农药的 IFS$_c$ 均小于 1，说明所有农药对茶叶安全的影响均没有影响。

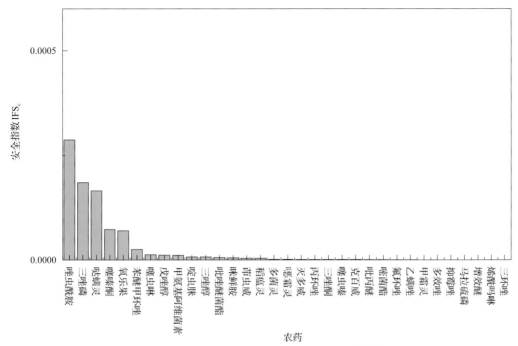

图 2-9　33 种残留农药对茶叶的安全影响程度统计图

表 2-5　茶叶中 33 种农药残留的安全指数表

序号	农药	检出频次	检出率(%)	IFS$_c$	影响程度	序号	农药	检出频次	检出率(%)	IFS$_c$	影响程度
1	唑虫酰胺	75	61.98	2.87×10^{-4}	没有影响	18	灭多威	1	0.83	1.15×10^{-6}	没有影响
2	三唑磷	16	13.22	1.85×10^{-4}	没有影响	19	丙环唑	6	4.96	1.13×10^{-6}	没有影响
3	哒螨灵	39	32.23	1.65×10^{-4}	没有影响	20	三唑酮	4	3.31	1.12×10^{-6}	没有影响
4	噻嗪酮	53	43.80	7.28×10^{-5}	没有影响	21	噻虫嗪	10	8.26	1.10×10^{-6}	没有影响
5	氧乐果	3	2.48	6.97×10^{-5}	没有影响	22	克百威	1	0.83	9.06×10^{-7}	没有影响
6	苯醚甲环唑	26	21.49	2.51×10^{-5}	没有影响	23	吡丙醚	4	3.31	5.58×10^{-7}	没有影响
7	噻虫啉	4	3.31	1.28×10^{-5}	没有影响	24	嘧菌酯	10	8.26	5.49×10^{-7}	没有影响
8	戊唑醇	15	12.40	1.16×10^{-5}	没有影响	25	氟环唑	1	0.83	2.40×10^{-7}	没有影响
9	甲氨基阿维菌素	1	0.83	1.13×10^{-5}	没有影响	26	乙螨唑	3	2.48	1.96×10^{-7}	没有影响
10	啶虫脒	44	36.36	7.21×10^{-6}	没有影响	27	甲霜灵	3	2.48	1.43×10^{-7}	没有影响
11	三唑醇	5	4.13	7.18×10^{-6}	没有影响	28	多效唑	2	1.65	1.25×10^{-7}	没有影响
12	吡唑醚菌酯	22	18.18	5.79×10^{-6}	没有影响	29	抑霉唑	1	0.83	1.08×10^{-7}	没有影响
13	咪鲜胺	6	4.96	5.28×10^{-6}	没有影响	30	马拉硫磷	2	1.65	6.50×10^{-8}	没有影响
14	茚虫威	4	3.31	4.32×10^{-6}	没有影响	31	增效醚	5	4.13	4.56×10^{-8}	没有影响
15	稻瘟灵	2	1.65	4.27×10^{-6}	没有影响	32	烯酰吗啉	1	0.83	4.01×10^{-8}	没有影响
16	多菌灵	4	3.31	1.50×10^{-6}	没有影响	33	三环唑	1	0.83	2.59×10^{-8}	没有影响
17	噁霜灵	1	0.83	1.44×10^{-6}	没有影响						

2.3　LC-Q-TOF/MS 侦测上海市市售茶叶农药残留预警风险评估

基于上海市茶叶样品中农药残留 LC-Q-TOF/MS 侦测数据,分析禁用农药的检出率,同时参照中华人民共和国国家标准 GB 2763—2016 和欧盟农药最大残留限量(MRL)标准分析非禁用农药残留的超标率,并计算农药残留风险系数。分析单种茶叶中农药残留以及所有茶叶中农药残留的风险程度。

2.3.1　单种茶叶中农药残留风险系数分析

2.3.1.1　单种茶叶中禁用农药残留风险系数分析

侦测出的 37 种残留农药中有 4 种为禁用农药,且它们分布在 3 种茶叶,计算 3 种茶叶中禁用农药的超标率,根据超标率计算风险系数 R,进而分析茶叶中禁用农药的风险程度,结果如图 2-10 与表 2-6 所示。分析发现 4 种禁用农药在 3 种茶叶中的残留均处于高度风险。

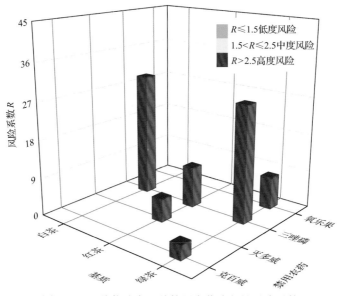

图 2-10　3 种茶叶中 4 种禁用农药残留的风险系数

表 2-6　3 种茶叶中 4 种禁用农药残留的风险系数列表

序号	基质	农药	检出频次	检出率(%)	风险系数 R	风险程度
1	白茶	三唑磷	2	28.57	29.67	高度风险
2	绿茶	三唑磷	12	26.67	27.77	高度风险
3	红茶	三唑磷	2	8.70	9.80	高度风险
4	绿茶	氧乐果	3	6.67	7.77	高度风险
5	红茶	灭多威	1	4.35	5.45	高度风险
6	绿茶	克百威	1	2.22	3.32	高度风险

2.3.1.2　基于 MRL 中国国家标准的单种茶叶中非禁用农药残留风险系数分析

参照中华人民共和国国家标准 GB 2763—2016 中农药残留限量计算每种茶叶中每种非禁用农药的超标率，进而计算其风险系数，根据风险系数大小判断残留农药的预警风险程度，茶叶中非禁用农药残留风险程度分布情况如图 2-11 所示。

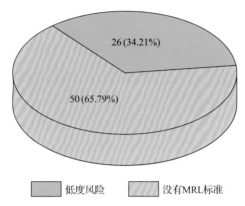

低度风险　　没有MRL标准

图 2-11　茶叶中非禁用农药残留的风险程度分布图（MRL 中国国家标准）

本次分析中，发现在 5 种茶叶检出 33 种残留非禁用农药，涉及样本 76 个，在 76 个样本中，34.21% 处于低度风险，此外发现有 50 个样本没有 MRL 中国国家标准值，无法判断其风险程度，有 MRL 中国国家标准值的 26 个样本涉及 5 种茶叶中的 7 种非禁用农药，其风险系数 R 值如图 2-12 所示。

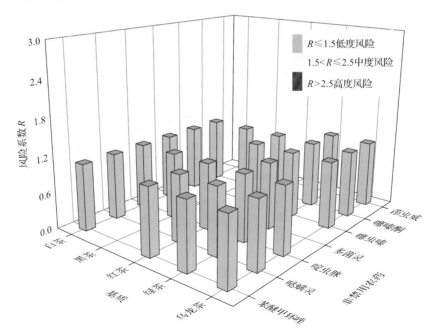

图 2-12　5 种茶叶中 7 种非禁用农药的风险系数分布图（MRL 中国国家标准）

2.3.1.3 基于 MRL 欧盟标准的单种茶叶中非禁用农药残留风险系数分析

参照 MRL 欧盟标准计算每种茶叶中每种非禁用农药的超标率，进而计算其风险系数，根据风险系数大小判断农药残留的预警风险程度，茶叶中非禁用农药残留风险程度分布情况如图 2-13 所示。

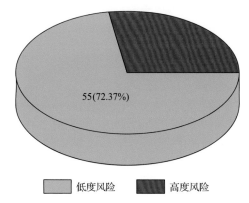

图 2-13　茶叶中非禁用农药残留的风险程度分布图(MRL 欧盟标准)

本次分析中，发现在 5 种茶叶中共侦测出 33 种非禁用农药，涉及样本 76 个，其中，27.63%处于高度风险，涉及 5 种茶叶和 11 种农药；72.37%处于低度风险，涉及 5 种茶叶和 28 种农药。单种茶叶中的非禁用农药风险系数分布图如图 2-14 所示。单种茶叶中处于高度风险的非禁用农药风险系数如图 2-15 和表 2-7 所示。

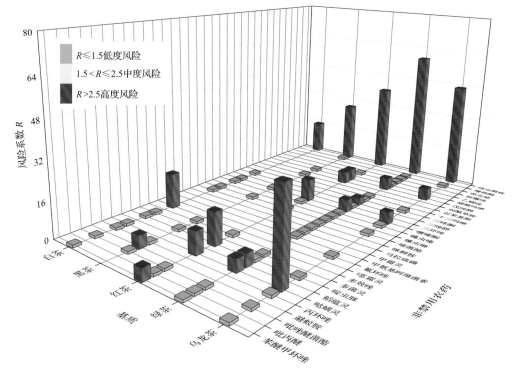

图 2-14　5 种茶叶中 33 种非禁用农药残留的风险系数(MRL 欧盟标准)

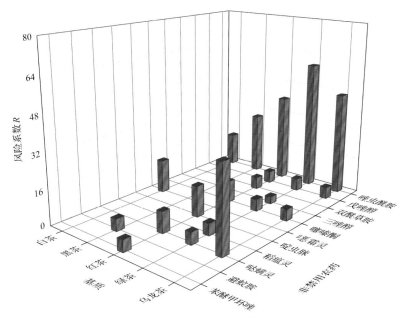

图 2-15　单种茶叶中处于高度风险的非禁用农药的风险系数(MRL 欧盟标准)

表 2-7　单种茶叶中处于高度风险的非禁用农药残留的风险系数表(**MRL 欧盟标准**)

序号	基质	农药	超标频次	超标率 $P(\%)$	风险系数 R
1	乌龙茶	哒螨灵	9	37.50	38.60
2	乌龙茶	唑虫酰胺	11	45.83	46.93
3	乌龙茶	噻嗪酮	1	4.17	5.27
4	乌龙茶	戊唑醇	1	4.17	5.27
5	白茶	唑虫酰胺	1	14.29	15.39
6	白茶	噁霜灵	1	14.29	15.39
7	红茶	双酰草胺	1	4.35	5.45
8	红茶	哒螨灵	2	8.70	9.80
9	红茶	唑虫酰胺	9	39.13	40.23
10	红茶	啶虫脒	3	13.04	14.14
11	红茶	噻嗪酮	2	8.70	9.80
12	红茶	戊唑醇	1	4.35	5.45
13	红茶	苯醚甲环唑	1	4.35	5.45
14	绿茶	三唑醇	1	2.22	3.32
15	绿茶	哒螨灵	2	4.44	5.54
16	绿茶	唑虫酰胺	26	57.78	58.88
17	绿茶	噻嗪酮	2	4.44	5.54
18	绿茶	戊唑醇	2	4.44	5.54
19	绿茶	稻瘟灵	2	4.44	5.54
20	黑茶	唑虫酰胺	6	27.27	28.37
21	黑茶	避蚊胺	1	4.55	5.65

2.3.2 所有茶叶中农药残留风险系数分析

2.3.2.1 所有茶叶中禁用农药残留风险系数分析

在侦测出的 37 种农药中有 4 种为禁用农药，计算所有茶叶中禁用农药的风险系数，结果如表 2-8 所示。在 4 种禁用农药中，三唑磷、氧乐果 2 种农药残留处于高度风险，克百威、灭多威 2 种农药残留处于中度风险。

表 2-8　茶叶中 4 种禁用农药的风险系数表

序号	农药	检出频次	检出率(%)	风险系数 R	风险程度
1	三唑磷	16	13.22	14.32	高度风险
2	氧乐果	3	2.48	3.58	高度风险
3	克百威	1	0.83	1.93	中度风险
4	灭多威	1	0.83	1.93	中度风险

2.3.2.2 所有茶叶中非禁用农药残留风险系数分析

参照 MRL 欧盟标准计算所有茶叶中每种非禁用农药残留的风险系数，如图 2-16 与表 2-9 所示。在侦测出的 33 种非禁用农药中，6 种农药(18.18%)残留处于高度风险，5 种农药(15.15%)残留处于中度风险，22 种农药(66.67%)残留处于低度风险。

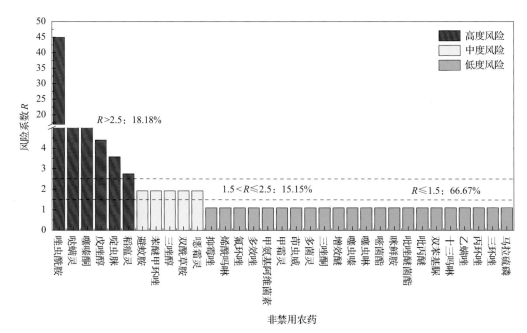

图 2-16　茶叶中 33 种非禁用农药的风险程度统计图

表 2-9 茶叶中 33 种非禁用农药的风险系数表

序号	农药	超标频次	超标率 $P(\%)$	风险系数 R	风险程度
1	唑虫酰胺	53	43.80	44.90	高度风险
2	哒螨灵	13	10.74	11.84	高度风险
3	噻嗪酮	5	4.13	5.23	高度风险
4	戊唑醇	4	3.31	4.41	高度风险
5	啶虫脒	3	2.48	3.58	高度风险
6	稻瘟灵	2	1.65	2.75	高度风险
7	避蚊胺	1	0.83	1.93	中度风险
8	苯醚甲环唑	1	0.83	1.93	中度风险
9	三唑醇	1	0.83	1.93	中度风险
10	双酰草胺	1	0.83	1.93	中度风险
11	噁霜灵	1	0.83	1.93	中度风险
12	抑霉唑	0	0.00	1.10	低度风险
13	烯酰吗啉	0	0.00	1.10	低度风险
14	氟环唑	0	0.00	1.10	低度风险
15	多效唑	0	0.00	1.10	低度风险
16	甲氨基阿维菌素	0	0.00	1.10	低度风险
17	甲霜灵	0	0.00	1.10	低度风险
18	茚虫威	0	0.00	1.10	低度风险
19	多菌灵	0	0.00	1.10	低度风险
20	三唑酮	0	0.00	1.10	低度风险
21	增效醚	0	0.00	1.10	低度风险
22	噻虫嗪	0	0.00	1.10	低度风险
23	噻虫啉	0	0.00	1.10	低度风险
24	嘧菌酯	0	0.00	1.10	低度风险
25	咪鲜胺	0	0.00	1.10	低度风险
26	吡唑醚菌酯	0	0.00	1.10	低度风险
27	吡丙醚	0	0.00	1.10	低度风险
28	双苯基脲	0	0.00	1.10	低度风险
29	十三吗啉	0	0.00	1.10	低度风险
30	乙螨唑	0	0.00	1.10	低度风险
31	丙环唑	0	0.00	1.10	低度风险
32	三环唑	0	0.00	1.10	低度风险
33	马拉硫磷	0	0.00	1.10	低度风险

2.4　LC-Q-TOF/MS 侦测上海市市售茶叶农药残留风险评估结论与建议

农药残留是影响茶叶安全和质量的主要因素，也是我国食品安全领域备受关注的敏感话题和亟待解决的重大问题之一[15,16]。各种茶叶均存在不同程度的农药残留现象，本研究主要针对上海市各类茶叶存在的农药残留问题，基于 2019 年 3 月对上海市 121 例茶叶样品中农药残留侦测得出的 384 个侦测结果，分别采用食品安全指数模型和风险系数模型，开展茶叶中农药残留的膳食暴露风险和预警风险评估。茶叶样品取自超市和茶叶专营店，符合大众的膳食来源，风险评价时更具有代表性和可信度。

本研究力求通用简单地反映食品安全中的主要问题，且为管理部门和大众容易接受，为政府及相关管理机构建立科学的食品安全信息发布和预警体系提供科学的规律与方法，加强对农药残留的预警和食品安全重大事件的预防，控制食品风险。

2.4.1　上海市茶叶中农药残留膳食暴露风险评价结论

1)茶叶样品中农药残留安全状态评价结论

采用食品安全指数模型，对 2019 年 3 月期间上海市茶叶食品农药残留膳食暴露风险进行评价，根据 IFS_c 的计算结果发现，茶叶中农药的 $\overline{IFS}$ 为 2.68×10^{-5}，说明上海市茶叶总体处于低度风险的安全状态，但部分禁用农药、高残留农药在茶叶中仍有侦测出，导致膳食暴露风险的存在，成为不安全因素。

2)禁用农药膳食暴露风险评价

本次检测发现部分茶叶样品中有禁用农药侦测出，侦测出禁用农药 4 种，侦测出频次为 21，茶叶样品中的禁用农药 IFS_c 计算结果表明，没有影响的频次为 21，占 100%。为何在国家明令禁止禁用农药喷洒的情况下，还能在多种茶叶中多次侦测出禁用农药残留并造成膳食暴露风险，这应该引起相关部门的高度警惕，应该在禁止禁用农药喷洒的同时，严格管控禁用农药的生产和售卖，从根本上杜绝安全隐患。

2.4.2　上海市茶叶中农药残留预警风险评价结论

1)单种茶叶中禁用农药残留的预警风险评价结论

本次检测过程中，在 3 种茶叶中检测出 4 种禁用农药，禁用农药为：三唑磷、灭多威、克百威、氧乐果，茶叶为：白茶、红茶、绿茶，茶叶中禁用农药的风险系数分析结果显示，三唑磷、氧乐果 2 种禁用农药在茶叶中的残留均处于高度风险，克百威、灭多威在茶叶中的残留均处于中度风险，说明在单种茶叶中禁用农药的残留会导致预警风险。

2)单种茶叶中非禁用农药残留的预警风险评价结论

以 MRL 中国国家标准为标准，计算茶叶中非禁用农药风险系数情况下，76 个样本中, 26 个处于低度风险(34.21%), 50 个样本没有 MRL 中国国家标准(65.79%)。以 MRL 欧盟标准为标准, 计算茶叶中非禁用农药风险系数情况下, 发现有 21 个处于高度风险 (27.63%), 55 个处于低度风险(72.37%)。基于两种 MRL 标准, 评价的结果差异显著, 可以看出 MRL 欧盟标准比中国国家标准更加严格和完善, 过于宽松的 MRL 中国国家标准值能否有效保障人体的健康有待研究。

2.4.3　加强上海市茶叶食品安全建议

我国食品安全风险评价体系仍不够健全, 相关制度不够完善, 多年来, 由于农药用药次数多、用药量大或用药间隔时间短, 产品残留量大, 农药残留所造成的食品安全问题日益严峻, 给人体健康带来了直接或间接的危害。据估计, 美国与农药有关的癌症患者数约占全国癌症患者总数的 50%, 中国更高。同样, 农药对其他生物也会形成直接杀伤和慢性危害, 植物中的农药可经过食物链逐级传递并不断蓄积, 对人和动物构成潜在威胁, 并影响生态系统。

基于本次农药残留侦测数据的风险评价结果, 提出以下几点建议：

1)加快食品安全标准制定步伐

我国食品标准中对农药每日允许最大摄入量 ADI 的数据严重缺乏, 在本次评价所涉及的 37 种农药中, 仅有 89.2%的农药具有 ADI 值, 而 10.8%的农药中国尚未规定相应的 ADI 值, 亟待完善。

我国食品中农药最大残留限量值的规定严重缺乏, 对评估涉及的不同茶叶中不同农药 82 个 MRL 限值进行统计来看, 我国仅制定出 29 个标准, 我国标准完整率仅为 35.4%, 欧盟的完整率达到 100%(表 2-10)。因此, 中国更应加快 MRL 的制定步伐。

表 2-10　我国国家食品标准农药的 ADI、MRL 值与欧盟标准的数量差异

分类		中国 ADI	MRL 中国国家标准	MRL 欧盟标准
标准限值(个)	有	33	29	82
	无	4	53	0
总数(个)		37	82	82
无标准限值比例(%)		10.8	64.6	0

此外, MRL 中国国家标准限值普遍高于欧盟标准限值, 这些标准中共有 21 个高于欧盟。过高的 MRL 值难以保障人体健康, 建议继续加强对限值基准和标准的科学研究, 将农产品中的危险性减少到尽可能低的水平。

2)加强农药的源头控制和分类监管

在上海市某些茶叶中仍有禁用农药残留, 利用 LC-Q-TOF/MS 技术侦测出 4 种禁用农药, 检出频次为 21 次, 残留禁用农药均存在较大的膳食暴露风险和预警风险。早已列入黑名单的禁用农药在我国并未真正退出, 有些药物由于价格便宜、工艺简单, 此类高毒农药一直生产和使用。建议在我国采取严格有效的控制措施, 从源头控制禁用农药。

对于非禁用农药, 在我国作为"田间地头"最典型单位的县级茶叶产地中, 农药残

留的检测几乎缺失。建议根据农药的毒性，对高毒、剧毒、中毒农药实现分类管理，减少使用高毒和剧毒高残留农药，进行分类监管。

3) 加强农药生物基准和降解技术研究

市售茶叶中残留农药的品种多、频次高、禁用农药多次检出这一现状，说明了我国的田间土壤和水体因农药长期、频繁、不合理的使用而遭到严重污染。为此，建议中国相关部门出台相关政策，鼓励高校及科研院所积极开展分子生物学、酶学等研究，加强土壤、水体中残留农药的生物修复及降解新技术研究，切实加大农药监管力度，以控制农药的面源污染问题。

综上所述，在本工作基础上，根据茶叶残留危害，可进一步针对其成因提出和采取严格管理、大力推广无公害茶叶种植与生产、健全食品安全控制技术体系、加强茶叶质量检测体系建设和积极推行茶叶质量追溯制度等相应对策。建立和完善食品安全综合评价指数与风险监测预警系统，对食品安全进行实时、全面的监控与分析，为我国的食品安全科学监管与决策提供新的技术支持，可实现各类检验数据的信息化系统管理，降低食品安全事故的发生。

第3章 GC-Q-TOF/MS 侦测上海市 121 例市售茶叶样品农药残留报告

从上海市所属 3 个区，随机采集了 121 例茶叶样品，使用气相色谱-四极杆飞行时间质谱(GC-Q-TOF/MS)对 684 种农药化学污染物示范侦测。

3.1 样品种类、数量与来源

3.1.1 样品采集与检测

为了真实反映百姓日常饮用的茶叶中农药残留污染状况，本次所有检测样品均由检验人员于 2019 年 1 月期间，从上海市所属 9 个采样点，包括 4 个茶叶专营店和 5 个超市，以随机购买方式采集，总计 9 批 121 例样品，从中检出农药 48 种，498 频次。采样及监测概况见图 3-1 及表 3-1，样品及采样点明细见表 3-2 及表 3-3(侦测原始数据见附表 1)。

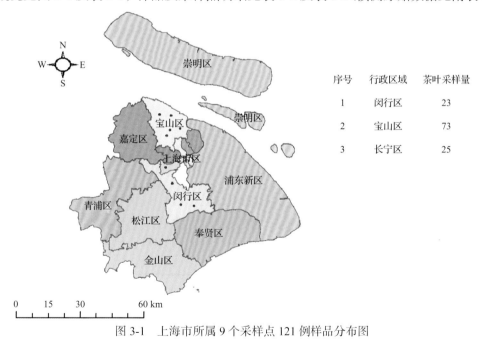

序号	行政区域	茶叶采样量
1	闵行区	23
2	宝山区	73
3	长宁区	25

图 3-1 上海市所属 9 个采样点 121 例样品分布图

表 3-1 农药残留监测总体概况

采样地区	上海市所属 3 个区
采样点(茶叶专营店+超市)	9
样本总数	121
检出农药品种/频次	48/498
各采样点样本农药残留检出率范围	80.0%～100.0%

表 3-2　样品分类及数量

样品分类	样品名称(数量)	数量小计
1. 茶叶		121
1)发酵类茶叶	白茶(7)，黑茶(22)，红茶(23)，乌龙茶(24)	76
2)未发酵类茶叶	绿茶(45)	45
合计	1.茶叶 5 种	121

表 3-3　上海市采样点信息

采样点序号	行政区域	采样点
茶叶专营店(4)		
1	宝山区	***茶庄
2	宝山区	***茶叶店
3	宝山区	***商贸有限公司
4	闵行区	***茶庄(虹桥天地店)
超市(5)		
1	宝山区	***超市(吴淞店)
2	宝山区	***超市(牡丹江店)
3	长宁区	***超市(中山公园店)
4	闵行区	***超市(万科虹桥店)
5	闵行区	***超市(龙湖虹桥天街店)

3.1.2　检测结果

这次使用的检测方法是庞国芳院士团队最新研发的不需使用标准品对照，而以高分辨精确质量数(0.0001 *m/z*)为基准的 GC-Q-TOF/MS 检测技术，对于 121 例样品，每个样品均侦测了 684 种农药化学污染物的残留现状。通过本次侦测，在 121 例样品中共计检出农药化学污染物 48 种，检出 498 频次。

3.1.2.1　各采样点样品检出情况

统计分析发现 9 个采样点中，被测样品的农药检出率范围为 80.0%～100.0%。其中，有 4 个采样点样品的检出率最高，达到了 100.0%，分别是：***茶庄、***商贸有限公司、***茶庄(虹桥天地店)和***超市(万科虹桥店)。***超市(中山公园店)的检出率最低，为 80.0%，见图 3-2。

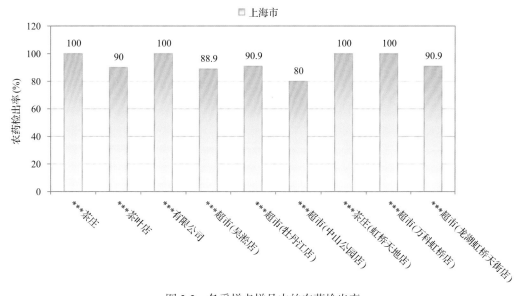

图 3-2　各采样点样品中的农药检出率

3.1.2.2　检出农药的品种总数与频次

统计分析发现，对于 121 例样品中 684 种农药化学污染物的侦测，共检出农药 498 频次，涉及农药 48 种，结果如图 3-3 所示。其中联苯菊酯检出频次最高，共检出 96 次。检出频次排名前 10 的农药如下：①联苯菊酯(96)，②哒螨灵(52)，③氯氟氰菊酯(47)，④甲氰菊酯(33)，⑤氯氰菊酯(29)，⑥呋草黄(19)，⑦噻嗪酮(17)，⑧氰戊菊酯(15)，⑨涕灭威(15)，⑩氯菊酯(12)。

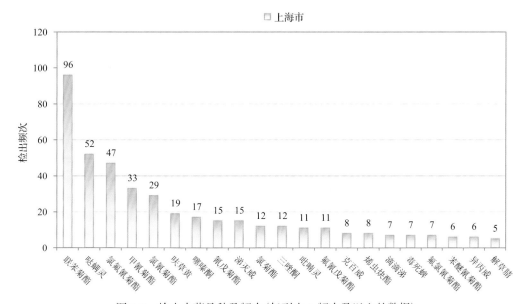

图 3-3　检出农药品种及频次(仅列出 5 频次及以上的数据)

由图 3-4 可见，红茶、乌龙茶、黑茶和绿茶这 4 种茶叶样品中检出的农药品种数较高，均超过 10 种，其中，红茶检出农药品种最多，为 35 种。由图 3-5 可见，黑茶、红茶和绿茶这 3 种茶叶样品中的农药检出频次较高，均超过 90 次，其中，黑茶检出农药频次最高，为 150 次。

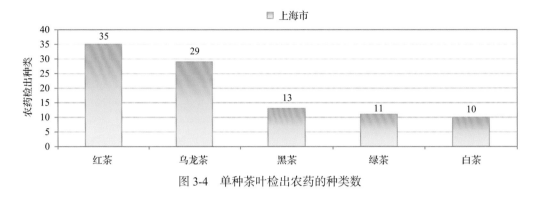

图 3-4　单种茶叶检出农药的种类数

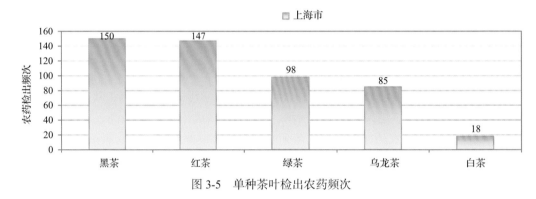

图 3-5　单种茶叶检出农药频次

3.1.2.3　单例样品农药检出种类与占比

对单例样品检出农药种类和频次进行统计发现，未检出农药的样品占总样品数的 9.1%，检出 1 种农药的样品占总样品数的 15.7%，检出 2～5 种农药的样品占总样品数的 45.5%，检出 6～10 种农药的样品占总样品数的 24.0%，检出大于 10 种农药的样品占总样品数的 5.8%。每例样品中平均检出农药为 4.1 种，数据见表 3-4 及图 3-6。

表 3-4　单例样品检出农药品种占比

检出农药品种数	样品数量/占比（%）
未检出	11/9.1
1 种	19/15.7
2～5 种	55/45.5
6～10 种	29/24.0
大于 10 种	7/5.8
单例样品平均检出农药品种	4.1

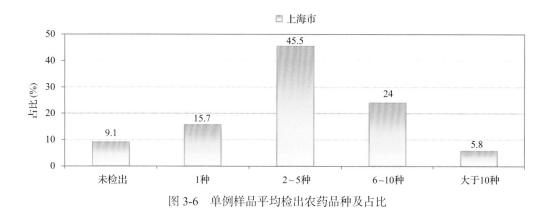

图 3-6　单例样品平均检出农药品种及占比

3.1.2.4　检出农药类别与占比

所有检出农药按功能分类，包括杀虫剂、除草剂、杀菌剂、杀螨剂和其他共 5 类。其中杀虫剂与除草剂为主要检出的农药类别，分别占总数的 52.1%和 20.8%，见表 3-5 及图 3-7。

表 3-5　检出农药所属类别/占比

农药类别	数量/占比(%)
杀虫剂	25/52.1
除草剂	10/20.8
杀菌剂	7/14.6
杀螨剂	3/6.3
其他	3/6.3

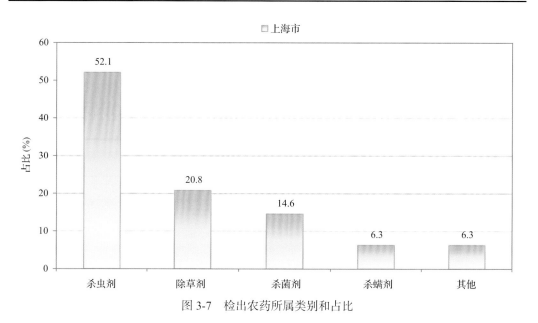

图 3-7　检出农药所属类别和占比

3.1.2.5　检出农药的残留水平

按检出农药残留水平进行统计，残留水平在 1～5 μg/kg(含)的农药占总数的 39.4%，在 5～10 μg/kg(含)的农药占总数的 24.7%，在 10～100 μg/kg(含)的农药占总数的 32.3%，在 100～1000 μg/kg 的农药占总数的 3.6%。

由此可见，这次检测的 9 批 121 例茶叶样品中农药多数处于较低残留水平。结果见表 3-6 及图 3-8，数据见附表 2。

表 3-6　农药残留水平/占比

残留水平(μg/kg)	检出频次数/占比(%)
1～5(含)	196/39.4
5～10(含)	123/24.7
10～100(含)	161/32.3
100～1000	18/3.6

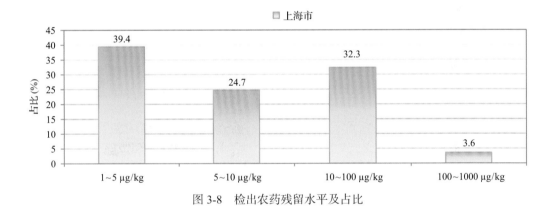

图 3-8　检出农药残留水平及占比

3.1.2.6　检出农药的毒性类别、检出频次和超标频次及占比

对这次检出的 48 种 498 频次的农药，按剧毒、高毒、中毒、低毒和微毒这五个毒性类别进行分类，从中可以看出，上海市目前普遍使用的农药为中低微毒农药，品种占 87.5%，频次占 91.2%。结果见表 3-7 及图 3-9。

表 3-7　检出农药毒性类别/占比

毒性分类	农药品种/占比(%)	检出频次/占比(%)	超标频次/超标率(%)
剧毒农药	2/4.2	16/3.2	0/0.0
高毒农药	4/8.3	28/5.6	1/3.6
中毒农药	24/50.0	349/70.1	0/0.0
低毒农药	11/22.9	69/13.9	0/0.0
微毒农药	7/14.6	36/7.2	0/0.0

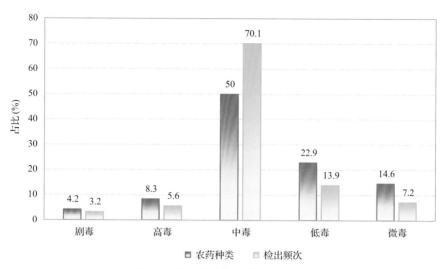

图 3-9　检出农药的毒性分类和占比

3.1.2.7　检出剧毒/高毒类农药的品种和频次

值得特别关注的是，在此次侦测的 121 例样品中有 5 种茶叶的 39 例样品检出了 6 种 44 频次的剧毒和高毒农药，占样品总量的 32.2%，详见图 3-10、表 3-8 及表 3-9。

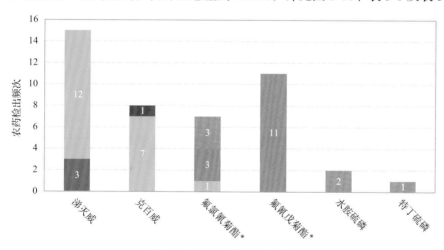

图 3-10　检出剧毒/高毒农药的样品情况

*表示允许在茶叶上使用的农药

表 3-8　剧毒农药检出情况

序号	农药名称	检出频次	超标频次	超标率
从 3 种茶叶中检出 2 种剧毒农药，共计检出 16 次				
1	涕灭威*	15	0	0.0%
2	特丁硫磷*	1	0	0.0%
合计		16	0	超标率：0.0%

表 3-9　高毒农药检出情况

序号	农药名称	检出频次	超标频次	超标率
从 4 种茶叶中检出 4 种高毒农药，共计检出 28 次				
1	氟氰戊菊酯	11	0	0.0%
2	克百威	8	1	12.5%
3	氟氯氰菊酯	7	0	0.0%
4	水胺硫磷	2	0	0.0%
	合计	28	1	超标率：3.6%

在检出的剧毒和高毒农药中，有 4 种是我国早已禁止在茶叶上使用的，分别是：克百威、特丁硫磷、水胺硫磷和涕灭威。禁用农药的检出情况见表 3-10。

表 3-10　禁用农药检出情况

序号	农药名称	检出频次	超标频次	超标率
从 5 种茶叶中检出 8 种禁用农药，共计检出 57 次				
1	氰戊菊酯	15	0	0.0%
2	涕灭威*	15	0	0.0%
3	克百威	8	1	12.5%
4	滴滴涕	7	0	0.0%
5	毒死蜱	7	0	0.0%
6	硫丹	2	0	0.0%
7	水胺硫磷	2	0	0.0%
8	特丁硫磷*	1	0	0.0%
	合计	57	1	超标率：1.8%

注：表中*为剧毒农药；超标结果参考 MRL 中国国家标准计算

此次抽检的茶叶样品中，有 3 种茶叶检出了剧毒农药，分别是：白茶中检出涕灭威 3 次；红茶中检出涕灭威 12 次；绿茶中检出特丁硫磷 1 次。

样品中检出剧毒和高毒农药残留水平超过 MRL 中国国家标准的频次为 1 次，其中：红茶检出克百威超标 1 次。本次检出结果表明，高毒、剧毒农药的使用现象依旧存在。详见表 3-11。

表 3-11　各样本中检出剧毒/高毒农药情况

样品名称	农药名称	检出频次	超标频次	检出浓度(μg/kg)
茶叶 5 种				
白茶	涕灭威*▲	3	0	9.8, 16.2, 7.2
黑茶	氟氰戊菊酯	11	0	4.0, 2.3, 2.9, 3.2, 2.7, 2.8, 2.2, 4.4, 3.4, 3.1, 3.0
黑茶	氟氯氰菊酯	3	0	63.6, 3.4, 1.4

续表

样品名称	农药名称	检出频次	超标频次	检出浓度(µg/kg)
红茶	涕灭威*▲	12	0	13.1, 24.6, 10.7, 28.1, 10.6, 30.3, 12.1, 1.1, 17.2, 4.6, 11.8, 22.6
红茶	克百威▲	7	1	3.6, 210.8ᵃ, 7.7, 7.3, 11.6, 7.0, 12.0
红茶	氟氯氰菊酯	1	0	33.8
绿茶	特丁硫磷*▲	1	0	4.8
绿茶	氟氯氰菊酯	3	0	2.9, 7.2, 15.2
绿茶	水胺硫磷▲	2	0	3.2, 2.4
乌龙茶	克百威▲	1	0	5.3
合计		44	1	超标率: 2.3%

注：表中*为剧毒农药；▲为禁用农药；a 为超标结果(参考 MRL 中国国家标准)

3.2　农药残留检出水平与最大残留限量标准对比分析

我国于 2016 年 12 月 18 日正式颁布并于 2017 年 6 月 18 日正式实施食品农药残留限量国家标准《食品中农药最大残留限量》(GB 2763—2016)。该标准包括 417 个农药条目，涉及最大残留限量(MRL)标准 4140 项。将 498 频次检出农药的浓度水平与 4140 项 MRL 中国国家标准进行核对，其中只有 346 频次的结果找到了对应的 MRL，占 69.5%，还有 152 频次的结果则无相关 MRL 标准供参考，占 30.5%。

将此次侦测结果与国际上现行 MRL 对比发现，在 498 频次的检出结果中有 498 频次的结果找到了对应的 MRL 欧盟标准，占 100.0%，其中，413 频次的结果有明确对应的 MRL，占 82.9%，其余 85 频次按照欧盟一律标准判定，占 17.1%；有 498 频次的结果找到了对应的 MRL 日本标准，占 100.0%，其中，379 频次的结果有明确对应的 MRL，占 76.1%，其余 119 频次按照日本一律标准判定，占 23.9%；有 218 频次的结果找到了对应的 MRL 中国香港标准，占 43.8%；有 152 频次的结果找到了对应的 MRL 美国标准，占 30.5%；有 188 频次的结果找到了对应的 MRL CAC 标准，占 37.8%(见图 3-11 和图 3-12，数据见附表 3 至附表 8)。

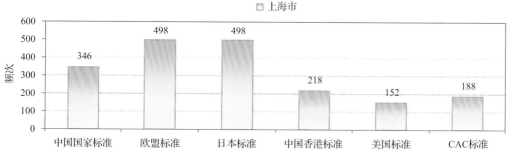

图 3-11　498 频次检出农药可用 MRL 中国国家标准、欧盟标准、日本标准、中国香港标准、美国标准、CAC 标准判定衡量的数量

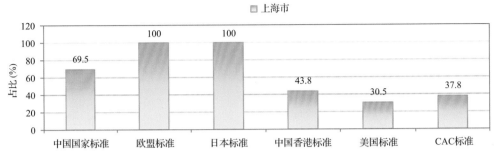

图 3-12　498 频次检出农药可用 MRL 中国国家标准、欧盟标准、日本标准、
中国香港标准、美国标准、CAC 标准衡量的占比

3.2.1　超标农药样品分析

本次侦测的 121 例样品中，11 例样品未检出任何残留农药，占样品总量的 9.1%，110 例样品检出不同水平、不同种类的残留农药，占样品总量的 90.9%。在此，我们将本次侦测的农残检出情况与 MRL 中国国家标准、欧盟标准、日本标准、中国香港标准、美国标准和 CAC 标准这 6 大国际主流标准进行对比分析，样品农残检出与超标情况见表 3-12、图 3-13 和图 3-14，详细数据见附表 9 至附表 14。

表 3-12　各 MRL 标准下样本农残检出与超标数量及占比

	中国国家标准 数量/占比(%)	欧盟标准 数量/占比(%)	日本标准 数量/占比(%)	中国香港标准 数量/占比(%)	美国标准 数量/占比(%)	CAC 标准 数量/占比(%)
未检出	11/9.1	11/9.1	11/9.1	11/9.1	11/9.1	11/9.1
检出未超标	109/90.1	75/62.0	81/66.9	110/90.9	110/90.9	110/90.9
检出超标	1/0.8	35/28.9	29/24.0	0/0.0	0/0.0	0/0.0

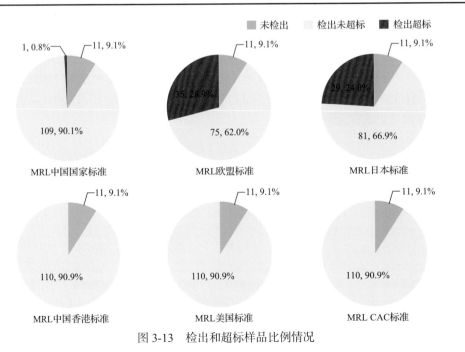

图 3-13　检出和超标样品比例情况

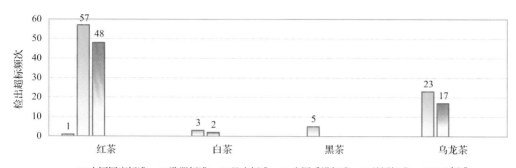

图 3-14　超过 MRL 中国国家标准、欧盟标准、日本标准、中国香港标准、
美国标准、CAC 标准结果在茶叶中的分布

3.2.2　超标农药种类分析

按照 MRL 中国国家标准、欧盟标准、日本标准、中国香港标准、美国标准和 CAC 标准这 6 大国际主流标准衡量，本次侦测检出的农药超标品种及频次情况见表 3-13。

表 3-13　各 MRL 标准下超标农药品种及频次

	中国国家标准	欧盟标准	日本标准	中国香港标准	美国标准	CAC 标准
超标农药品种	1	24	20	0	0	0
超标农药频次	1	88	67	0	0	0

3.2.2.1　按 MRL 中国国家标准衡量

按 MRL 中国国家标准衡量，有 1 种农药超标，检出 1 频次，为高毒农药克百威。按超标程度比较，红茶中克百威超标 3.2 倍。检测结果见图 3-15 和附表 15。

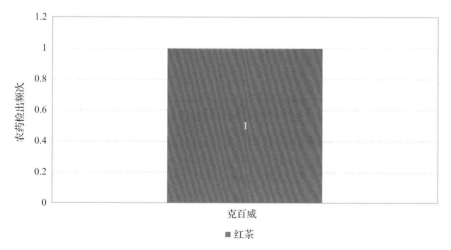

图 3-15　超过 MRL 中国国家标准农药品种及频次

3.2.2.2　按 MRL 欧盟标准衡量

按 MRL 欧盟标准衡量，共有 24 种农药超标，检出 88 频次，分别为高毒农药克百威，中毒农药氯氟氰菊酯、异丙威、甲草胺、三唑酮、三唑醇、唑虫酰胺、苯醚氰菊酯、哒螨灵、炔丙菊酯和克草敌，低毒农药异丙草胺、乙草胺、呋草黄、噻嗪酮、甲醚菊酯、新燕灵、苄呋菊酯和戊草丹，微毒农药烯虫炔酯、吡喃灵、肟菌酯、胺菊酯和解草腈。

按超标程度比较，红茶中炔丙菊酯超标 37.9 倍，红茶中甲醚菊酯超标 35.1 倍，红茶中氯氟氰菊酯超标 31.8 倍，红茶中呋草黄超标 18.2 倍，红茶中戊草丹超标 12.1 倍。检测结果见图 3-16 和附表 16。

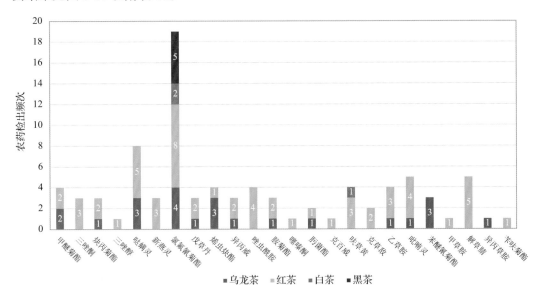

图 3-16　超过 MRL 欧盟标准农药品种及频次

3.2.2.3　按 MRL 日本标准衡量

按 MRL 日本标准衡量，共有 20 种农药超标，检出 67 频次，分别为剧毒农药涕灭威，高毒农药克百威，中毒农药异丙威、毒草胺、甲草胺、苯醚氰菊酯、炔丙菊酯和克草敌，低毒农药异丙草胺、乙草胺、呋草黄、甲醚菊酯、新燕灵和戊草丹，微毒农药烯虫酯、烯虫炔酯、吡喃灵、氟丁酰草胺、胺菊酯和解草腈。

按超标程度比较，红茶中炔丙菊酯超标 37.9 倍，红茶中甲醚菊酯超标 35.1 倍，乌龙茶中乙草胺超标 20.1 倍，红茶中呋草黄超标 18.2 倍，红茶中戊草丹超标 12.1 倍。检测结果见图 3-17 和附表 17。

3.2.2.4　按 MRL 中国香港标准衡量

按 MRL 中国香港标准衡量，无样品检出超标农药残留。

3.2.2.5　按 MRL 美国标准衡量

按 MRL 美国标准衡量，无样品检出超标农药残留。

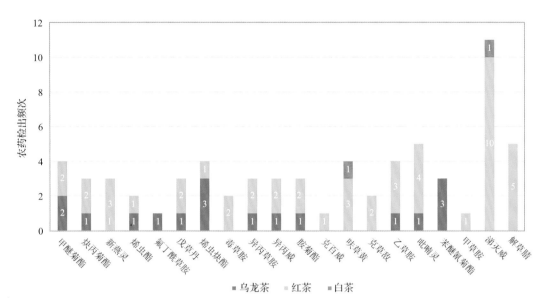

图 3-17　超过 MRL 日本标准农药品种及频次

3.2.2.6　按 MRL CAC 标准衡量

按 MRL CAC 标准衡量，无样品检出超标农药残留。

3.2.3　9 个采样点超标情况分析

3.2.3.1　按 MRL 中国国家标准衡量

按 MRL 中国国家标准衡量，有 1 个采样点的样品存在超标农药检出，超标率为 20.0%，如表 3-14 和图 3-18 所示。

表 3-14　超过 MRL 中国国家标准茶叶在不同采样点分布

	采样点	样品总数	超标数量	超标率(%)	行政区域
1	***超市(万科虹桥店)	5	1	20.0	闵行区

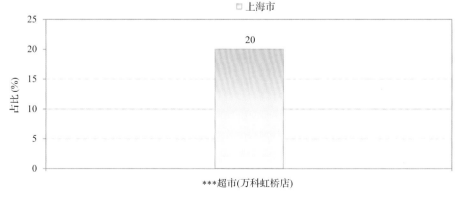

图 3-18　超过 MRL 中国国家标准茶叶在不同采样点分布

3.2.3.2   按 MRL 欧盟标准衡量

按 MRL 欧盟标准衡量，有 7 个采样点的样品存在不同程度的超标农药检出，其中***超市(万科虹桥店)的超标率最高，为 60.0%，如表 3-15 和图 3-19 所示。

表 3-15   超过 MRL 欧盟标准茶叶在不同采样点分布

	采样点	样品总数	超标数量	超标率(%)	行政区域
1	***超市(中山公园店)	25	5	20.0	长宁区
2	***超市(吴淞店)	18	7	38.9	宝山区
3	***茶庄	14	8	57.1	宝山区
4	***超市(龙湖虹桥天街店)	11	5	45.5	闵行区
5	***茶叶店	10	5	50.0	宝山区
6	***商贸有限公司	9	2	22.2	宝山区
7	***超市(万科虹桥店)	5	3	60.0	闵行区

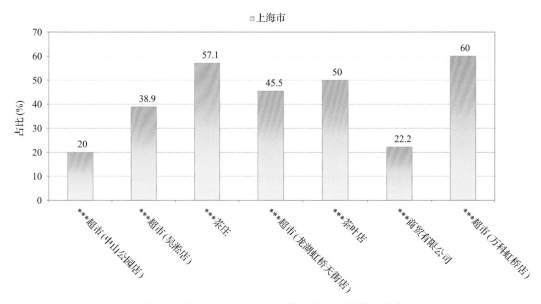

图 3-19   超过 MRL 欧盟标准茶叶在不同采样点分布

3.2.3.3   按 MRL 日本标准衡量

按 MRL 日本标准衡量，有 8 个采样点的样品存在不同程度的超标农药检出，其中***超市(万科虹桥店)的超标率最高，为 60.0%，如表 3-16 和图 3-20 所示。

表 3-16　超过 MRL 日本标准茶叶在不同采样点分布

	采样点	样品总数	超标数量	超标率(%)	行政区域
1	***超市(中山公园店)	25	1	4.0	长宁区
2	***超市(牡丹江店)	22	2	9.1	宝山区
3	***超市(吴淞店)	18	6	33.3	宝山区
4	***茶庄	14	8	57.1	宝山区
5	***超市(龙湖虹桥天街店)	11	3	27.3	闵行区
6	***茶叶店	10	4	40.0	宝山区
7	***商贸有限公司	9	2	22.2	宝山区
8	***超市(万科虹桥店)	5	3	60.0	闵行区

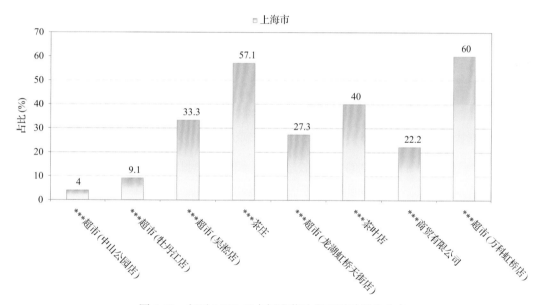

图 3-20　超过 MRL 日本标准茶叶在不同采样点分布

3.2.3.4　按 MRL 中国香港标准衡量

按 MRL 中国香港标准衡量，所有采样点的样品均未检出超标农药残留。

3.2.3.5　按 MRL 美国标准衡量

按 MRL 美国标准衡量，所有采样点的样品均未检出超标农药残留。

3.2.3.6　按 MRL CAC 标准衡量

按 MRL CAC 标准衡量，所有采样点的样品均未检出超标农药残留。

3.3　茶叶中农药残留分布

3.3.1　茶叶按检出农药品种和频次排名

本次残留侦测的茶叶共 5 种，包括白茶、黑茶、红茶、乌龙茶和绿茶。

根据检出农药品种及频次进行排名，将各项排名茶叶样品检出情况列表说明，详见表 3-17。

表 3-17　茶叶按检出农药品种和频次排名

按检出农药品种排名(品种)	①红茶(35)，②乌龙茶(29)，③黑茶(13)，④绿茶(11)，⑤白茶(10)
按检出农药频次排名(频次)	①黑茶(150)，②红茶(147)，③绿茶(98)，④乌龙茶(85)，⑤白茶(18)
按检出禁用、高毒及剧毒农药品种排名(品种)	①黑茶(5)，②绿茶(5)，③红茶(4)，④白茶(2)，⑤乌龙茶(2)
按检出禁用、高毒及剧毒农药频次排名(频次)	①黑茶(35)，②红茶(25)，③绿茶(9)，④白茶(4)，⑤乌龙茶(2)

3.3.2　茶叶按超标农药品种和频次排名

鉴于 MRL 欧盟标准和日本标准制定比较全面且覆盖率较高，我们参照 MRL 中国国家标准、欧盟标准和日本标准衡量茶叶样品中农残检出情况，将茶叶按超标农药品种及频次排名列表说明，详见表 3-18。

表 3-18　茶叶按超标农药品种和频次排名

按超标农药品种排名(农药品种数)	MRL 中国国家标准	①红茶(1)
	MRL 欧盟标准	①红茶(22)，②乌龙茶(13)，③白茶(2)，④黑茶(1)
	MRL 日本标准	①红茶(18)，②乌龙茶(12)，③白茶(2)
按超标农药频次排名(农药频次数)	MRL 中国国家标准	①红茶(1)
	MRL 欧盟标准	①红茶(57)，②乌龙茶(23)，③黑茶(5)，④白茶(3)
	MRL 日本标准	①红茶(48)，②乌龙茶(17)，③白茶(2)

通过对各品种茶叶样本总数及检出率进行综合分析发现，红茶、乌龙茶和黑茶的残留污染最为严重，在此，我们参照 MRL 中国国家标准、欧盟标准和日本标准对这 3 种茶叶的农残检出情况进行进一步分析。

3.3.3　农药残留检出率较高的茶叶样品分析

3.3.3.1　红茶

这次共检测 23 例红茶样品，21 例样品中检出了农药残留，检出率为 91.3%，检出农药共计 35 种。其中联苯菊酯、涕灭威、呋草黄、吡喃灵和氯氟氰菊酯检出频次较高，分别检出了 16、12、11、9 和 9 次。红茶中农药检出品种和频次见图 3-21，超标农药见图 3-22 和表 3-19。

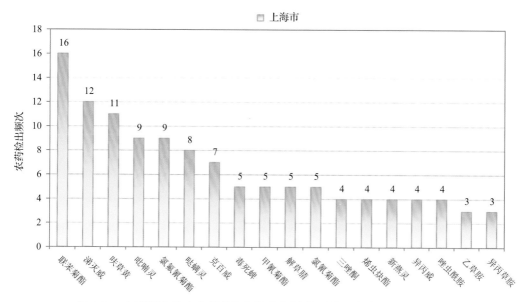

图 3-21　红茶样品检出农药品种和频次分析(仅列出 3 频次及以上的数据)

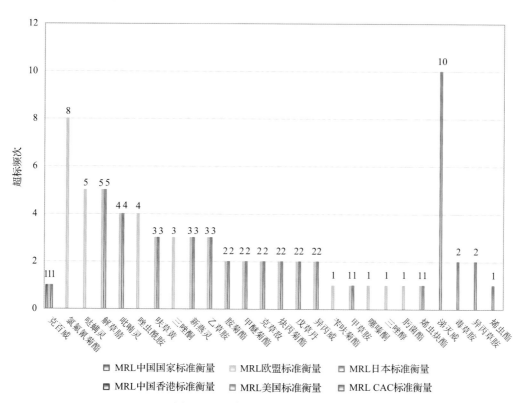

图 3-22　红茶样品中超标农药分析

表 3-19　红茶中农药残留超标情况明细表

样品总数 23		检出农药样品数 21	样品检出率(%) 91.3	检出农药品种总数 35
超标农药品种	超标农药频次	按照 MRL 中国国家标准、欧盟标准和日本标准衡量超标农药名称及频次		
中国国家标准	1	1	克百威(1)	
欧盟标准	22	57	氯氟氰菊酯(8)，哒螨灵(5)，解草腈(5)，吡喃灵(4)，唑虫酰胺(4)，呋草黄(3)，三唑酮(3)，新燕灵(3)，乙草胺(3)，胺菊酯(2)，甲醚菊酯(2)，克草敌(2)，炔丙菊酯(2)，戊草丹(2)，异丙威(2)，苄呋菊酯(1)，甲草胺(1)，克百威(1)，噻嗪酮(1)，三唑醇(1)，肟菌酯(1)，烯虫炔酯(1)		
日本标准	18	48	涕灭威(10)，解草腈(5)，吡喃灵(4)，呋草黄(3)，新燕灵(3)，乙草胺(3)，胺菊酯(2)，毒草胺(2)，甲醚菊酯(2)，克草敌(2)，炔丙菊酯(2)，戊草丹(2)，异丙草胺(2)，异丙威(2)，甲草胺(1)，克百威(1)，烯虫炔酯(1)，烯虫酯(1)		

3.3.3.2　乌龙茶

　　这次共检测 24 例乌龙茶样品，全部检出了农药残留，检出率为 100.0%，检出农药共计 29 种。其中联苯菊酯、哒螨灵、苯醚氰菊酯、呋草黄和三唑酮检出频次较高，分别检出了 17、10、6、6 和 6 次。乌龙茶中农药检出品种和频次见图 3-23，超标农药见图 3-24 和表 3-20。

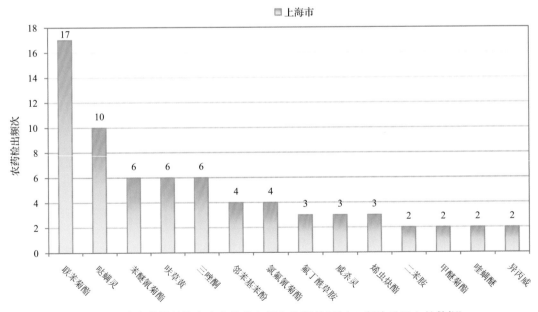

图 3-23　乌龙茶样品检出农药品种和频次分析(仅列出 2 频次及以上的数据)

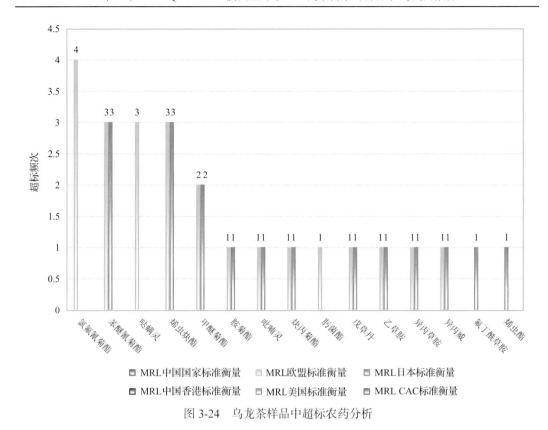

图 3-24　乌龙茶样品中超标农药分析

表 3-20　乌龙茶中农药残留超标情况明细表

样品总数 24		检出农药样品数 24	样品检出率(%) 100	检出农药品种总数 29
超标农药品种	超标农药频次	按照 MRL 中国国家标准、欧盟标准和日本标准衡量超标农药名称及频次		
中国国家标准	0	0		
欧盟标准	13	23	氯氟氰菊酯(4)，苯醚氰菊酯(3)，哒螨灵(3)，烯虫炔酯(3)，甲醚菊酯(2)，胺菊酯(1)，吡喃灵(1)，炔丙菊酯(1)，肟菌酯(1)，戊草丹(1)，乙草胺(1)，异丙草胺(1)，异丙威(1)		
日本标准	12	17	苯醚氰菊酯(3)，烯虫炔酯(3)，甲醚菊酯(2)，胺菊酯(1)，吡喃灵(1)，氟丁酰草胺(1)，炔丙菊酯(1)，戊草丹(1)，烯虫酯(1)，乙草胺(1)，异丙草胺(1)，异丙威(1)		

3.3.3.3　黑茶

这次共检测 22 例黑茶样品，21 例样品中检出了农药残留，检出率为 95.5%，检出农药共计 13 种。其中哒螨灵、联苯菊酯、氯氟氰菊酯、氯氰菊酯和甲氰菊酯检出频次较高，分别检出了 21、21、17、17 和 16 次。黑茶中农药检出品种和频次见图 3-25，超标农药见图 3-26 和表 3-21。

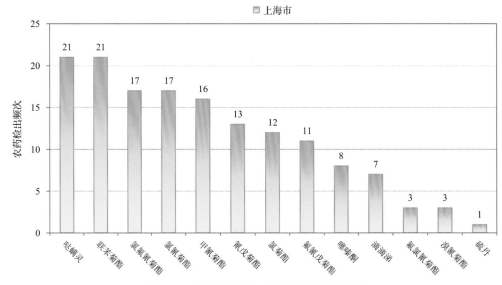

图 3-25　黑茶样品检出农药品种和频次分析

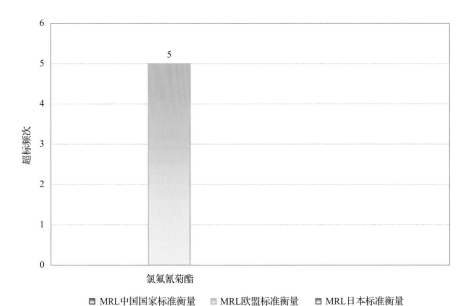

图 3-26　黑茶样品中超标农药分析

表 3-21　黑茶中农药残留超标情况明细表

样品总数		检出农药样品数	样品检出率(%)	检出农药品种总数
22		21	95.5	13
	超标农药品种	超标农药频次	按照 MRL 中国国家标准、欧盟标准和日本标准衡量超标农药名称及频次	
中国国家标准	0	0		
欧盟标准	1	5	氯氟氰菊酯(5)	
日本标准	0	0		

3.4　初　步　结　论

3.4.1　上海市市售茶叶按 MRL 中国国家标准和国际主要 MRL 标准衡量的合格率

本次侦测的 121 例样品中，11 例样品未检出任何残留农药，占样品总量的 9.1%，110 例样品检出不同水平、不同种类的残留农药，占样品总量的 90.9%。在这 110 例检出农药残留的样品中：

按照 MRL 中国国家标准衡量，有 109 例样品检出残留农药但含量没有超标，占样品总数的 90.1%，有 1 例样品检出了超标农药，占样品总数的 0.8%。

按照 MRL 欧盟标准衡量，有 75 例样品检出残留农药但含量没有超标，占样品总数的 62.0%，有 35 例样品检出了超标农药，占样品总数的 28.9%。

按照 MRL 日本标准衡量，有 81 例样品检出残留农药但含量没有超标，占样品总数的 66.9%，有 29 例样品检出了超标农药，占样品总数的 24.0%。

按照 MRL 中国香港标准衡量，有 110 例样品检出残留农药但含量没有超标，占样品总数的 90.9%，无检出残留农药超标的样品。

按照 MRL 美国标准衡量，有 110 例样品检出残留农药但含量没有超标，占样品总数的 90.9%，无检出残留农药超标的样品。

按照 MRL CAC 标准衡量，有 110 例样品检出残留农药但含量没有超标，占样品总数的 90.9%，无检出残留农药超标的样品。

3.4.2　上海市市售茶叶中检出农药以中低微毒农药为主，占市场主体的 87.5%

这次侦测的 121 例茶叶样品共检出了 48 种农药，检出农药的毒性以中低微毒为主，详见表 3-22。

表 3-22　市场主体农药毒性分布

毒性	检出品种	占比	检出频次	占比
剧毒农药	2	4.2%	16	3.2%
高毒农药	4	8.3%	28	5.6%
中毒农药	24	50.0%	349	70.1%
低毒农药	11	22.9%	69	13.9%
微毒农药	7	14.6%	36	7.2%
中低微毒农药，品种占比 87.5%，频次占比 91.2%				

3.4.3　检出剧毒、高毒和禁用农药现象应该警醒

在此次侦测的 121 例样品中有 5 种茶叶的 47 例样品检出了 10 种 75 频次的剧毒和高毒或禁用农药，占样品总量的 38.8%。其中剧毒农药涕灭威和特丁硫磷以及高毒农药

氟氰戊菊酯、克百威和氟氯氰菊酯检出频次较高。

按 MRL 中国国家标准衡量,剧毒农药克百威,检出 8 次,超标 1 次;按超标程度比较,红茶中克百威超标 3.2 倍。

剧毒、高毒或禁用农药的检出情况及按照 MRL 中国国家标准衡量的超标情况见表 3-23。

表 3-23 剧毒、高毒或禁用农药的检出及超标明细

序号	农药名称	样品名称	检出频次	超标频次	最大超标倍数	超标率
1.1	特丁硫磷*▲	绿茶	1	0	0	0.0%
2.1	涕灭威*▲	红茶	12	0	0	0.0%
2.2	涕灭威*▲	白茶	3	0	0	0.0%
3.1	氟氯氰菊酯◇	黑茶	3	0	0	0.0%
3.2	氟氯氰菊酯◇	绿茶	3	0	0	0.0%
3.3	氟氯氰菊酯◇	红茶	1	0	0	0.0%
4.1	氟氰戊菊酯◇	黑茶	11	0	0	0.0%
5.1	克百威◇▲	红茶	7	1	3.2	14.3%
5.2	克百威◇▲	乌龙茶	1	0	0	0.0%
6.1	水胺硫磷◇▲	绿茶	2	0	0	0.0%
7.1	滴滴涕▲	黑茶	7	0	0	0.0%
8.1	毒死蜱▲	红茶	5	0	0	0.0%
8.2	毒死蜱▲	白茶	1	0	0	0.0%
8.3	毒死蜱▲	乌龙茶	1	0	0	0.0%
9.1	硫丹▲	黑茶	1	0	0	0.0%
9.2	硫丹▲	绿茶	1	0	0	0.0%
10.1	氰戊菊酯▲	黑茶	13	0	0	0.0%
10.2	氰戊菊酯▲	绿茶	2	0	0	0.0%
合计			75	1		1.3%

注:表中*为剧毒农药;◇ 为高毒农药;▲为禁用农药;超标倍数参照 MRL 中国国家标准衡量

这些剧毒和高毒农药都是中国政府早有规定禁止在茶叶中使用的,为什么还屡次被检出,应该引起警惕。

3.4.4 残留限量标准与先进国家或地区差距较大

498 频次的检出结果与我国公布的 GB 2763—2016《食品中农药最大残留限量》对比,有 346 频次能找到对应的 MRL 中国国家标准,占 69.5%;还有 152 频次的侦测数据无相关 MRL 标准供参考,占 30.5%。

与国际上现行 MRL 对比发现:

有 498 频次能找到对应的 MRL 欧盟标准,占 100.0%;

有 498 频次能找到对应的 MRL 日本标准，占 100.0%；

有 218 频次能找到对应的 MRL 中国香港标准，占 43.8%；

有 152 频次能找到对应的 MRL 美国标准，占 30.5%；

有 188 频次能找到对应的 MRL CAC 标准，占 37.8%。

由上可见，MRL 中国国家标准与先进国家或地区标准还有很大差距，我们无标准，境外有标准，这就会导致我们在国际贸易中，处于受制于人的被动地位。

3.4.5　茶叶单种样品检出 13～35 种农药残留，拷问农药使用的科学性

通过此次监测发现，红茶、乌龙茶和黑茶是检出农药品种最多的 3 种茶叶，从中检出农药品种及频次详见表 3-24。

表 3-24　单种样品检出农药品种及频次

样品名称	样品总数	检出农药样品数	检出率	检出农药品种数	检出农药（频次）
红茶	23	21	91.3%	35	联苯菊酯(16)，涕灭威(12)，呋草黄(11)，吡螨灵(9)，氯氟氰菊酯(9)，哒螨灵(8)，克百威(7)，毒死蜱(5)，甲氰菊酯(5)，解草腈(5)，氯氰菊酯(5)，三唑酮(4)，烯虫炔酯(4)，新燕灵(4)，异丙威(4)，唑虫酰胺(4)，乙草胺(3)，异丙草胺(3)，胺菊酯(2)，毒草胺(2)，二苯胺(2)，甲草胺(2)，甲醚菊酯(2)，克草敌(2)，喹螨醚(2)，炔丙菊酯(2)，噻嗪酮(2)，三唑醇(2)，戊草丹(2)，烯虫酯(2)，苄呋菊酯(1)，氟氯氰菊酯(1)，威杀灵(1)，肟菌酯(1)，戊唑醇(1)
乌龙茶	24	24	100.0%	29	联苯菊酯(17)，哒螨灵(10)，苯醚氰菊酯(6)，呋草黄(6)，三唑酮(6)，邻苯基苯酚(4)，氯氟氰菊酯(4)，氟丁酰草胺(3)，威杀灵(3)，烯虫炔酯(3)，二苯胺(2)，甲醚菊酯(2)，喹螨醚(2)，异丙威(2)，胺菊酯(1)，吡喃灵(1)，苄呋菊酯(1)，毒死蜱(1)，甲萘威(1)，克百威(1)，氯氰菊酯(1)，炔丙菊酯(1)，噻嗪酮(1)，肟菌酯(1)，戊草丹(1)，烯虫酯(1)，乙草胺(1)，异丙草胺(1)，仲丁威(1)
黑茶	22	21	95.5%	13	哒螨灵(21)，联苯菊酯(21)，氯氟氰菊酯(17)，氯氰菊酯(17)，甲氰菊酯(16)，氰戊菊酯(13)，氯菊酯(12)，氟氯戊菊酯(11)，噻嗪酮(8)，滴滴涕(7)，氟氯氰菊酯(3)，溴氰菊酯(3)，硫丹(1)

上述 3 种茶叶，检出农药 13～35 种，是多种农药综合防治，还是未严格实施农业良好管理规范（GAP），抑或根本就是乱施药，值得我们思考。

第4章 GC-Q-TOF/MS 侦测上海市市售茶叶农药残留膳食暴露风险与预警风险评估

4.1 农药残留风险评估方法

4.1.1 上海市农药残留侦测数据分析与统计

庞国芳院士科研团队建立的农药残留高通量侦测技术以高分辨精确质量数（0.0001 *m/z* 为基准）为识别标准，采用 GC-Q-TOF/MS 技术对 684 种农药化学污染物进行侦测。

科研团队于 2019 年 3 月在上海市所属的 9 个采样点，随机采集了 121 例茶叶样品，具体位置如图 4-1 所示。

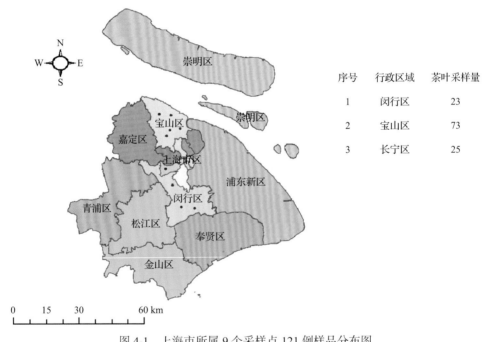

序号	行政区域	茶叶采样量
1	闵行区	23
2	宝山区	73
3	长宁区	25

图 4-1 上海市所属 9 个采样点 121 例样品分布图

利用 GC-Q-TOF/MS 技术对 121 例样品中的农药进行侦测，侦测出残留化学污染物 48 种，498 频次。侦测出农药残留水平如表 4-1 和图 4-2 所示。检出频次最高的前 10 种农药如表 4-2 所示。从侦测结果中可以看出，在茶叶中农药残留普遍存在，且有些茶叶存在高浓度的农药残留，这些可能存在膳食暴露风险，对人体健康产生危害，因此，为了定量地评价茶叶中农药残留的风险程度，有必要对其进行风险评价。

表 4-1　侦测出农药的不同残留水平及其所占比例列表

残留水平（μg/kg）	检出频次	占比（%）
1～5（含）	196	39.4
5～10（含）	123	24.7
10～100（含）	161	32.3
100～1000	18	3.6
合计	498	100

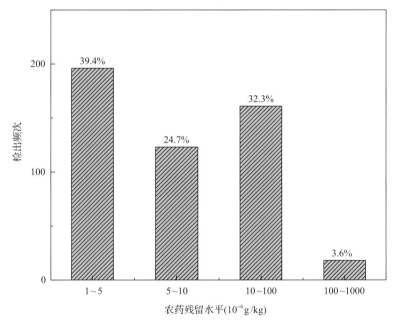

图 4-2　残留农药检出浓度频数分布图

表 4-2　检出频次最高的前 10 种农药列表

序号	农药	检出频次
1	联苯菊酯	96
2	哒螨灵	52
3	氯氟氰菊酯	47
4	甲氰菊酯	33
5	氯氰菊酯	29
6	呋草黄	19
7	噻嗪酮	17
8	氰戊菊酯	15
9	涕灭威	15
10	氯菊酯	12

4.1.2　农药残留风险评价模型

对上海市茶叶中农药残留分别开展暴露风险评估和预警风险评估。膳食暴露风险评估利用食品安全指数模型对茶叶中的残留农药对人体可能产生的危害程度进行评价，该模型结合残留监测和膳食暴露评估评价化学污染物的危害；预警风险评价模型运用风险系数(risk index，R)，风险系数综合考虑了危害物的超标率、施检频率及其本身敏感性的影响，能直观而全面地反映出危害物在一段时间内的风险程度。

4.1.2.1　食品安全指数模型

为了加强食品安全管理，《中华人民共和国食品安全法》第二章第十七条规定"国家建立食品安全风险评估制度，运用科学方法，根据食品安全风险监测信息、科学数据以及有关信息，对食品、食品添加剂、食品相关产品中生物性、化学性和物理性危害因素进行风险评估"[1]，膳食暴露评估是食品危险度评估的重要组成部分，也是膳食安全性的衡量标准[2]。国际上最早研究膳食暴露风险评估的机构主要是 JMPR(FAO、WHO农药残留联合会议)，该组织自 1995 年就已制定了急性毒性物质的风险评估急性毒性农药残留摄入量的预测。1960 年美国规定食品中不得加入致癌物质进而提出零阈值理论，渐渐零阈值理论发展成在一定概率条件下可接受风险的概念[3]，后衍变为食品中每日允许最大摄入量(ADI)，而国际食品农药残留法典委员会(CCPR)认为 ADI 不是独立风险评估的唯一标准[4]，1995 年 JMPR 开始研究农药急性膳食暴露风险评估，并对食品国际短期摄入量的计算方法进行了修正，亦对膳食暴露评估准则及评估方法进行了修正[5]，2002 年，在对世界上现行的食品安全评价方法，尤其是国际公认的 CAC 评价方法、全球环境监测系统/食品污染监测和评估规划(WHO GEMS/Food)及 FAO、WHO 食品添加剂联合专家委员会(JECFA)和 JMPR 对食品安全风险评估工作研究的基础之上，检验检疫食品安全管理的研究人员提出了结合残留监控和膳食暴露评估，以食品安全指数 IFS 计算食品中各种化学污染物对消费者的健康危害程度[6]。IFS 是表示食品安全状态的新方法，可有效地评价某种农药的安全性，进而评价食品中各种农药化学污染物对消费者健康的整体危害程度[7, 8]。从理论上分析，IFS_c 可指出食品中的污染物 c 对消费者健康是否存在危害及危害的程度[9]。其优点在于操作简单且结果容易被接受和理解，不需要大量的数据来对结果进行验证，使用默认的标准假设或者模型即可[10, 11]。

1)IFS_c 的计算

IFS_c 计算公式如下：

$$IFS_c = \frac{EDI_c \times f}{SI_c \times bw} \tag{4-1}$$

式中，c 为所研究的农药；EDI_c 为农药 c 的实际日摄入量估算值，等于 $\sum (R_i \times F_i \times E_i \times P_i)$ (i 为食品种类；R_i 为食品 i 中农药 c 的残留水平，mg/kg；F_i 为食品 i 的估计日消费量，g/(人·天)；E_i 为食品 i 的可食用部分因子；P_i 为食品 i 的加工处理因子)；SI_c 为安全摄入量，可采用每日允许最大摄入量 ADI；bw 为人平均体重，kg；f 为校正因子，如果安全摄入量采用 ADI，则 f 取 1。

$IFS_c \ll 1$，农药 c 对食品安全没有影响；$IFS_c \leq 1$，农药 c 对食品安全的影响可以接受；$IFS_c > 1$，农药 c 对食品安全的影响不可接受。

本次评价中：

$IFS_c \leq 0.1$，农药 c 对茶叶安全没有影响；

$0.1 < IFS_c \leq 1$，农药 c 对茶叶安全的影响可以接受；

$IFS_c > 1$，农药 c 对茶叶安全的影响不可接受。

本次评价中残留水平 R_i 取值为中国检验检疫科学研究院庞国芳院士课题组利用以高分辨精确质量数 $(0.0001\ m/z)$ 为基准的 GC-Q-TOF/MS 侦测技术于 2019 年 3 月期间对上海市茶叶农药残留的侦测结果，估计日消费量 F_i 取值 0.0047 kg/（人·天），$E_i = 1$，$P_i = 1$，$f = 1$，SI_c 采用《食品安全国家标准　食品中农药最大残留限量》(GB 2763—2016) 中 ADI 值（具体数值见表 4-3），人平均体重 (bw) 取值 60 kg。

表 4-3　上海市茶叶中侦测出农药的 ADI 值

序号	农药	ADI	序号	农药	ADI	序号	农药	ADI
1	特丁硫磷	0.0006	17	异丙草胺	0.013	33	毒草胺	0.54
2	克百威	0.001	18	乙草胺	0.02	34	克草敌	—
3	异丙威	0.002	19	氟氰戊菊酯	0.02	35	吡喃灵	—
4	水胺硫磷	0.003	20	氯氟氰菊酯	0.02	36	呋草黄	—
5	涕灭威	0.003	21	氯氰菊酯	0.02	37	威杀灵	—
6	喹螨醚	0.005	22	氰戊菊酯	0.02	38	戊草丹	—
7	唑虫酰胺	0.006	23	三唑酮	0.03	39	新燕灵	—
8	硫丹	0.006	24	三唑醇	0.03	40	氟丁酰草胺	—
9	甲萘威	0.008	25	戊唑醇	0.03	41	炔丙菊酯	—
10	噻嗪酮	0.009	26	甲氰菊酯	0.03	42	烯虫炔酯	—
11	哒螨灵	0.01	27	氟氯氰菊酯	0.04	43	烯虫酯	—
12	毒死蜱	0.01	28	肟菌酯	0.04	44	甲醚菊酯	—
13	溴氰菊酯	0.01	29	氯菊酯	0.05	45	胺菊酯	—
14	滴滴涕	0.01	30	仲丁威	0.06	46	苄呋菊酯	—
15	甲草胺	0.01	31	二苯胺	0.08	47	苯醚氰菊酯	—
16	联苯菊酯	0.01	32	邻苯基苯酚	0.4	48	解草腈	—

注："—" 表示为国家标准中无 ADI 值规定；ADI 值单位为 mg/kg bw

2) 计算 IFS_c 的平均值 $\overline{IFS}$，评价农药对食品安全的影响程度

以 $\overline{IFS}$ 评价各种农药对人体健康危害的总程度，评价模型见公式 (4-2)。

$$\overline{IFS} = \frac{\sum_{i=1}^{n} IFS_c}{n} \tag{4-2}$$

$\overline{\mathrm{IFS}} \ll 1$，所研究消费者人群的食品安全状态很好；$\overline{\mathrm{IFS}} \leqslant 1$，所研究消费者人群的食品安全状态可以接受；$\overline{\mathrm{IFS}} > 1$，所研究消费者人群的食品安全状态不可接受。

本次评价中：

$\overline{\mathrm{IFS}} \leqslant 0.1$，所研究消费者人群的茶叶安全状态很好；

$0.1 < \overline{\mathrm{IFS}} \leqslant 1$，所研究消费者人群的茶叶安全状态可以接受；

$\overline{\mathrm{IFS}} > 1$，所研究消费者人群的茶叶安全状态不可接受。

4.1.2.2 预警风险评估模型

2003 年，我国检验检疫食品安全管理的研究人员根据 WTO 的有关原则和我国的具体规定，结合危害物本身的敏感性、风险程度及其相应的施检频率，首次提出了食品中危害物风险系数 R 的概念[12]。R 是衡量一个危害物的风险程度大小最直观的参数，即在一定时期内其超标率或阳性检出率的高低，但受其施检频率的高低及其本身的敏感性(受关注程度)影响。该模型综合考察了农药在茶叶中的超标率、施检频率及其本身敏感性，能直观而全面地反映出农药在一段时间内的风险程度[13]。

1) R 计算方法

危害物的风险系数综合考虑了危害物的超标率或阳性检出率、施检频率和其本身的敏感性影响，并能直观而全面地反映出危害物在一段时间内的风险程度。风险系数 R 的计算公式如式(4-3)：

$$R = aP + \frac{b}{F} + S \qquad (4\text{-}3)$$

式中，P 为该种危害物的超标率；F 为危害物的施检频率；S 为危害物的敏感因子；a, b 分别为相应的权重系数。

本次评价中 $F=1$；$S=1$；$a=100$；$b=0.1$，对参数 P 进行计算，计算时首先判断是否为禁用农药，如果为非禁用农药，$P=$超标的样品数(侦测出的含量高于食品最大残留限量标准值，即 MRL)除以总样品数(包括超标、不超标、未侦测出)；如果为禁用农药，则侦测出即为超标，$P=$能侦测出的样品数除以总样品数。判断上海市茶叶农药残留是否超标的标准限值 MRL 分别以 MRL 中国国家标准[14]和 MRL 欧盟标准作为对照，具体值列于本报告附表一中。

2) 评价风险程度

$R \leqslant 1.5$，受检农药处于低度风险；

$1.5 < R \leqslant 2.5$，受检农药处于中度风险；

$R > 2.5$，受检农药处于高度风险。

4.1.2.3 食品膳食暴露风险和预警风险评估应用程序的开发

1) 应用程序开发的步骤

为成功开发膳食暴露风险和预警风险评估应用程序，与软件工程师多次沟通讨论，逐步提出并描述清楚计算需求，开发了初步应用程序。为明确出不同茶叶、不同农药、不同地域和不同季节的风险水平，向软件工程师提出不同的计算需求，软件工程师对计算需求进行逐一分析，经过反复的细节沟通，需求分析得到明确后，开始进行解决方案的设计，在保证需求的完整性、一致性的前提下，编写出程序代码，最后设计出满足需求的风险评估专用计算软件，并通过一系列的软件测试和改进，完成专用程序的开发。软件开发基本步骤见图 4-3。

图 4-3　专用程序开发总体步骤

2）膳食暴露风险评估专业程序开发的基本要求

首先直接利用公式(4-1)，分别计算 LC-Q-TOF/MS 和 GC-Q-TOF/MS 仪器侦测出的各茶叶样品中每种农药 IFS_c，将结果列出。为考察超标农药和禁用农药的使用安全性，分别以我国《食品安全国家标准　食品中农药最大残留限量》(GB 2763—2016)和欧盟食品中农药最大残留限量(以下简称 MRL 中国国家标准和 MRL 欧盟标准)为标准，对侦测出的禁用农药和超标的非禁用农药 IFS_c 单独进行评价；按 IFS_c 大小列表，并找出 IFS_c 值排名前 20 的样本重点关注。

对不同茶叶 i 中每一种侦测出的农药 c 的安全指数进行计算，多个样品时求平均值。按农药种类，计算整个监测时间段内每种农药的 IFS_c，不区分茶叶。

3）预警风险评估专业程序开发的基本要求

分别以 MRL 中国国家标准和 MRL 欧盟标准，按公式(4-3)逐个计算不同茶叶、不同农药的风险系数，禁用农药和非禁用农药分别列表。

为清楚了解各种农药的预警风险，不分时间，不分茶叶，按禁用农药和非禁用农药分类，分别计算各种侦测出农药全部检测时段内风险系数。由于有 MRL 中国国家标准的农药种类太少，无法计算超标数，非禁用农药的风险系数只以 MRL 欧盟标准为标准，进行计算。

4）风险程度评价专业应用程序的开发方法

采用 Python 计算机程序设计语言，Python 是一个高层次地结合了解释性、编译性、互动性和面向对象的脚本语言。风险评价专用程序主要功能包括：分别读入每例样品 LC-Q-TOF/MS 和 GC-Q-TOF/MS 农药残留检测数据，根据风险评价工作要求，依次对不同农药、不同食品、不同时间、不同采样点的 IFS_c 值和 R 值分别进行数据计算，筛选出禁用农药、超标农药(分别与 MRL 中国国家标准、MRL 欧盟标准限值进行对比)单独重点分析，再分别对各农药、各茶叶种类分类处理，设计出计算和排序程序，编写计算机代码，最后将生成的膳食暴露风险评估和超标风险评估定量计算结果列入设计好的各个表格中，并定性判断风险对目标的影响程度，直接用文字描述风险发生的高低，如"不可接受"、"可以接受"、"没有影响"、"高度风险"、"中度风险"、"低度风险"。

4.2　GC-Q-TOF/MS 侦测上海市市售茶叶农药残留膳食暴露风险评估

4.2.1　每例茶叶样品中农药残留安全指数分析

基于 2019 年 3 月的农药残留侦测数据，发现在 121 例样品中侦测出农药 498 频次，计算样品中每种残留农药的安全指数 IFS_c，并分析农药对样品安全的影响程度，结果详见附表二，农药残留对茶叶样品安全的影响程度频次分布情况如图 4-4 所示。

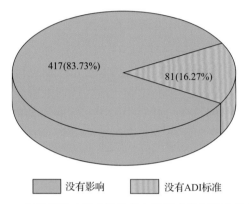

图 4-4　农药残留对茶叶样品安全的影响程度频次分布图

由图 4-4 可以看出，农药残留对样品安全的没有影响的频次为 417，占 83.73%；没有 ADI 标准的频次为 81 次，占 16.27%。

部分样本侦测出禁用农药 8 种 57 频次，为了明确残留的禁用农药对样品安全的影响，分析侦测出禁用农药残留的样品安全指数，禁用农药残留对茶叶样品安全的影响程度频次分布情况如图 4-5 所示，农药残留对样品安全没有影响的频次为 57，占 100%。

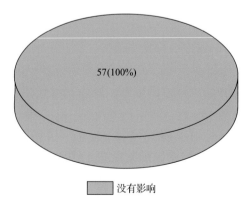

图 4-5　禁用农药对茶叶样品安全影响程度的频次分布图

此外，本次侦测没有发现样品中非禁用农药残留量超过了 MRL 中国国家标准。

残留量超过 MRL 欧盟标准的非禁用农药对茶叶样品安全的影响程度频次分布情况

如图 4-6 所示。可以看出超过 MRL 欧盟标准的非禁用农药共 87 频次,其中农药没有 ADI 的频次为 40,占 45.98%;农药残留对样品安全没有影响的频次为 47,占 54.07%。表 4-4 为茶叶样品中不可接受的残留超标非禁用农药安全指数列表。

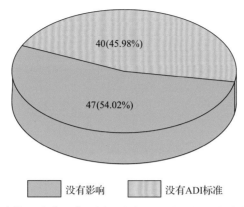

图 4-6　残留超标的非禁用农药对茶叶样品安全的影响程度频次分布图(MRL 欧盟标准)

表 4-4　茶叶样品中安全指数排名前 10 的残留超标非禁用农药列表(MRL 欧盟标准)

序号	样品编号	采样点	基质	农药	含量 (mg/kg)	欧盟标准	IFS_c	影响程度
1	20190108-310112-AHCIQ-BT-04B	***超市(万科虹桥店)	红茶	异丙威	0.0543	0.01	2.13×10^{-3}	没有影响
2	20190110-310113-AHCIQ-BT-08A	***超市(龙湖虹桥天街店)	红茶	氯氟氰菊酯	0.3278	0.01	1.28×10^{-3}	没有影响
3	20190110-310113-AHCIQ-OT-08C	***有限公司	乌龙茶	异丙威	0.0253	0.01	9.91×10^{-4}	没有影响
4	20190108-310113-AHCIQ-OT-05C	***超市(龙湖虹桥天街店)	乌龙茶	乙草胺	0.2113	0.05	8.28×10^{-4}	没有影响
5	20190108-310113-AHCIQ-BT-05B	***超市(龙湖虹桥天街店)	红茶	哒螨灵	0.0976	0.05	7.65×10^{-4}	没有影响
6	20190109-310113-AHCIQ-BT-06D	***超市(吴淞店)	红茶	哒螨灵	0.0952	0.05	7.46×10^{-4}	没有影响
7	20190108-310112-AHCIQ-BT-04A	***超市(龙湖虹桥天街店)	红茶	异丙威	0.0181	0.01	7.09×10^{-4}	没有影响
8	20190110-310113-AHCIQ-BT-07A	***超市(龙湖虹桥天街店)	红茶	哒螨灵	0.0864	0.05	6.77×10^{-4}	没有影响
9	20190110-310113-AHCIQ-OT-07A	***超市(万科虹桥店)	乌龙茶	哒螨灵	0.0858	0.05	6.72×10^{-4}	没有影响
10	20190110-310113-AHCIQ-BT-08A	***茶庄	红茶	噻嗪酮	0.0716	0.05	6.23×10^{-4}	没有影响

4.2.2　单种茶叶中农药残留安全指数分析

本次 5 种茶叶侦测 48 种农药,检出频次为 498 次,其中 15 种农药没有 ADI,33 种农药存在 ADI 标准。全部茶叶均侦测出农药残留,未发现茶叶侦测出农药残留全部没有

ADI，按不同种类分别计算检出的具有 ADI 标准的各种农药的 IFS_c 值，农药残留对茶叶的安全指数分布图如图 4-7 所示。

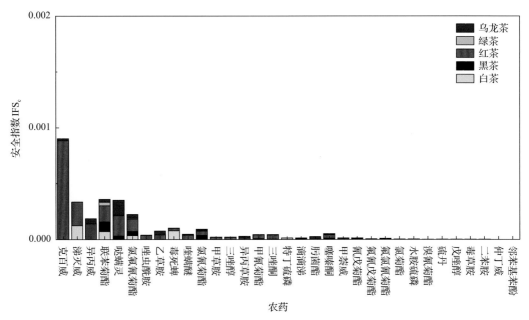

图 4-7　5 种茶叶中 33 种残留农药的安全指数分布图

本次侦测中，5 种茶叶和 48 种残留农药(包括没有 ADI)共涉及 98 个分析样本，农药对单种茶叶安全的影响程度分布情况如图 4-8 所示。可以看出，70.41%的样本中农药对茶叶安全没有影响。

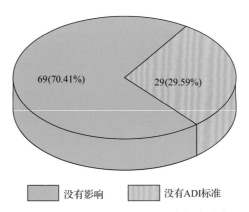

图 4-8　98 个分析样本的影响程度频次分布图

4.2.3　所有茶叶中农药残留安全指数分析

计算所有茶叶中 33 种农药的 IFS_c 值，结果如图 4-9 及表 4-5 所示。

分析发现，所有农药的 IFS_c 均小于 1，说明所有农药对茶叶安全的影响均没有影响。

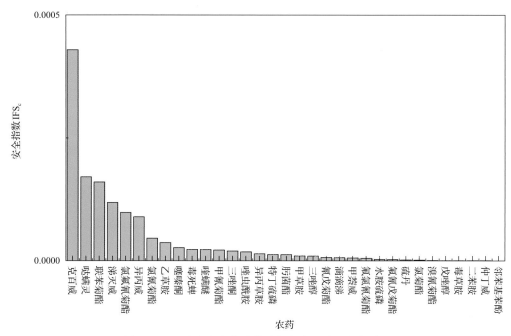

图 4-9　33 种残留农药对茶叶的安全影响程度统计图

表 4-5　茶叶中 33 种农药残留的安全指数表

序号	农药	检出频次	检出率(%)	IFS$_c$	影响程度	序号	农药	检出频次	检出率(%)	IFS$_c$	影响程度
1	克百威	8	6.61	$1.72×10^{-4}$	没有影响	18	甲草胺	2	1.65	$3.99×10^{-6}$	没有影响
2	哒螨灵	52	42.98	$6.83×10^{-5}$	没有影响	19	三唑醇	2	1.65	$3.90×10^{-6}$	没有影响
3	联苯菊酯	96	79.34	$6.41×10^{-5}$	没有影响	20	氰戊菊酯	15	12.40	$2.68×10^{-6}$	没有影响
4	涕灭威	15	12.40	$4.75×10^{-5}$	没有影响	21	滴滴涕	7	5.79	$2.52×10^{-6}$	没有影响
5	氯氟氰菊酯	47	38.84	$3.94×10^{-5}$	没有影响	22	甲萘威	1	0.83	$2.35×10^{-6}$	没有影响
6	异丙威	6	4.96	$3.59×10^{-5}$	没有影响	23	氟氯氰菊酯	7	5.79	$2.06×10^{-6}$	没有影响
7	氯氰菊酯	29	23.97	$1.83×10^{-5}$	没有影响	24	水胺硫磷	2	1.65	$1.21×10^{-6}$	没有影响
8	乙草胺	4	3.31	$1.47×10^{-5}$	没有影响	25	氟氰戊菊酯	11	9.09	$1.10×10^{-6}$	没有影响
9	噻嗪酮	17	14.05	$1.07×10^{-5}$	没有影响	26	硫丹	2	1.65	$6.58×10^{-7}$	没有影响
10	毒死蜱	7	5.79	$9.24×10^{-6}$	没有影响	27	氯菊酯	12	9.92	$5.92×10^{-7}$	没有影响
11	唑螨醚	4	3.31	$9.06×10^{-6}$	没有影响	28	溴氰菊酯	3	2.48	$2.85×10^{-7}$	没有影响
12	甲氰菊酯	33	27.27	$8.81×10^{-6}$	没有影响	29	戊唑醇	1	0.83	$1.68×10^{-7}$	没有影响
13	三唑酮	12	9.92	$7.98×10^{-6}$	没有影响	30	毒草胺	2	1.65	$1.63×10^{-7}$	没有影响
14	唑虫酰胺	4	3.31	$7.27×10^{-6}$	没有影响	31	二苯胺	4	3.31	$1.53×10^{-7}$	没有影响
15	异丙草胺	4	3.31	$5.76×10^{-6}$	没有影响	32	仲丁威	1	0.83	$6.69×10^{-8}$	没有影响
16	特丁硫磷	1	0.83	$5.18×10^{-6}$	没有影响	33	邻苯基苯酚	4	3.31	$2.80×10^{-8}$	没有影响
17	肟菌酯	2	1.65	$5.08×10^{-6}$	没有影响						

4.3 GC-Q-TOF/MS 侦测上海市市售茶叶 农药残留预警风险评估

基于上海市茶叶样品中农药残留 GC-Q-TOF/MS 侦测数据，分析禁用农药的检出率，同时参照中华人民共和国国家标准 GB 2763—2016 和欧盟农药最大残留限量(MRL)标准分析非禁用农药残留的超标率，并计算农药残留风险系数。分析单种茶叶中农药残留以及所有茶叶中农药残留的风险程度。

4.3.1 单种茶叶中农药残留风险系数分析

4.3.1.1 单种茶叶中禁用农药残留风险系数分析

侦测出的 48 种残留农药中有 8 种为禁用农药，且它们分布在 5 种茶叶中，计算 5 种茶叶中禁用农药的检出率，根据检出率计算风险系数 R，进而分析茶叶中禁用农药的风险程度，结果如图 4-10 与表 4-6 所示。分析发现 8 种禁用农药在 5 种茶叶中的残留处均于高度风险。

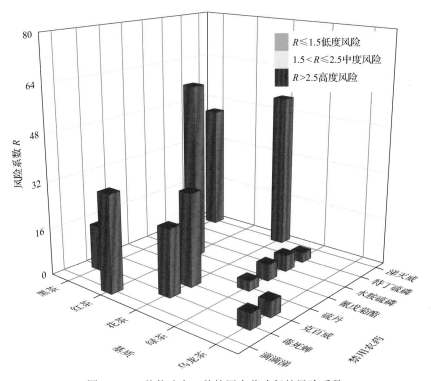

图 4-10 5 种茶叶中 8 种禁用农药残留的风险系数

表 4-6　5 种茶叶中 8 种禁用农药残留的风险系数列表

序号	基质	农药	检出频次	检出率(%)	风险系数 R	风险程度
1	黑茶	氰戊菊酯	13	59.09	60.19	高度风险
2	红茶	涕灭威	12	52.17	53.27	高度风险
3	白茶	涕灭威	3	42.86	43.96	高度风险
4	黑茶	滴滴涕	7	31.82	32.92	高度风险
5	红茶	克百威	7	30.43	31.53	高度风险
6	红茶	毒死蜱	5	21.74	22.84	高度风险
7	白茶	毒死蜱	1	14.29	15.39	高度风险
8	黑茶	硫丹	1	4.55	5.65	高度风险
9	绿茶	氰戊菊酯	2	4.44	5.54	高度风险
10	绿茶	水胺硫磷	2	4.44	5.54	高度风险
11	乌龙茶	克百威	1	4.17	5.27	高度风险
12	乌龙茶	毒死蜱	1	4.17	5.27	高度风险
13	绿茶	特丁硫磷	1	2.22	3.32	高度风险
14	绿茶	硫丹	1	2.22	3.32	高度风险

4.3.1.2　基于 MRL 中国国家标准的单种茶叶中非禁用农药残留风险系数分析

参照中华人民共和国国家标准 GB 2763—2016 中农药残留限量计算每种茶叶中每种非禁用农药的超标率，进而计算其风险系数，根据风险系数大小判断残留农药的预警风险程度，茶叶中非禁用农药残留风险程度分布情况如图 4-11 所示。

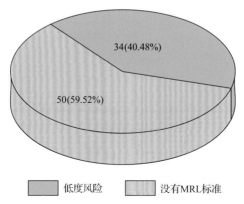

图 4-11　茶叶中非禁用农药残留的风险程度分布图(MRL 中国国家标准)

本次分析中，发现在 5 种茶叶检出 40 种残留非禁用农药，涉及样本 84 个，在 84 个样本中，40.48%处于低度风险，此外发现有 50 个样本没有 MRL 中国国家标准值，无法判断其风险程度，有 MRL 中国国家标准值的 34 个样本涉及 5 种茶叶中的 8 种非禁用农药，其风险系数 R 值如图 4-12 所示。

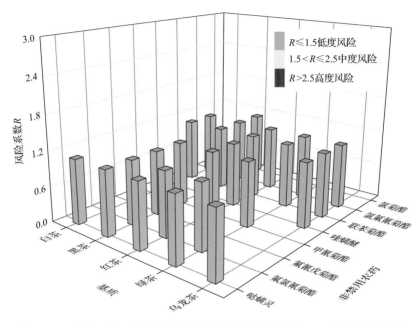

图 4-12　5 种茶叶中 8 种非禁用农药的风险系数分布图(MRL 中国国家标准)

4.3.1.3　基于 MRL 欧盟标准的单种茶叶中非禁用农药残留风险系数分析

参照 MRL 欧盟标准计算每种茶叶中每种非禁用农药的超标率，进而计算其风险系数，根据风险系数大小判断农药残留的预警风险程度，茶叶中非禁用农药残留风险程度分布情况如图 4-13 所示。

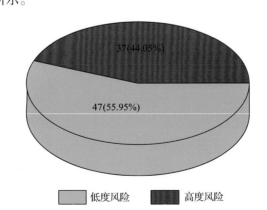

图 4-13　茶叶中非禁用农药残留的风险程度分布图(MRL 欧盟标准)

本次分析中，发现在 5 种茶叶中共侦测出 40 种非禁用农药，涉及样本 84 个，其中，44.05%处于高度风险，涉及 4 种茶叶和 23 种农药；55.95%处于低度风险，涉及 5 种茶叶和 26 种农药。单种茶叶中的非禁用农药风险系数分布图如图 4-14 所示。单种茶叶中处于高度风险的非禁用农药风险系数如图 4-15 和表 4-7 所示。

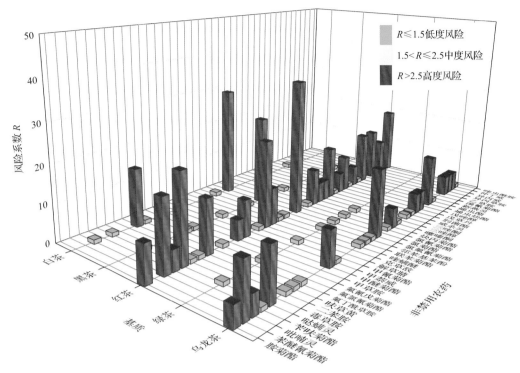

图 4-14　5 种茶叶中 40 种非禁用农药残留的风险系数（MRL 欧盟标准）

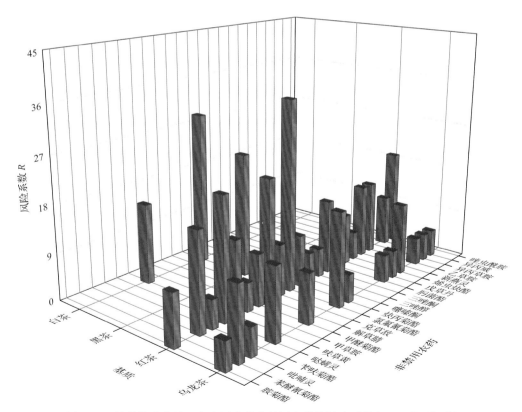

图 4-15　单种茶叶中处于高度风险的非禁用农药的风险系数（MRL 欧盟标准）

表 4-7 单种茶叶中处于高度风险的非禁用农药残留的风险系数表(MRL 欧盟标准)

序号	基质	农药	超标频次	超标率 P(%)	风险系数 R
1	乌龙茶	乙草胺	1	4.17	5.27
2	乌龙茶	吡喃灵	1	4.17	5.27
3	乌龙茶	哒螨灵	3	12.50	13.60
4	乌龙茶	异丙威	1	4.17	5.27
5	乌龙茶	异丙草胺	1	4.17	5.27
6	乌龙茶	戊草丹	1	4.17	5.27
7	乌龙茶	氯氟氰菊酯	4	16.67	17.77
8	乌龙茶	炔丙菊酯	1	4.17	5.27
9	乌龙茶	烯虫炔酯	3	12.50	13.60
10	乌龙茶	甲醚菊酯	2	8.33	9.43
11	乌龙茶	肟菌酯	1	4.17	5.27
12	乌龙茶	胺菊酯	1	4.17	5.27
13	乌龙茶	苯醚氰菊酯	3	12.50	13.60
14	白茶	呋草黄	1	14.29	15.39
15	白茶	氯氟氰菊酯	2	28.57	29.67
16	红茶	三唑酮	3	13.04	14.14
17	红茶	三唑醇	1	4.35	5.45
18	红茶	乙草胺	3	13.04	14.14
19	红茶	克草敌	2	8.70	9.80
20	红茶	吡喃灵	4	17.39	18.49
21	红茶	呋草黄	3	13.04	14.14
22	红茶	哒螨灵	5	21.74	22.84
23	红茶	唑虫酰胺	4	17.39	18.49
24	红茶	噻嗪酮	1	4.35	5.45
25	红茶	异丙威	2	8.70	9.80
26	红茶	戊草丹	2	8.70	9.80
27	红茶	新燕灵	3	13.04	14.14
28	红茶	氯氟氰菊酯	8	34.78	35.88
29	红茶	炔丙菊酯	2	8.70	9.80
30	红茶	烯虫炔酯	1	4.35	5.45
31	红茶	甲草胺	1	4.35	5.45
32	红茶	甲醚菊酯	2	8.70	9.80
33	红茶	肟菌酯	1	4.35	5.45
34	红茶	胺菊酯	2	8.70	9.80
35	红茶	苄呋菊酯	1	4.35	5.45
36	红茶	解草腈	5	21.74	22.84
37	黑茶	氯氟氰菊酯	5	22.73	23.83

4.3.2　所有茶叶中农药残留风险系数分析

4.3.2.1　所有茶叶中禁用农药残留风险系数分析

在侦测出的 40 种农药中有 8 种为禁用农药，计算所有茶叶中禁用农药的风险系数，结果如表 4-8 所示。在 8 种禁用农药中，7 种农药残留处于高度风险，1 种农药残留处于中度风险。

表 4-8　茶叶中 8 种禁用农药的风险系数表

序号	农药	检出频次	检出率(%)	风险系数 R	风险程度
1	氰戊菊酯	15	12.40	13.50	高度风险
2	涕灭威	15	12.40	13.50	高度风险
3	克百威	8	6.61	7.71	高度风险
4	毒死蜱	7	5.79	6.89	高度风险
5	滴滴涕	7	5.79	6.89	高度风险
6	水胺硫磷	2	1.65	2.75	高度风险
7	硫丹	2	1.65	2.75	高度风险
8	特丁硫磷	1	0.83	1.93	中度风险

4.3.2.2　所有茶叶中非禁用农药残留风险系数分析

参照 MRL 欧盟标准计算所有茶叶中每种非禁用农药残留的风险系数，如图 4-16 与表 4-9 所示。在侦测出的 40 种非禁用农药中，18 种农药(45%)残留处于高度风险，5 种农药(12.5%)残留处于中度风险，17 种农药(42.5%)残留处于低度风险。

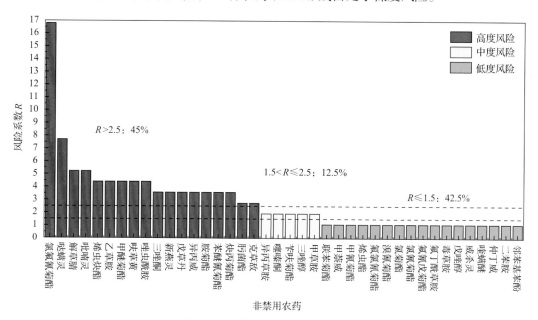

图 4-16　茶叶中 40 种非禁用农药的风险程度统计图

表 4-9 茶叶中 40 种非禁用农药的风险系数表

序号	农药	超标频次	超标率 $P(\%)$	风险系数 R	风险程度
1	氯氟氰菊酯	19	15.70	16.80	高度风险
2	哒螨灵	8	6.61	7.71	高度风险
3	解草腈	5	4.13	5.23	高度风险
4	吡喃灵	5	4.13	5.23	高度风险
5	烯虫炔酯	4	3.31	4.41	高度风险
6	乙草胺	4	3.31	4.41	高度风险
7	甲醚菊酯	4	3.31	4.41	高度风险
8	呋草黄	4	3.31	4.41	高度风险
9	唑虫酰胺	4	3.31	4.41	高度风险
10	三唑酮	3	2.48	3.58	高度风险
11	新燕灵	3	2.48	3.58	高度风险
12	戊草丹	3	2.48	3.58	高度风险
13	异丙威	3	2.48	3.58	高度风险
14	胺菊酯	3	2.48	3.58	高度风险
15	苯醚氰菊酯	3	2.48	3.58	高度风险
16	炔丙菊酯	3	2.48	3.58	高度风险
17	肟菌酯	2	1.65	2.75	高度风险
18	克草敌	2	1.65	2.75	高度风险
19	异丙草胺	1	0.83	1.93	中度风险
20	噻嗪酮	1	0.83	1.93	中度风险
21	苄呋菊酯	1	0.83	1.93	中度风险
22	三唑醇	1	0.83	1.93	中度风险
23	甲草胺	1	0.83	1.93	中度风险
24	联苯菊酯	0	0.00	1.10	低度风险
25	甲萘威	0	0.00	1.10	低度风险
26	甲氰菊酯	0	0.00	1.10	低度风险
27	烯虫酯	0	0.00	1.10	低度风险
28	氟氯氰菊酯	0	0.00	1.10	低度风险
29	溴氰菊酯	0	0.00	1.10	低度风险
30	氯菊酯	0	0.00	1.10	低度风险
31	氯氰菊酯	0	0.00	1.10	低度风险
32	氟氰戊菊酯	0	0.00	1.10	低度风险
33	氟丁酰草胺	0	0.00	1.10	低度风险
34	毒草胺	0	0.00	1.10	低度风险
35	戊唑醇	0	0.00	1.10	低度风险
36	威杀灵	0	0.00	1.10	低度风险
37	喹螨醚	0	0.00	1.10	低度风险
38	仲丁威	0	0.00	1.10	低度风险
39	二苯胺	0	0.00	1.10	低度风险
40	邻苯基苯酚	0	0.00	1.10	低度风险

4.4　GC-Q-TOF/MS 侦测上海市市售茶叶农药残留风险评估结论与建议

农药残留是影响茶叶安全和质量的主要因素，也是我国食品安全领域备受关注的敏感话题和亟待解决的重大问题之一[15,16]。各种茶叶均存在不同程度的农药残留现象，本研究主要针对上海市各类茶叶存在的农药残留问题，基于 2019 年 3 月对上海市 121 例茶叶样品中农药残留侦测得出的 498 个侦测结果，分别采用食品安全指数模型和风险系数模型，开展茶叶中农药残留的膳食暴露风险和预警风险评估。茶叶样品取自超市和茶叶专营店，符合大众的膳食来源，风险评价时更具有代表性和可信度。

本研究力求通用简单地反映食品安全中的主要问题，且为管理部门和大众容易接受，为政府及相关管理机构建立科学的食品安全信息发布和预警体系提供科学的规律与方法，加强对农药残留的预警和食品安全重大事件的预防，控制食品风险。

4.4.1　上海市茶叶中农药残留膳食暴露风险评价结论

1) 茶叶样品中农药残留安全状态评价结论

采用食品安全指数模型，对 2019 年 3 月期间上海市茶叶食品农药残留膳食暴露风险进行评价，根据 IFS_c 的计算结果发现，茶叶中农药的 $\overline{IFS}$ 为 1.67×10^{-5}，说明上海市茶叶总体处于低度风险的安全状态，但部分禁用农药、高残留农药在茶叶中仍有侦测出，导致膳食暴露风险的存在，成为不安全因素。

2) 禁用农药膳食暴露风险评价

本次检测发现部分茶叶样品中有禁用农药侦测出，侦测出禁用农药 8 种，侦测出频次为 57，茶叶样品中的禁用农药 IFS_c 计算结果表明，禁用农药残留膳食暴露风险没有影响的频次为 57，占 100%。为何在国家明令禁止禁用农药喷洒的情况下，还能在多种茶叶中多次侦测出禁用农药残留并造成膳食暴露风险，这应该引起相关部门的高度警惕，应该在禁止禁用农药喷洒的同时，严格管控禁用农药的生产和售卖，从根本上杜绝安全隐患。

4.4.2　上海市茶叶中农药残留预警风险评价结论

1) 单种茶叶中禁用农药残留的预警风险评价结论

本次检测过程中，在 5 种茶叶中检测出 8 种禁用农药，禁用农药为：滴滴涕、克百威、毒死蜱、涕灭威、氰戊菊酯、水胺硫磷、特丁硫磷、硫丹，茶叶为：乌龙茶、白茶、红茶、绿茶、黑茶，茶叶中禁用农药的风险系数分析结果显示，8 种禁用农药在 5 种茶叶中的残留均处于高度风险，说明在单种茶叶中禁用农药的残留会导致预警风险。

2)单种茶叶中非禁用农药残留的预警风险评价结论

以 MRL 中国国家标准为标准，计算茶叶中非禁用农药风险系数情况下，84 个样本中，34 个处于低度风险(40.48%)，50 个样本没有 MRL 中国国家标准(59.52%)。

以 MRL 欧盟标准为标准，计算茶叶中非禁用农药风险系数情况下，发现有 37 个处于高度风险(44.05%)，47 个处于低度风险(55.95%)。基于两种 MRL 标准，评价的结果差异显著，可以看出 MRL 欧盟标准比中国国家标准更加严格和完善，过于宽松的 MRL 中国国家标准值能否有效保障人体的健康有待研究。

4.4.3　加强上海市茶叶食品安全建议

我国食品安全风险评价体系仍不够健全，相关制度不够完善，多年来，由于农药用药次数多、用药量大或用药间隔时间短，产品残留量大，农药残留所造成的食品安全问题日益严峻，给人体健康带来了直接或间接的危害。据估计，美国与农药有关的癌症患者数约占全国癌症患者总数的 50%，中国更高。同样，农药对其他生物也会形成直接杀伤和慢性危害，植物中的农药可经过食物链逐级传递并不断蓄积，对人和动物构成潜在威胁，并影响生态系统。

基于本次农药残留侦测数据的风险评价结果，提出以下几点建议：

1)加快食品安全标准制定步伐

我国食品标准中对农药每日允许最大摄入量 ADI 的数据严重缺乏，在本次评价所涉及的 48 种农药中，仅有 68.75%的农药具有 ADI 值，而 31.25%的农药中国尚未规定相应的 ADI 值，亟待完善。

我国食品中农药最大残留限量值的规定严重缺乏，对评估涉及的不同茶叶中不同农药 98 个 MRL 限值进行统计来看，我国仅制定出 43 个标准，我国标准完整率仅为 43.88%，欧盟的完整率达到 100%(表 4-10)。因此，中国更应加快 MRL 的制定步伐。

表 4-10　我国国家食品标准农药的 ADI、MRL 值与欧盟标准的数量差异

分类		中国 ADI	MRL 中国国家标准	MRL 欧盟标准
标准限值(个)	有	33	43	98
	无	15	55	0
总数(个)		48	98	98
无标准限值比例(%)		31.25	56.12	0

此外，MRL 中国国家标准限值普遍高于欧盟标准限值，这些标准中共有 30 个高于欧盟。过高的 MRL 值难以保障人体健康，建议继续加强对限值基准和标准的科学研究，将农产品中的危险性减少到尽可能低的水平。

2)加强农药的源头控制和分类监管

在上海市某些茶叶中仍有禁用农药残留，利用 GC-Q-TOF/MS 技术侦测出 8 种禁用农药，检出频次为 57 次，残留禁用农药均存在较大的膳食暴露风险和预警风险。早已列入黑名单的禁用农药在我国并未真正退出，有些药物由于价格便宜、工艺简单，此类高毒农药一直生产和使用。建议在我国采取严格有效的控制措施，从源头控制禁用农药。

对于非禁用农药，在我国作为"田间地头"最典型单位的县级茶叶产地中，农药残留的检测几乎缺失。建议根据农药的毒性，对高毒、剧毒、中毒农药实现分类管理，减少使用高毒和剧毒高残留农药，进行分类监管。

3) 加强农药生物基准和降解技术研究

市售茶叶中残留农药的品种多、频次高、禁用农药多次检出这一现状，说明了我国的田间土壤和水体因农药长期、频繁、不合理的使用而遭到严重污染。为此，建议中国相关部门出台相关政策，鼓励高校及科研院所积极开展分子生物学、酶学等研究，加强土壤、水体中残留农药的生物修复及降解新技术研究，切实加大农药监管力度，以控制农药的面源污染问题。

综上所述，在本工作基础上，根据茶叶残留危害，可进一步针对其成因提出和采取严格管理、大力推广无公害茶叶种植与生产、健全食品安全控制技术体系、加强茶叶质量检测体系建设和积极推行茶叶质量追溯制度等相应对策。建立和完善食品安全综合评价指数与风险监测预警系统，对食品安全进行实时、全面的监控与分析，为我国的食品安全科学监管与决策提供新的技术支持，可实现各类检验数据的信息化系统管理，降低食品安全事故的发生。

南　京　市

第5章 LC-Q-TOF/MS 侦测南京市110例市售茶叶样品农药残留报告

从南京市所属 4 个区，随机采集了 110 例茶叶样品，使用液相色谱-四极杆飞行时间质谱(LC-Q-TOF/MS)对 825 种农药化学污染物示范侦测(7 种负离子模式 ESI⁻未涉及)。

5.1 样品种类、数量与来源

5.1.1 样品采集与检测

为了真实反映百姓日常饮用的茶叶中农药残留污染状况，本次所有检测样品均由检验人员于 2019 年 1 月期间，从南京市所属 10 个采样点，包括 4 个茶叶专营店和 6 个超市，以随机购买方式采集，总计 10 批 110 例样品，从中检出农药 33 种，393 频次。采样及监测概况见图 5-1 及表 5-1，样品及采样点明细见表 5-2 及表 5-3(侦测原始数据见附表 1)。

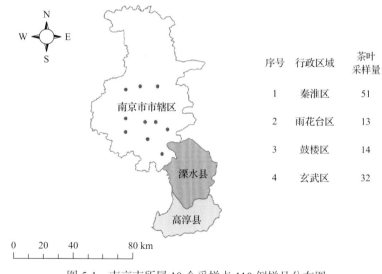

序号	行政区域	茶叶采样量
1	秦淮区	51
2	雨花台区	13
3	鼓楼区	14
4	玄武区	32

图 5-1 南京市所属 10 个采样点 110 例样品分布图

表 5-1 农药残留监测总体概况

采样地区	南京市所属 4 个区
采样点(茶叶专营店+超市)	10
样本总数	110
检出农药品种/频次	33/393
各采样点样本农药残留检出率范围	58.8% ~ 100.0%

表 5-2 样品分类及数量

样品分类	样品名称(数量)	数量小计
1. 茶叶		110
1)发酵类茶叶	红茶(20),乌龙茶(10)	30
2)未发酵类茶叶	绿茶(80)	80
合计	1.茶叶 3 种	110

表 5-3 南京市采样点信息

采样点序号	行政区域	采样点
茶叶专营店(4)		
1	鼓楼区	***茶庄
2	秦淮区	***茶庄(老门东店)
3	秦淮区	***茶庄
4	玄武区	***茶庄(太平门店)
超市(6)		
1	鼓楼区	***超市(沈举人巷店)
2	秦淮区	***超市(南京秦淮店)
3	秦淮区	***超市(新街口店)
4	玄武区	***超市(大行宫店)
5	玄武区	***超市(马标店)
6	雨花台区	***超市(紫荆广场店)

5.1.2 检测结果

这次使用的检测方法是庞国芳院士团队最新研发的不需使用标准品对照,而以高分辨精确质量数(0.0001 m/z)为基准的 LC-Q-TOF/MS 检测技术,对于 110 例样品,每个样品均侦测了 825 种农药化学污染物的残留现状。通过本次侦测,在 110 例样品中共计检出农药化学污染物 33 种,检出 393 频次。

5.1.2.1 各采样点样品检出情况

统计分析发现 10 个采样点中,被测样品的农药检出率范围为 58.8% ~ 100.0%。其中,有 3 个采样点样品的检出率最高,达到了 100.0%,分别是:***茶庄、***超市(沈举人巷店)和***茶庄。***超市(大行宫店)的检出率最低,为 58.8%,见图 5-2。

5.1.2.2 检出农药的品种总数与频次

统计分析发现,对于 110 例样品中 825 种农药化学污染物的侦测,共检出农药 393 频次,涉及农药 33 种,结果如图 5-3 所示。其中唑虫酰胺检出频次最高,共检出 63 次。检出频次排名前 10 的农药如下,①唑虫酰胺(63),②啶虫脒(43),③噻嗪酮(36),④哒螨灵(34),⑤戊唑醇(27),⑥三唑磷(26),⑦吡唑醚菌酯(19),⑧茚虫威(19),⑨三唑醇(15),⑩苯醚甲环唑(13)。

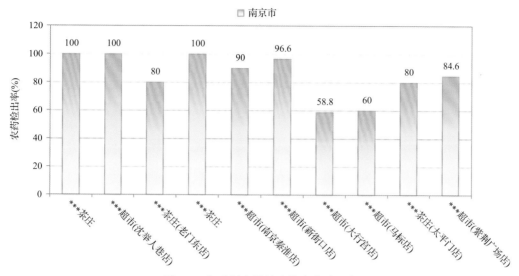

图 5-2　各采样点样品中的农药检出率

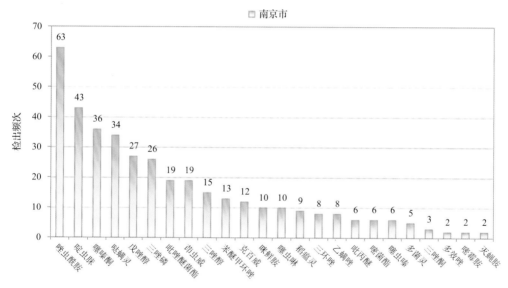

图 5-3　检出农药品种及频次(仅列出检出农药 2 频次及以上的数据)

由图 5-4 可见,绿茶、红茶和乌龙茶这 3 种茶叶样品中检出的农药品种数较高,均超过 5 种,其中,绿茶检出农药品种最多,为 25 种。由图 5-5 可见,绿茶、红茶和乌龙茶这 3 种茶叶样品中的农药检出频次较高,均超过 9 次,其中,绿茶检出农药频次最高,为 356 次。

5.1.2.3　单例样品农药检出种类与占比

对单例样品检出农药种类和频次进行统计发现,未检出农药的样品占总样品数的 15.5%,检出 1 种农药的样品占总样品数的 28.2%,检出 2～5 种农药的样品占总样品数的 28.2%,检出 6～10 种农药的样品占总样品数的 21.8%,检出大于 10 种农药的样品占总样品数的 6.4%。每例样品中平均检出农药为 3.6 种,数据见表 5-4 及图 5-6。

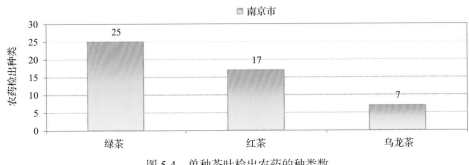

图 5-4　单种茶叶检出农药的种类数

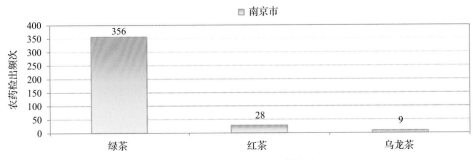

图 5-5　单种茶叶检出农药频次

表 5-4　单例样品检出农药品种占比

检出农药品种数	样品数量/占比(%)
未检出	17/15.5
1 种	31/28.2
2～5 种	31/28.2
6～10 种	24/21.8
大于 10 种	7/6.4
单例样品平均检出农药品种	3.6 种

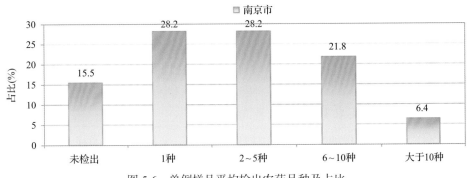

图 5-6　单例样品平均检出农药品种及占比

5.1.2.4　检出农药类别与占比

所有检出农药按功能分类,包括杀菌剂、杀虫剂、除草剂、杀螨剂、植物生长调节剂共 5 类。其中杀菌剂与杀虫剂为主要检出的农药类别,分别占总数的 45.5%和 36.4%,见表 5-5 及图 5-7。

表 5-5　检出农药所属类别/占比

农药类别	数量/占比(%)
杀菌剂	15/45.5
杀虫剂	12/36.4
除草剂	3/9.1
杀螨剂	2/6.1
植物生长调节剂	1/3.0

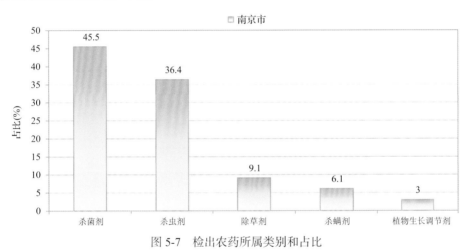

图 5-7　检出农药所属类别和占比

5.1.2.5　检出农药的残留水平

按检出农药残留水平进行统计,残留水平在 1 ~ 5 μg/kg(含)的农药占总数的 24.7%,在 5 ~ 10 μg/kg(含)的农药占总数的 15.3%,在 10 ~ 100 μg/kg(含)的农药占总数的 59.0%,在 100 ~ 1000 μg/kg 的农药占总数的 1.0%。

由此可见,这次检测的 10 批 110 例茶叶样品中农药多数处于中高残留水平。结果见表 5-6 及图 5-8,数据见附表 2。

表 5-6　农药残留水平/占比

残留水平(μg/kg)	检出频次数/占比(%)
1 ~ 5(含)	97/24.7
5 ~ 10(含)	60/15.3
10 ~ 100(含)	232/59.0
100 ~ 1000	4/1.0

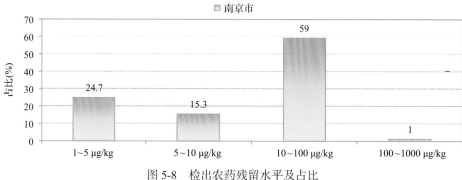

图 5-8　检出农药残留水平及占比

5.1.2.6　检出农药的毒性类别、检出频次和超标频次及占比

对这次检出的 33 种 393 频次的农药，按剧毒、高毒、中毒、低毒和微毒这五个毒性类别进行分类，从中可以看出，南京市目前普遍使用的农药为中低微毒农药，品种占93.9%，频次占 90.3%。结果见表 5-7 及图 5-9。

表 5-7　检出农药毒性类别/占比

毒性分类	农药品种/占比(%)	检出频次/占比(%)	超标频次/超标率(%)
剧毒农药	0/0	0/0.0	0/0.0
高毒农药	2/6.1	38/9.7	0/0.0
中毒农药	16/48.5	277/70.5	0/0.0
低毒农药	9/27.3	51/13.0	0/0.0
微毒农药	6/18.2	27/6.9	0/0.0

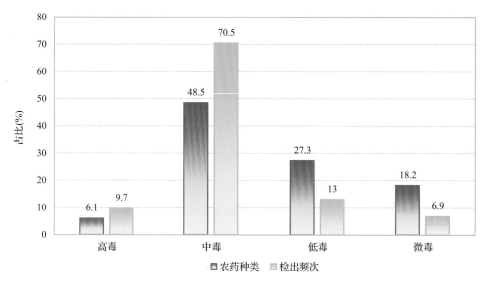

图 5-9　检出农药的毒性分类和占比

5.1.2.7　检出剧毒/高毒类农药的品种和频次

值得特别关注的是，在此次侦测的 110 例样品中有 2 种茶叶的 32 例样品检出了 2 种 38 频次的剧毒和高毒农药，占样品总量的 29.1%，详见图 5-10、表 5-8 及表 5-9。

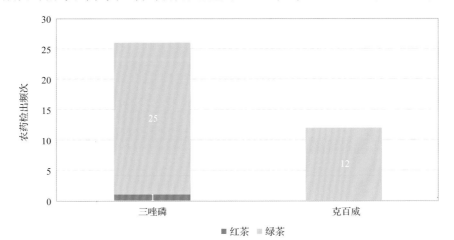

图 5-10　检出剧毒/高毒农药的样品情况

表 5-8　剧毒农药检出情况

序号	农药名称	检出频次	超标频次	超标率
		茶叶中未检出剧毒农药		
	合计	0	0	超标率：0.0%

表 5-9　高毒农药检出情况

序号	农药名称	检出频次	超标频次	超标率
		从 2 种茶叶中检出 2 种高毒农药，共计检出 38 次		
1	三唑磷	26	0	0.0%
2	克百威	12	0	0.0%
	合计	38	0	超标率：0.0%

在检出的剧毒和高毒农药中，有 2 种是我国早已禁止在茶叶上使用的，分别是：克百威和三唑磷。禁用农药的检出情况见表 5-10。

表 5-10　禁用农药检出情况

序号	农药名称	检出频次	超标频次	超标率
		从 2 种茶叶中检出 2 种禁用农药，共计检出 38 次		
1	三唑磷	26	0	0.0%
2	克百威	12	0	0.0%
	合计	38	0	超标率：0.0%

注：表中*为剧毒农药；超标结果参考 MRL 中国国家标准计算

此次抽检的茶叶样品中，没有检出剧毒农药。

样品中检出剧毒和高毒农药残留水平没有超过 MRL 中国国家标准，但本次检出结果仍表明，高毒、剧毒农药的使用现象依旧存在。详见表 5-11。

表 5-11　各样本中检出剧毒/高毒农药情况

样品名称	农药名称	检出频次	超标频次	检出浓度(μg/kg)
茶叶 2 种				
红茶	三唑磷▲	1	0	1.3
绿茶	三唑磷▲	25	0	6.0, 4.6, 12.2, 9.8, 1.9, 3.0, 2.1, 1.5, 1.3, 7.4, 2.3, 1.9, 33.2, 2.0, 3.7, 1.7, 8.0, 9.4, 1.6, 1.7, 2.9, 16.2, 11.4, 3.4, 2.2
绿茶	克百威▲	12	0	19.0, 11.5, 13.8, 27.5, 29.9, 18.4, 12.7, 14.9, 15.2, 18.2, 11.2, 7.5
合计		38	0	超标率: 0.0%

注：表中*为剧毒农药；▲为禁用农药；a 为超标结果(参考 MRL 中国国家标准)

5.2　农药残留检出水平与最大残留限量标准对比分析

我国于 2016 年 12 月 18 日正式颁布并于 2017 年 6 月 18 日正式实施食品农药残留限量国家标准《食品中农药最大残留限量》(GB 2763—2016)。该标准包括 417 个农药条目，涉及最大残留限量(MRL)标准 4140 项。将 393 频次检出农药的浓度水平与 4140 项 MRL 中国国家标准进行核对，其中只有 168 频次的结果找到了对应的 MRL，占 42.7%，还有 225 频次的结果则无相关 MRL 标准供参考，占 57.3%。

将此次侦测结果与国际上现行 MRL 对比发现，在 393 频次的检出结果中有 393 频次的结果找到了对应的 MRL 欧盟标准，占 100.0%，其中，327 频次的结果有明确对应的 MRL，占 83.2%，其余 66 频次按照欧盟一律标准判定，占 16.8%；有 393 频次的结果找到了对应的 MRL 日本标准，占 100.0%，其中，326 频次的结果有明确对应的 MRL，占 83.0%，其余 67 频次按照日本一律标准判定，占 17.0%；有 161 频次的结果找到了对应的 MRL 中国香港标准，占 41.0%；有 168 频次的结果找到了对应的 MRL 美国标准，占 42.7%;有 118 频次的结果找到了对应的 MRL CAC 标准,占 30.0%(见图 5-11 和图 5-12，数据见附表 3 至附表 8)。

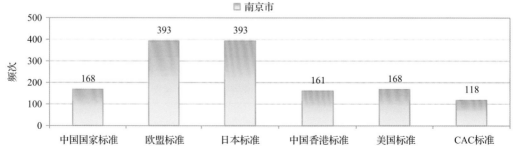

图 5-11　393 频次检出农药可用 MRL 中国国家标准、欧盟标准、日本标准、中国香港标准、美国标准、CAC 标准判定衡量的数量

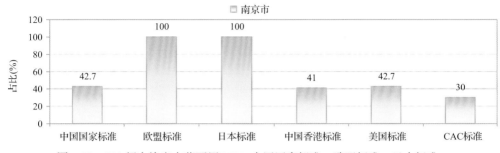

图 5-12　393 频次检出农药可用 MRL 中国国家标准、欧盟标准、日本标准、
中国香港标准、美国标准、CAC 标准衡量的占比

5.2.1　超标农药样品分析

本次侦测的 110 例样品中，17 例样品未检出任何残留农药，占样品总量的 15.5%，
93 例样品检出不同水平、不同种类的残留农药，占样品总量的 84.5%。在此，我们将本
次侦测的农残检出情况与 MRL 中国国家标准、欧盟标准、日本标准、中国香港标准、
美国标准和 CAC 标准这 6 大国际主流标准进行对比分析，样品农残检出与超标情况见
表 5-12、图 5-13 和图 5-14，详细数据见附表 9 至附表 14。

表 5-12　各 MRL 标准下样本农残检出与超标数量及占比

	中国国家标准 数量/占比(%)	欧盟标准 数量/占比(%)	日本标准 数量/占比(%)	中国香港标准 数量/占比(%)	美国标准 数量/占比(%)	CAC 标准 数量/占比(%)
未检出	17/15.5	17/15.5	17/15.5	17/15.5	17/15.5	17/15.5
检出未超标	93/84.5	48/43.6	60/54.5	93/84.5	93/84.5	93/84.5
检出超标	0/0.0	45/40.9	33/30.0	0/0.0	0/0.0	0/0.0

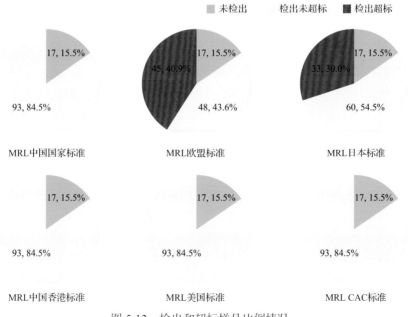

图 5-13　检出和超标样品比例情况

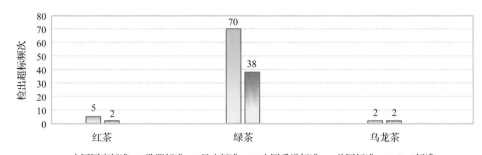

图 5-14　超过 MRL 中国国家标准、欧盟标准、日本标准、中国香港标准、
美国标准和 CAC 标准结果在茶叶中的分布

5.2.2　超标农药种类分析

按照 MRL 中国国家标准、欧盟标准、日本标准、中国香港标准、美国标准和 CAC 标准这 6 大国际主流标准衡量，本次侦测检出的农药超标品种及频次情况见表 5-13。

表 5-13　各 MRL 标准下超标农药品种及频次

	中国国家标准	欧盟标准	日本标准	中国香港标准	美国标准	CAC 标准
超标农药品种	0	12	12	0	0	0
超标农药频次	0	77	42	0	0	0

5.2.2.1　按 MRL 中国国家标准衡量

按 MRL 中国国家标准衡量，无样品检出超标农药残留。

5.2.2.2　按 MRL 欧盟标准衡量

按 MRL 欧盟标准衡量，共有 12 种农药超标，检出 77 频次，分别为高毒农药三唑磷，中毒农药苯醚甲环唑、稻瘟灵、啶虫脒、三唑酮、唑虫酰胺、仲丁威、戊唑醇和哒螨灵，低毒农药烯酰吗啉和丁咪酰胺，微毒农药嘧菌酯。

按超标程度比较，绿茶中稻瘟灵超标 9.4 倍，绿茶中戊唑醇超标 5.0 倍，绿茶中唑虫酰胺超标 3.7 倍，红茶中唑虫酰胺超标 2.3 倍，乌龙茶中唑虫酰胺超标 1.5 倍。检测结果见图 5-15 和附表 16。

5.2.2.3　按 MRL 日本标准衡量

按 MRL 日本标准衡量，共有 12 种农药超标，检出 42 频次，分别为高毒农药三唑磷，中毒农药稻瘟灵、氟硅唑、多效唑、三环唑、仲丁威和茚虫威，低毒农药嘧霉胺、灭蝇胺、异丙甲草胺、烯酰吗啉和丁咪酰胺。

按超标程度比较，绿茶中稻瘟灵超标 9.4 倍，绿茶中茚虫威超标 6.6 倍，红茶中灭蝇胺超标 4.8 倍，绿茶中烯酰吗啉超标 4.3 倍，绿茶中三唑磷超标 2.3 倍。检测结果见图 5-16 和附表 17。

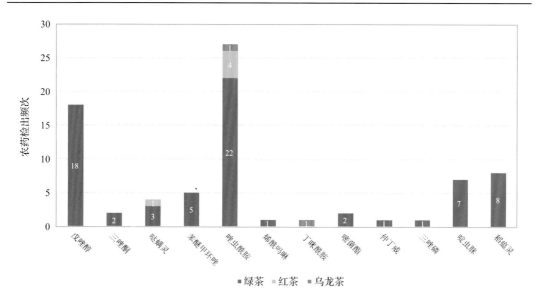

图 5-15　超过 MRL 欧盟标准农药品种及频次

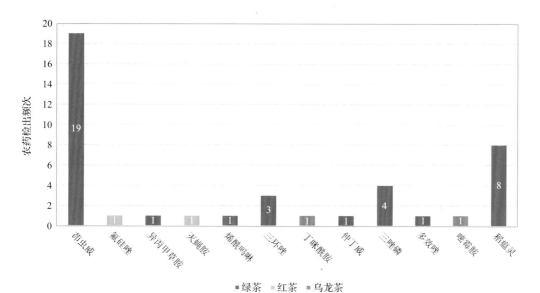

图 5-16　超过 MRL 日本标准农药品种及频次

5.2.2.4　按 MRL 中国香港标准衡量

按 MRL 中国香港标准衡量，无样品检出超标农药残留。

5.2.2.5　按 MRL 美国标准衡量

按 MRL 美国标准衡量，无样品检出超标农药残留。

5.2.2.6　按 MRL CAC 标准衡量

按 MRL CAC 标准衡量，无样品检出超标农药残留。

5.2.3　10 个采样点超标情况分析

5.2.3.1　按 MRL 中国国家标准衡量

按 MRL 中国国家标准衡量，所有采样点的样品均未检出超标农药残留。

5.2.3.2　按 MRL 欧盟标准衡量

按 MRL 欧盟标准衡量，所有采样点的样品均存在不同程度的超标农药检出，其中***茶庄的超标率最高，为 100.0%，如图 5-17 和表 5-14 所示。

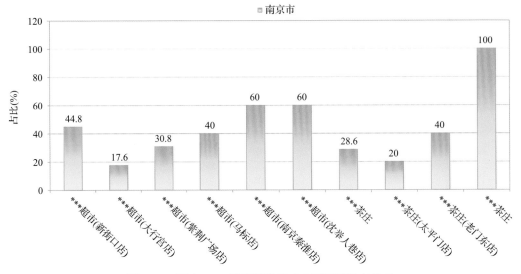

图 5-17　超过 MRL 欧盟标准茶叶在不同采样点分布

表 5-14　超过 MRL 欧盟标准茶叶在不同采样点分布

序号	采样点	样品总数	超标数量	超标率(%)	行政区域
1	***超市(新街口店)	29	13	44.8	秦淮区
2	***超市(大行宫店)	17	3	17.6	玄武区
3	***超市(紫荆广场店)	13	4	30.8	雨花台区
4	***超市(马标店)	10	4	40.0	玄武区
5	***超市(南京秦淮店)	10	6	60.0	秦淮区
6	***超市(沈举人巷店)	10	6	60.0	鼓楼区
7	***茶庄	7	2	28.6	秦淮区
8	***茶庄(太平门店)	5	1	20.0	玄武区
9	***茶庄(老门东店)	5	2	40.0	秦淮区
10	***茶庄	4	4	100.0	鼓楼区

5.2.3.3　按 MRL 日本标准衡量

按 MRL 日本标准衡量，有 9 个采样点的样品存在不同程度的超标农药检出，其中 ***茶庄的超标率最高，为 50.0%，如表 5-15 和图 5-18 所示。

表 5-15　超过 MRL 日本标准茶叶在不同采样点分布

序号	采样点	样品总数	超标数量	超标率(%)	行政区域
1	***超市(新街口店)	29	11	37.9	秦淮区
2	***超市(紫荆广场店)	13	5	38.5	雨花台区
3	***超市(马标店)	10	4	40.0	玄武区
4	***超市(南京秦淮店)	10	3	30.0	秦淮区
5	***超市(沈举人巷店)	10	4	40.0	鼓楼区
6	***茶庄	7	2	28.6	秦淮区
7	***茶庄(太平门店)	5	1	20.0	玄武区
8	***茶庄(老门东店)	5	1	20.0	秦淮区
9	***茶庄	4	2	50.0	鼓楼区

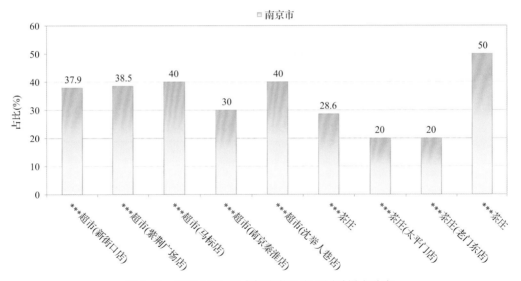

图 5-18　超过 MRL 日本标准茶叶在不同采样点分布

5.2.3.4　按 MRL 中国香港标准衡量

按 MRL 中国香港标准衡量，所有采样点的样品均未检出超标农药残留。

5.2.3.5　按 MRL 美国标准衡量

按 MRL 美国标准衡量，所有采样点的样品均未检出超标农药残留。

5.2.3.6 按 MRL CAC 标准衡量

按 MRL CAC 标准衡量，所有采样点的样品均未检出超标农药残留。

5.3 茶叶中农药残留分布

5.3.1 茶叶按检出农药品种和频次排名

本次残留侦测的茶叶共 3 种，包括红茶、乌龙茶和绿茶。

根据检出农药品种及频次进行排名，将各项排名茶叶样品检出情况列表说明，详见表 5-16。

表 5-16　茶叶按检出农药品种和频次排名

按检出农药品种排名(品种)	①绿茶(25)，②红茶(17)，③乌龙茶(7)
按检出农药频次排名(频次)	①绿茶(356)，②红茶(28)，③乌龙茶(9)
按检出禁用、高毒及剧毒农药品种排名(品种)	①绿茶(2)，②红茶(1)
按检出禁用、高毒及剧毒农药频次排名(频次)	①绿茶(37)，②红茶(1)

5.3.2 茶叶按超标农药品种和频次排名

鉴于 MRL 欧盟标准和日本标准制定比较全面且覆盖率较高，我们参照 MRL 中国标准、欧盟标准和日本标准衡量茶叶样品中农残检出情况，将茶叶按超标农药品种及频次排名列表说明，详见表 5-17。

表 5-17　茶叶按超标农药品种和频次排名

	中国国家标准	
按超标农药品种排名(农药品种数)	欧盟标准	①绿茶(11)，②红茶(2)，③乌龙茶(2)
	日本标准	①绿茶(8)，②红茶(2)，③乌龙茶(2)
	中国国家标准	
按超标农药频次排名(农药频次数)	欧盟标准	①绿茶(70)，②红茶(5)，③乌龙茶(2)
	日本标准	①绿茶(38)，②红茶(2)，③乌龙茶(2)

通过对各品种茶叶样本总数及检出率进行综合分析发现，绿茶、红茶和乌龙茶的残留污染最为严重，在此，我们参照 MRL 中国国家标准、欧盟标准和日本标准对这 3 种茶叶的农残检出情况进行进一步分析。

5.3.3 农药残留检出率较高的茶叶样品分析

5.3.3.1 绿茶

这次共检测 80 例绿茶样品，67 例样品中检出了农药残留，检出率为 83.8%，检出农药共计 25 种。其中唑虫酰胺、啶虫脒、哒螨灵、噻嗪酮和戊唑醇检出频次较高，分别检出了 55、39、32、30 和 27 次。绿茶中农药检出品种和频次见图 5-19，超标农药见图 5-20和表 5-18。

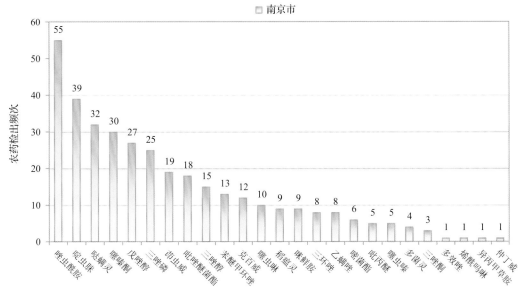

图 5-19　绿茶样品检出农药品种和频次分析

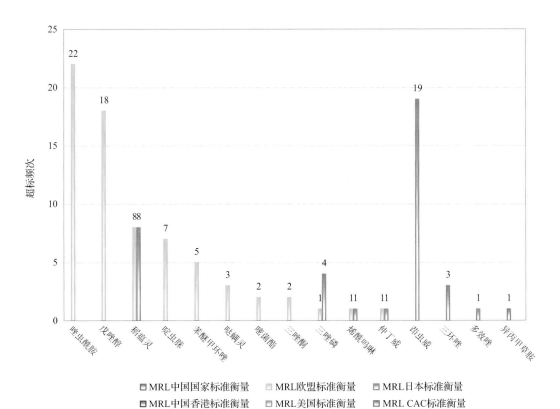

图 5-20　绿茶样品中超标农药分析

表 5-18　绿茶中农药残留超标情况明细表

样品总数		检出农药样品数	样品检出率(%)	检出农药品种总数
80		67	83.8	25
	超标农药品种	超标农药频次	按照 MRL 中国国家标准、欧盟标准和日本标准衡量超标农药名称及频次	
中国国家标准	0	0		
欧盟标准	11	70	唑虫酰胺(22)，戊唑醇(18)，稻瘟灵(8)，啶虫脒(7)，苯醚甲环唑(5)，哒螨灵(3)，嘧菌酯(2)，三唑酮(2)，三唑磷(1)，烯酰吗啉(1)，仲丁威(1)	
日本标准	8	38	茚虫威(19)，稻瘟灵(8)，三唑磷(4)，三环唑(3)，多效唑(1)，烯酰吗啉(1)，异丙甲草胺(1)，仲丁威(1)	

5.3.3.2　红茶

这次共检测 20 例红茶样品，全部检出了农药残留，检出率为 100.0%，检出农药共计 17 种。其中唑虫酰胺、噻嗪酮、啶虫脒、灭蝇胺和吡丙醚检出频次较高，分别检出了 6、4、3、2 和 1 次。红茶中农药检出品种和频次见图 5-21，超标农药见图 5-22 和表 5-19。

5.3.3.3　乌龙茶

这次共检测 10 例乌龙茶样品，6 例样品中检出了农药残留，检出率为 60.0%，检出农药共计 7 种。其中噻嗪酮、唑虫酰胺、哒螨灵、丁苯吗啉和丁咪酰胺检出频次较高，分别检出了 2、2、1、1 和 1 次。乌龙茶中农药检出品种和频次见图 5-23，超标农药见图 5-24 和表 5-20。

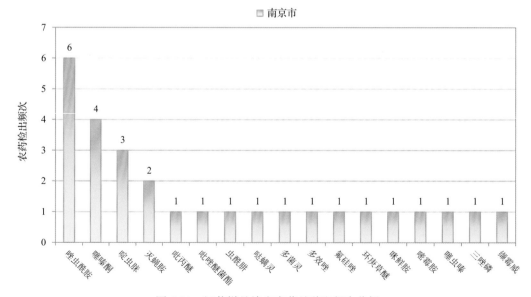

图 5-21　红茶样品检出农药品种和频次分析

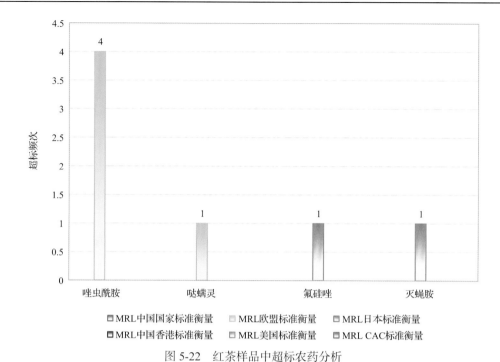

图 5-22　红茶样品中超标农药分析

表 5-19　红茶中农药残留超标情况明细表

样品总数		检出农药样品数	样品检出率(%)	检出农药品种总数
20		20	100	17
	超标农药品种	超标农药频次	按照 MRL 中国国家标准、欧盟标准和日本标准衡量超标农药名称及频次	
中国国家标准	0	0		
欧盟标准	2	5	唑虫酰胺(4)，哒螨灵(1)	
日本标准	2	2	氟硅唑(1)，灭蝇胺(1)	

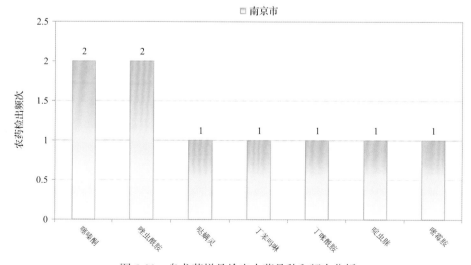

图 5-23　乌龙茶样品检出农药品种和频次分析

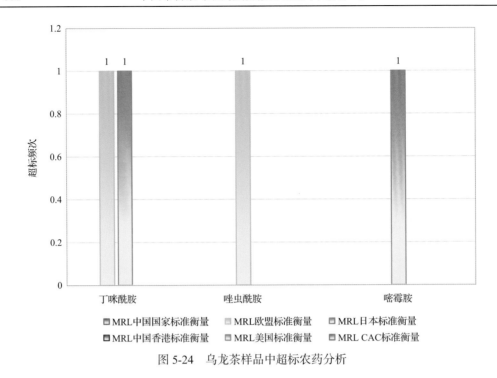

图 5-24 乌龙茶样品中超标农药分析

表 5-20 乌龙茶中农药残留超标情况明细表

样品总数		检出农药样品数	样品检出率(%)	检出农药品种总数
10		6	60	7
	超标农药品种	超标农药频次	按照 MRL 中国国家标准、欧盟标准和日本标准衡量超标农药名称及频次	
中国国家标准	0	0		
欧盟标准	2	2	丁咪酰胺(1)，唑虫酰胺(1)	
日本标准	2	2	丁咪酰胺(1)，嘧霉胺(1)	

5.4 初 步 结 论

5.4.1 南京市市售茶叶按 MRL 中国国家标准和国际主要 MRL 标准衡量的合格率

本次侦测的 110 例样品中，17 例样品未检出任何残留农药，占样品总量的 15.5%，93 例样品检出不同水平、不同种类的残留农药，占样品总量的 84.5%。在这 93 例检出农药残留的样品中：

按照 MRL 中国国家标准衡量，有 93 例样品检出残留农药但含量没有超标，占样品总数的 84.5%，无检出残留农药超标的样品；

按照 MRL 欧盟标准衡量，有 48 例样品检出残留农药但含量没有超标，占样品总数的 43.6%，有 45 例样品检出了超标农药，占样品总数的 40.9%；

按照 MRL 日本标准衡量，有 60 例样品检出残留农药但含量没有超标，占样品总数的 54.5%，有 33 例样品检出了超标农药，占样品总数的 30.0%；

按照 MRL 中国香港标准衡量，有 93 例样品检出残留农药但含量没有超标，占样品总数的 84.5%，无检出残留农药超标的样品；

按照 MRL 美国标准衡量，有 93 例样品检出残留农药但含量没有超标，占样品总数的 84.5%，无检出残留农药超标的样品；

按照 MRL CAC 标准衡量，有 93 例样品检出残留农药但含量没有超标，占样品总数的 84.5%，无检出残留农药超标的样品。

5.4.2　南京市市售茶叶中检出农药以中低微毒农药为主，占市场主体的 93.9%

这次侦测的 110 例茶叶样品共检出了 33 种农药，检出农药的毒性以中低微毒为主，详见表 5-21。

表 5-21　市场主体农药毒性分布

毒性	检出品种	占比	检出频次	占比
高毒农药	2	6.1%	38	9.7%
中毒农药	16	48.5%	277	70.5%
低毒农药	9	27.3%	51	13.0%
微毒农药	6	18.2%	27	6.9%
中低微毒农药，品种占比 93.9%，频次占比 90.3%				

5.4.3　检出剧毒、高毒和禁用农药现象应该警醒

在此次侦测的 110 例样品中有 2 种茶叶的 32 例样品检出了 2 种 38 频次的剧毒和高毒或禁用农药，占样品总量的 29.1%。其中高毒农药三唑磷和克百威检出频次较高。

按 MRL 中国国家标准衡量，高毒农药按超标程度比较未超标。

剧毒、高毒或禁用农药的检出情况及按照 MRL 中国国家标准衡量的超标情况见表 5-22。

表 5-22　剧毒、高毒或禁用农药的检出及超标明细

序号	农药名称	样品名称	检出频次	超标频次	最大超标倍数	超标率
1.1	克百威◊▲	绿茶	12	0	0	0.0%
2.1	三唑磷◊▲	绿茶	25	0	0	0.0%
2.2	三唑磷◊▲	红茶	1	0	0	0.0%
合计			38	0		0.0%

注：表中*为剧毒农药；◊为高毒农药；▲为禁用农药；超标倍数参照 MRL 中国国家标准衡量

这些剧毒和高毒农药都是中国政府早有规定禁止在茶叶中使用的，为什么还屡次被检出，应该引起警惕。

5.4.4　残留限量标准与先进国家或地区差距较大

393 频次的检出结果与我国公布的《食品中农药最大残留限量》(GB 2763—2016)对比，有 168 频次能找到对应的 MRL 中国国家标准，占 42.7%；还有 225 频次的侦测数据无相关 MRL 标准供参考，占 57.3%。

与国际上现行 MRL 对比发现：

有 393 频次能找到对应的 MRL 欧盟标准，占 100.0%；

有 393 频次能找到对应的 MRL 日本标准，占 100.0%；

有 161 频次能找到对应的 MRL 中国香港标准，占 41.0%；

有 168 频次能找到对应的 MRL 美国标准，占 42.7%；

有 118 频次能找到对应的 MRL CAC 标准，占 30.0%；

由上可见，MRL 中国国家标准与先进国家或地区标准还有很大差距，我们无标准，境外有标准，这就会导致我们在国际贸易中，处于受制于人的被动地位。

5.4.5　茶叶单种样品检出 7~25 种农药残留，拷问农药使用的科学性

通过此次监测发现，绿茶、红茶和乌龙茶是检出农药品种最多的 3 种茶叶，从中检出农药品种及频次详见表 5-23。

表 5-23　单种样品检出农药品种及频次

样品名称	样品总数	检出农药样品数	检出率	检出农药品种数	检出农药(频次)
绿茶	80	67	83.8%	25	唑虫酰胺(55)、啶虫脒(39)、哒螨灵(32)、噻嗪酮(30)、戊唑醇(27)、三唑磷(25)、茚虫威(19)、吡唑醚菌酯(18)、三唑醇(15)、苯醚甲环唑(13)、克百威(12)、噻虫啉(10)、稻瘟灵(9)、咪鲜胺(9)、三环唑(8)、乙螨唑(8)、嘧菌酯(6)、吡丙醚(5)、噻虫嗪(5)、多菌灵(4)、三唑酮(3)、多效唑(1)、烯酰吗啉(1)、异丙甲草胺(1)、仲丁威(1)
红茶	20	20	100.0%	17	唑虫酰胺(6)、噻嗪酮(4)、啶虫脒(3)、灭蝇胺(2)、吡丙醚(1)、吡唑醚菌酯(1)、虫酰肼(1)、哒螨灵(1)、多菌灵(1)、多效唑(1)、氟硅唑(1)、环庚草醚(1)、咪鲜胺(1)、嘧霉胺(1)、噻虫嗪(1)、三唑磷(1)、缬霉威(1)
乌龙茶	10	6	60.0%	7	噻嗪酮(2)、唑虫酰胺(2)、哒螨灵(1)、丁苯吗啉(1)、丁咪酰胺(1)、啶虫脒(1)、嘧霉胺(1)

上述 3 种茶叶，检出农药 7～25 种，是多种农药综合防治，还是未严格实施农业良好管理规范(GAP)，抑或根本就是乱施药，值得我们思考。

第6章 LC-Q-TOF/MS 侦测南京市市售茶叶农药残留膳食暴露风险与预警风险评估

6.1 农药残留风险评估方法

6.1.1 南京市农药残留侦测数据分析与统计

庞国芳院士科研团队建立的农药残留高通量侦测技术以高分辨精确质量数(0.0001 m/z 为基准)为识别标准,采用 LC-Q-TOF/MS 技术对 825 种农药化学污染物进行侦测。

科研团队于 2019 年 1 月期间在南京市 10 个采样点,随机采集了 110 例茶叶样品,具体位置如图 6-1 所示。

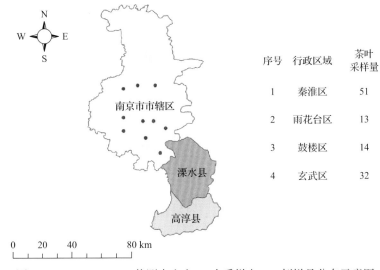

序号	行政区域	茶叶采样量
1	秦淮区	51
2	雨花台区	13
3	鼓楼区	14
4	玄武区	32

图 6-1 LC-Q-TOF/MS 侦测南京市 10 个采样点 110 例样品分布示意图

利用 LC-Q-TOF/MS 技术对 110 例样品中的农药进行侦测,侦测出残留农药 33 种,393 频次。侦测出农药残留水平如表 6-1 和图 6-2 所示。检出频次最高的前 10 种农药如

表 6-1 侦测出农药的不同残留水平及其所占比例列表

残留水平(μg/kg)	检出频次	占比(%)
1~5(含)	97	24.7
5~10(含)	60	15.3
10~100(含)	232	59.0
100~1000	4	1.0
合计	393	100

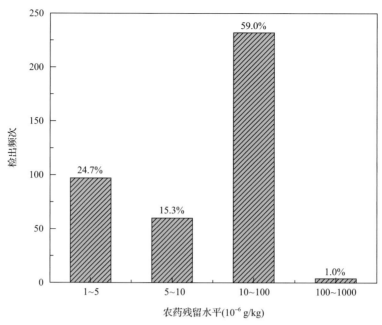

图 6-2 残留农药检出浓度频数分布图

表 6-2 所示。从检测结果中可以看出，在茶叶中农药残留普遍存在，且有些茶叶存在高浓度的农药残留，这些可能存在膳食暴露风险，对人体健康产生危害，因此，为了定量地评价茶叶中农药残留的风险程度，有必要对其进行风险评价。

表 6-2 检出频次最高的前 10 种农药列表

序号	农药	检出频次
1	唑虫酰胺	63
2	啶虫脒	43
3	噻嗪酮	36
4	哒螨灵	34
5	戊唑醇	27
6	三唑磷	26
7	吡唑醚菌酯	19
8	茚虫威	19
9	三唑醇	15
10	苯醚甲环唑	13

6.1.2 农药残留风险评价模型

对南京市茶叶中农药残留分别开展暴露风险评估和预警风险评估。膳食暴露风险评估利用食品安全指数模型对茶叶中的残留农药对人体可能产生的危害程度进行评价，该模型结合残留监测和膳食暴露评估评价化学污染物的危害；预警风险评价模型运用风险系数(risk index，R)，风险系数综合考虑了危害物的超标率、施检频率及其本身敏感性的影响，能直观而全面地反映出危害物在一段时间内的风险程度。

6.1.2.1　食品安全指数模型

为了加强食品安全管理，《中华人民共和国食品安全法》第二章第十七条规定"国家建立食品安全风险评估制度，运用科学方法，根据食品安全风险监测信息、科学数据以及有关信息，对食品、食品添加剂、食品相关产品中生物性、化学性和物理性危害因素进行风险评估"[1]，膳食暴露评估是食品危险度评估的重要组成部分，也是膳食安全性的衡量标准[2]。国际上最早研究膳食暴露风险评估的机构主要是 JMPR(FAO、WHO 农药残留联合会议)，该组织自 1995 年就已制定了急性毒性物质的风险评估急性毒性农药残留摄入量的预测。1960 年美国规定食品中不得加入致癌物质进而提出零阈值理论，渐渐零阈值理论发展成在一定概率条件下可接受风险的概念[3]，后衍变为食品中每日允许最大摄入量(ADI)，而国际食品农药残留法典委员会(CCPR)认为 ADI 不是独立风险评估的唯一标准[4]，1995 年 JMPR 开始研究农药急性膳食暴露风险评估，并对食品国际短期摄入量的计算方法进行了修正，亦对膳食暴露评估准则及评估方法进行了修正[5]，2002 年，在对世界上现行的食品安全评价方法，尤其是国际公认的 CAC 评价方法、全球环境监测系统/食品污染监测和评估规划(WHO GEMS/Food)及 FAO、WHO 食品添加剂联合专家委员会(JECFA)和 JMPR 对食品安全风险评估工作研究的基础之上，检验检疫食品安全管理的研究人员提出了结合残留监控和膳食暴露评估，以食品安全指数 IFS 计算食品中各种化学污染物对消费者的健康危害程度[6]。IFS 是表示食品安全状态的新方法，可有效地评价某种农药的安全性，进而评价食品中各种农药化学污染物对消费者健康的整体危害程度[7,8]。从理论上分析，IFS 可指出食品中的污染物 c 对消费者健康是否存在危害及危害的程度[9]。其优点在于操作简单且结果容易被接受和理解，不需要大量的数据来对结果进行验证，使用默认的标准假设或者模型即可[10,11]。

1)IFS_c 的计算

IFS_c 计算公式如下：

$$IFS_c = \frac{EDI_c \times f}{SI_c \times bw} \tag{6-1}$$

式中，c 为所研究的农药；EDI_c 为农药 c 的实际日摄入量估算值，等于 $\sum(R_i \times F_i \times E_i \times P_i)$($i$ 为食品种类；R_i 为食品 i 中农药 c 的残留水平，mg/kg；F_i 为食品 i 的估计日消费量，g/(人·天)；E_i 为食品 i 的可食用部分因子；P_i 为食品 i 的加工处理因子)；SI_c 为安全摄入量，可采用每日允许最大摄入量 ADI；bw 为人平均体重，kg；f 为校正因子，如果安全摄入量采用 ADI，则 f 取 1。

$IFS_c \ll 1$，农药 c 对食品安全没有影响；$IFS_c \leqslant 1$，农药 c 对食品安全的影响可以接受；$IFS_c > 1$，农药 c 对食品安全的影响不可接受。

本次评价中：

$IFS_c \leqslant 0.1$，农药 c 对茶叶安全没有影响；

0.1<IFS$_c$≤1，农药 c 对茶叶安全的影响可以接受；

IFS$_c$>1，农药 c 对茶叶安全的影响不可接受。

本次评价中残留水平 R_i 取值为中国检验检疫科学研究院庞国芳院士课题组利用以高分辨精确质量数(0.0001 m/z)为基准的 LC-Q-TOF/MS 侦测技术于 2019 年 1 月期间对南京市茶叶农药残留的侦测结果，估计日消费量 F_i 取值 0.0047 kg/(人·天)，E_i=1，P_i=1，f=1，SI$_c$ 采用《食品安全国家标准　食品中农药最大残留限量》(GB 2763—2016)中 ADI 值(具体数值见表 6-3)，人平均体重(bw)取值 60 kg。

表 6-3　南京市茶叶中侦测出农药的 ADI 值

序号	农药	ADI	序号	农药	ADI	序号	农药	ADI
1	苯醚甲环唑	0.01	12	克百威	0.001	23	三唑酮	0.03
2	吡丙醚	0.1	13	咪鲜胺	0.01	24	戊唑醇	0.03
3	吡唑醚菌酯	0.03	14	嘧菌酯	0.2	25	烯酰吗啉	0.2
4	虫酰肼	0.02	15	嘧霉胺	0.2	26	乙螨唑	0.05
5	哒螨灵	0.01	16	灭蝇胺	0.06	27	异丙甲草胺	0.1
6	稻瘟灵	0.016	17	噻虫啉	0.01	28	茚虫威	0.01
7	丁苯吗啉	0.003	18	噻虫嗪	0.08	29	仲丁威	0.06
8	啶虫脒	0.07	19	噻嗪酮	0.009	30	唑虫酰胺	0.006
9	多菌灵	0.03	20	三环唑	0.04	31	丁咪酰胺	—
10	多效唑	0.1	21	三唑醇	0.03	32	环庚草醚	—
11	氟硅唑	0.007	22	三唑磷	0.001	33	缬霉威	—

注："—"表示为国家标准中无 ADI 值规定；ADI 值单位为 mg/kg bw

2)计算 IFSc 的平均值 $\overline{\text{IFS}}$，评价农药对食品安全的影响程度

以 $\overline{\text{IFS}}$ 评价各种农药对人体健康危害的总程度，评价模型见公式(6-2)。

$$\overline{\text{IFS}} = \frac{\sum_{i=1}^{n} \text{IFS}_c}{n} \tag{6-2}$$

$\overline{\text{IFS}}$≪1，所研究消费者人群的食品安全状态很好；$\overline{\text{IFS}}$≤1，所研究消费者人群的食品安全状态可以接受；$\overline{\text{IFS}}$>1，所研究消费者人群的食品安全状态不可接受。

本次评价中：

$\overline{\text{IFS}}$≤0.1，所研究消费者人群的茶叶安全状态很好；

0.1<$\overline{\text{IFS}}$≤1，所研究消费者人群的茶叶安全状态可以接受；

$\overline{\text{IFS}}$>1，所研究消费者人群的茶叶安全状态不可接受。

6.1.2.2　预警风险评估模型

2003 年，我国检验检疫食品安全管理的研究人员根据 WTO 的有关原则和我国的具

体规定，结合危害物本身的敏感性、风险程度及其相应的施检频率，首次提出了食品中危害物风险系数 R 的概念[12]。R 是衡量一个危害物的风险程度大小最直观的参数，即在一定时期内其超标率或阳性检出率的高低，但受其施检频率的高低及其本身的敏感性(受关注程度)影响。该模型综合考察了农药在茶叶中的超标率、施检频率及其本身敏感性，能直观而全面地反映出农药在一段时间内的风险程度[13]。

1) R 计算方法

危害物的风险系数综合考虑了危害物的超标率或阳性检出率、施检频率和其本身的敏感性影响，并能直观而全面地反映出危害物在一段时间内的风险程度。风险系数 R 的计算公式如式(6-3)：

$$R = aP + \frac{b}{F} + S \tag{6-3}$$

式中，P 为该种危害物的超标率；F 为危害物的施检频率；S 为危害物的敏感因子；a, b 分别为相应的权重系数。

本次评价中 $F=1$；$S=1$；$a=100$；$b=0.1$，对参数 P 进行计算，计算时首先判断是否为禁用农药，如果为非禁用农药，$P=$ 超标的样品数(侦测出的含量高于食品最大残留限量标准值，即 MRL)除以总样品数(包括超标、不超标、未侦测出)；如果为禁用农药，则侦测出即为超标，$P=$ 能侦测出的样品数除以总样品数。判断南京市茶叶农药残留是否超标的标准限值 MRL 分别以 MRL 中国国家标准[14]和 MRL 欧盟标准作为对照，具体值列于本报告附表一中。

2) 评价风险程度

$R \leqslant 1.5$，受检农药处于低度风险；

$1.5 < R \leqslant 2.5$，受检农药处于中度风险；

$R > 2.5$，受检农药处于高度风险。

6.1.2.3　食品膳食暴露风险和预警风险评估应用程序的开发

1) 应用程序开发的步骤

为成功开发膳食暴露风险和预警风险评估应用程序，与软件工程师多次沟通讨论，逐步提出并描述清楚计算需求，开发了初步应用程序。为明确出不同茶叶、不同农药、不同地域的风险水平，向软件工程师提出不同的计算需求，软件工程师对计算需求进行逐一地分析，经过反复的细节沟通，需求分析得到明确后，开始进行解决方案的设计，在保证需求的完整性、一致性的前提下，编写出程序代码，最后设计出满足需求的风险评估专用计算软件，并通过一系列的软件测试和改进，完成专用程序的开发。软件开发基本步骤见图 6-3。

图 6-3　专用程序开发总体步骤

2)膳食暴露风险评估专业程序开发的基本要求

首先直接利用公式(6-1)，分别计算 LC-Q-TOF/MS 和 GC-Q-TOF/MS 仪器侦测出的各茶叶样品中每种农药 IFS_c，将结果列出。为考察超标农药和禁用农药的使用安全性，分别以我国《食品安全国家标准　食品中农药最大残留限量》(GB 2763—2016)和欧盟食品中农药最大残留限量(以下简称 MRL 中国国家标准和 MRL 欧盟标准)为标准，对侦测出的禁用农药和超标的非禁用农药 IFS_c 单独进行评价；按 IFS_c 大小列表，并找出 IFS_c 值排名前 20 的样本重点关注。

对不同茶叶 i 中每一种侦测出的农药 c 的安全指数进行计算，多个样品时求平均值。按农药种类，计算整个监测时间段内每种农药的 IFS_c，不区分茶叶种类。

3)预警风险评估专业程序开发的基本要求

分别以 MRL 中国国家标准和 MRL 欧盟标准，按公式(6-3)逐个计算不同茶叶、不同农药的风险系数，禁用农药和非禁用农药分别列表。

为清楚了解各种农药的预警风险，不分时间，不分茶叶，按禁用农药和非禁用农药分类，分别计算各种侦测出农药全部检测时段内风险系数。由于有 MRL 中国国家标准的农药种类太少，无法计算超标数，非禁用农药的风险系数只以 MRL 欧盟标准为标准，进行计算。

4)风险程度评价专业应用程序的开发方法

采用 Python 计算机程序设计语言，Python 是一个高层次地结合了解释性、编译性、互动性和面向对象的脚本语言。风险评价专用程序主要功能包括：分别读入每例样品 LC-Q-TOF/MS 和 GC-Q-TOF/MS 农药残留检测数据，根据风险评价工作要求，依次对不同农药、不同食品、不同时间、不同采样点的 IFS_c 值和 R 值分别进行数据计算，筛选出禁用农药、超标农药(分别与 MRL 中国国家标准、MRL 欧盟标准限值进行对比)单独重点分析，再分别对各农药、各茶叶种类分类处理，设计出计算和排序程序，编写计算机代码，最后将生成的膳食暴露风险评估和超标风险评估定量计算结果列入设计好的各个表格中，并定性判断风险对目标的影响程度，直接用文字描述风险发生的高低，如"不可接受"、"可以接受"、"没有影响"、"高度风险"、"中度风险"、"低度风险"。

6.2　LC-Q-TOF/MS 侦测南京市市售茶叶农药残留膳食暴露风险评估

6.2.1　每例茶叶样品中农药残留安全指数分析

基于 2019 年 1 月的农药残留侦测数据，发现在 110 例样品中侦测出农药 393 频次，计算样品中每种残留农药的安全指数 IFS_c，并分析农药对样品安全的影响程度，结果详见附表二，农药残留对茶叶样品安全的影响程度频次分布情况如图 6-4 所示。

由图 6-4 可以看出，农药残留对样品安全的没有影响的频次为 390，占 99.24%。

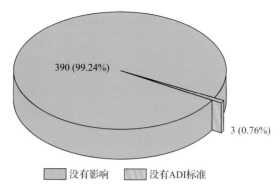

图 6-4　农药残留对茶叶样品安全的影响程度频次分布图

部分样品侦测出禁用农药 2 种 38 频次，为了明确残留的禁用农药对样品安全的影响，分析侦测出禁用农药残留的样品安全指数，禁用农药残留对茶叶样品安全的影响程度频次分布情况如图 6-5 所示，农药残留对样品安全没有影响的频次为 38，占 100.00%。

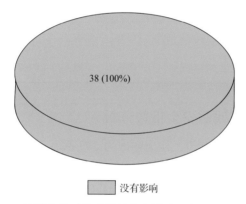

图 6-5　禁用农药对茶叶样品安全影响程度的频次分布图

残留量超过 MRL 欧盟标准的非禁用农药对茶叶样品安全的影响程度频次分布情况如图 6-6 所示。可以看出超过 MRL 欧盟标准的非禁用农药共 76 频次，其中农药没有 ADI 的频次为 1，占 1.32%；农药残留对样品安全没有影响的频次为 75，占 98.68%。表 6-4 为茶叶样品中安全指数排名前 10 的残留超标非禁用农药列表。

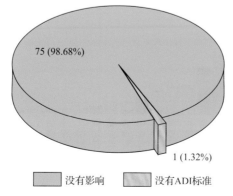

图 6-6　残留超标的非禁用农药对茶叶样品安全的影响程度频次分布图（MRL 欧盟标准）

表 6-4　茶叶样品中安全指数排名前 10 的残留超标非禁用农药列表(MRL 欧盟标准)

序号	样品编号	采样点	基质	农药	含量 (mg/kg)	欧盟标准	IFS$_c$	影响程度
1	20190111-320100-AHCIQ-GT-02D	***超市(紫荆广场店)	绿茶	戊唑醇	0.3	0.05	$7.83×10^{-4}$	没有影响
2	20190111-320100-AHCIQ-BT-01A	***超市(南京秦淮店)	红茶	哒螨灵	0.0959	0.05	$7.51×10^{-4}$	没有影响
3	20190111-320100-AHCIQ-GT-09B	***超市(新街口店)	绿茶	苯醚甲环唑	0.0924	0.05	$7.24×10^{-4}$	没有影响
4	20190111-320100-AHCIQ-GT-06A	***超市(大行宫店)	绿茶	苯醚甲环唑	0.0891	0.05	$6.98×10^{-4}$	没有影响
5	20190111-320100-AHCIQ-GT-06D	***超市(大行宫店)	绿茶	苯醚甲环唑	0.0813	0.05	$6.37×10^{-4}$	没有影响
6	20190111-320100-AHCIQ-GT-05F	***超市(沈举人巷店)	绿茶	唑虫酰胺	0.0472	0.01	$6.16×10^{-4}$	没有影响
7	20190111-320100-AHCIQ-GT-10B	***茶庄	绿茶	哒螨灵	0.077	0.05	$6.03×10^{-4}$	没有影响
8	20190111-320100-AHCIQ-GT-02C	***超市(紫荆广场店)	绿茶	唑虫酰胺	0.0446	0.01	$5.82×10^{-4}$	没有影响
9	20190111-320100-AHCIQ-GT-02D	***超市(紫荆广场店)	绿茶	稻瘟灵	0.104	0.01	$5.09×10^{-4}$	没有影响
10	20190111-320100-AHCIQ-GT-10A	***茶庄	绿茶	哒螨灵	0.0626	0.05	$4.90×10^{-4}$	没有影响

6.2.2　单种茶叶中农药残留安全指数分析

本次 3 种茶叶侦测 33 种农药,检出频次为 393 次,其中 3 种农药没有 ADI,30 种农药存在 ADI 标准。3 种茶叶按不同种类分别计算侦测出的具有 ADI 标准的各种农药的 IFS$_c$ 值,农药残留对茶叶的安全指数分布图如图 6-7 所示。

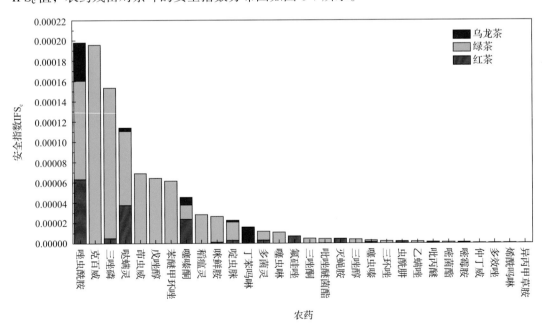

图 6-7　3 种茶叶中 30 种残留农药的安全指数分布图

本次侦测中，3 种茶叶和 33 种残留农药(包括没有 ADI)共涉及 49 个分析样本，农药对单种茶叶安全的影响程度分布情况如图 6-8 所示。可以看出，93.88%的样本中农药对茶叶安全没有影响。

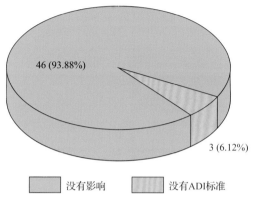

图 6-8　49 个分析样本的影响程度频次分布图

6.2.3　所有茶叶中农药残留安全指数分析

计算所有茶叶中 30 种农药的 IFS$_c$ 值，结果如图 6-9 及表 6-5 所示。

分析发现，所有的农药对茶叶安全的影响程度均为没有影响，说明茶叶中残留的农药不会对茶叶安全造成影响。

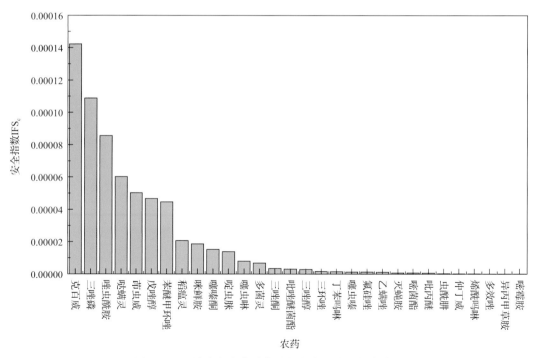

图 6-9　30 种残留农药对茶叶的安全影响程度统计图

表 6-5　茶叶中 30 种农药残留的安全指数表

序号	农药	检出频次	检出率(%)	IFS$_c$	影响程度	序号	农药	检出频次	检出率(%)	IFS$_c$	影响程度
1	克百威	12	10.91	1.09×10^{-1}	没有影响	16	三唑醇	15	13.64	1.36×10^{-1}	没有影响
2	三唑磷	26	23.64	2.36×10^{-1}	没有影响	17	三环唑	8	7.27	7.27×10^{-2}	没有影响
3	唑虫酰胺	63	57.27	5.73×10^{-1}	没有影响	18	丁苯吗啉	1	0.91	9.09×10^{-3}	没有影响
4	哒螨灵	34	30.91	3.09×10^{-1}	没有影响	19	噻虫嗪	6	5.45	5.45×10^{-2}	没有影响
5	茚虫威	19	17.27	1.73×10^{-1}	没有影响	20	氟硅唑	1	0.91	9.09×10^{-3}	没有影响
6	戊唑醇	27	24.55	2.45×10^{-1}	没有影响	21	乙螨唑	8	7.27	7.27×10^{-2}	没有影响
7	苯醚甲环唑	13	11.82	1.18×10^{-1}	没有影响	22	灭蝇胺	2	1.82	1.82×10^{-2}	没有影响
8	稻瘟灵	9	8.18	8.18×10^{-2}	没有影响	23	嘧菌酯	6	5.45	5.45×10^{-2}	没有影响
9	咪鲜胺	10	9.09	9.09×10^{-2}	没有影响	24	吡丙醚	6	5.45	5.45×10^{-2}	没有影响
10	噻嗪酮	36	32.73	3.27×10^{-1}	没有影响	25	虫酰肼	1	0.91	9.09×10^{-3}	没有影响
11	啶虫脒	43	39.09	3.91×10^{-1}	没有影响	26	仲丁威	1	0.91	9.09×10^{-3}	没有影响
12	噻虫啉	10	9.09	9.09×10^{-2}	没有影响	27	烯酰吗啉	1	0.91	9.09×10^{-3}	没有影响
13	多菌灵	5	4.55	4.55×10^{-2}	没有影响	28	多效唑	2	1.82	1.82×10^{-2}	没有影响
14	三唑酮	3	2.73	2.73×10^{-2}	没有影响	29	异丙甲草胺	1	0.91	9.09×10^{-3}	没有影响
15	吡唑醚菌酯	19	17.27	1.73×10^{-1}	没有影响	30	嘧霉胺	2	1.82	1.82×10^{-2}	没有影响

6.3　LC-Q-TOF/MS 侦测南京市市售茶叶农药残留预警风险评估

基于南京市茶叶样品中农药残留 LC-Q-TOF/MS 侦测数据,分析禁用农药的检出率,同时参照中华人民共和国国家标准 GB 2763—2016 和欧盟农药最大残留限量(MRL)标准分析非禁用农药残留的超标率,并计算农药残留风险系数。分析单种茶叶中农药残留以及所有茶叶中农药残留的风险程度。

6.3.1　单种茶叶中农药残留风险系数分析

6.3.1.1　单种茶叶中禁用农药残留风险系数分析

侦测出的 33 种残留农药中有 2 种为禁用农药,且它们分布在 2 种茶叶中,计算 2 种茶叶中禁用农药的检出率,根据检出率计算风险系数 R,进而分析茶叶中禁用农药的风险程度,结果如图 6-10 与表 6-6 所示。分析发现,除克百威未在红茶中的残留不处于高度风险外,2 种禁用农药在 2 种茶叶中的残留处均于高度风险。

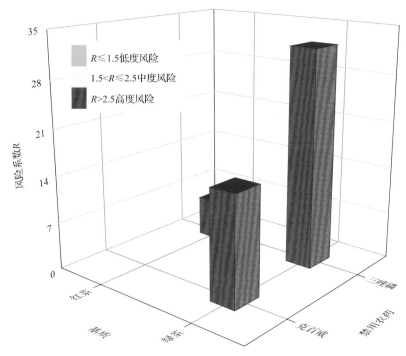

图 6-10　2 种茶叶中 2 种禁用农药残留的风险系数

表 6-6　2 种茶叶中 2 种禁用农药残留的风险系数表

序号	基质	农药	检出频次	检出率(%)	风险系数 R	风险程度
1	绿茶	三唑磷	25	31.25	32.35	高度风险
2	绿茶	克百威	12	15.00	16.10	高度风险
3	红茶	三唑磷	1	5.00	6.10	高度风险

6.3.1.2　基于 MRL 中国国家标准的单种茶叶中非禁用农药残留风险系数分析

参照中华人民共和国国家标准 GB 2763—2016 中农药残留限量计算每种茶叶中每种非禁用农药的超标率，进而计算其风险系数，根据风险系数大小判断残留农药的预警风险程度，茶叶中非禁用农药残留风险程度分布情况如图 6-11 所示。

本次分析中，发现在 3 种茶叶检出 31 种残留非禁用农药，涉及样本 46 个，在 46 个样本中，32.61% 处于低度风险，此外发现有 31 个样本没有 MRL 中国国家标准值，无法判断其风险程度，有 MRL 中国国家标准值的 15 个样本涉及 3 种茶叶中的 7 种非禁用农药，其风险系数 R 值如图 6-12 所示。

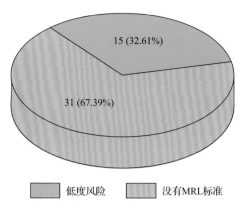

图 6-11　茶叶中非禁用农药残留的风险程度分布图(MRL 中国国家标准)

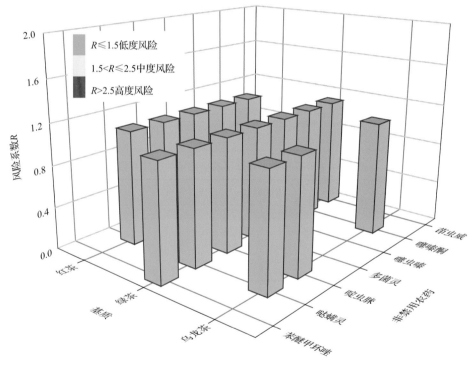

图 6-12　3 种茶叶中 7 种非禁用农药的风险系数分布图(MRL 中国国家标准)

6.3.1.3　基于 MRL 欧盟标准的单种茶叶中非禁用农药残留风险系数分析

参照 MRL 欧盟标准计算每种茶叶中每种非禁用农药的超标率，进而计算其风险系数，根据风险系数大小判断农药残留的预警风险程度，茶叶中非禁用农药残留风险程度分布情况如图 6-13 所示。

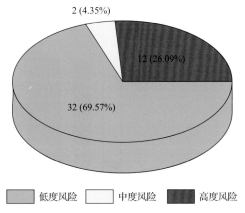

图 6-13　茶叶中非禁用农药残留的风险程度分布图（MRL 欧盟标准）

本次分析中，发现在 3 种茶叶中共侦测出 31 种非禁用农药，涉及样本 46 个，其中，26.09%处于高度风险，涉及 3 种茶叶和 9 种农药；69.57%处于低度风险，涉及 3 种茶叶和 22 种农药。单种茶叶中的非禁用农药风险系数分布图如图 6-14 所示。单种茶叶中处于高度风险的非禁用农药风险系数如图 6-15 和表 6-7 所示。

6.3.2　所有茶叶中农药残留风险系数分析

6.3.2.1　所有茶叶中禁用农药残留风险系数分析

在侦测出的 33 种农药中有 2 种为禁用农药，计算所有茶叶中禁用农药的风险系数，结果如表 6-8 所示。在 2 种禁用农药中，2 种农药残留处于高度风险。

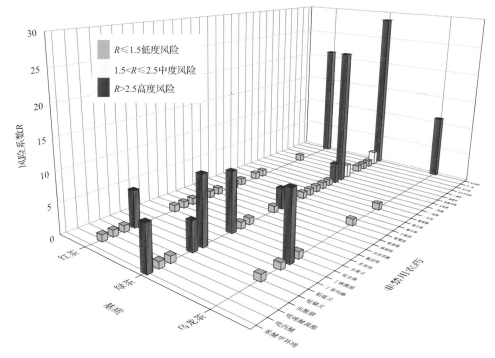

图 6-14　3 种茶叶中 31 种非禁用农药残留的风险系数（MRL 欧盟标准）

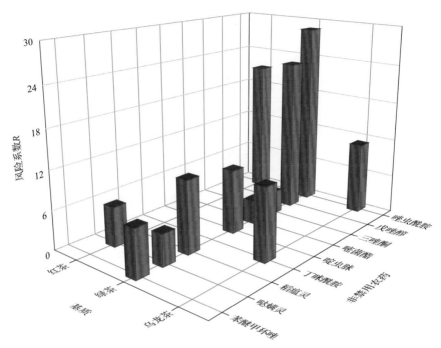

图 6-15　单种茶叶中处于高度风险的非禁用农药的风险系数(MRL 欧盟标准)

表 6-7　单种茶叶中处于高度风险的非禁用农药残留的风险系数表(**MRL 欧盟标准**)

序号	基质	农药	检出频次	检出率(%)	风险系数 R
1	绿茶	唑虫酰胺	22	27.50	28.60
2	绿茶	戊唑醇	18	22.50	23.60
3	红茶	唑虫酰胺	4	20.00	21.10
4	绿茶	稻瘟灵	8	10.00	11.10
5	乌龙茶	丁咪酰胺	1	10.00	11.10
6	乌龙茶	唑虫酰胺	1	10.00	11.10
7	绿茶	啶虫脒	7	8.75	9.85
8	绿茶	苯醚甲环唑	5	6.25	7.35
9	红茶	哒螨灵	1	5.00	6.10
10	绿茶	哒螨灵	3	3.75	4.85
11	绿茶	嘧菌酯	2	2.50	3.60
12	绿茶	三唑酮	2	2.50	3.60

表 6-8　茶叶中 **2 种禁用农药的风险系数表**

序号	农药	检出频次	检出率(%)	风险系数 R	风险程度
1	三唑磷	26	23.64	24.74	高度风险
2	克百威	12	10.91	12.01	高度风险

6.3.2.2　所有茶叶中非禁用农药残留风险系数分析

参照 MRL 欧盟标准计算所有茶叶中每种非禁用农药残留的风险系数，如图 6-16 与表 6-9 所示。在侦测出的 31 种非禁用农药中，8 种农药(25.81%)残留处于高度风险，3 种农药(9.68%)残留处于中度风险，20 种农药(64.52%)残留处于低度风险。

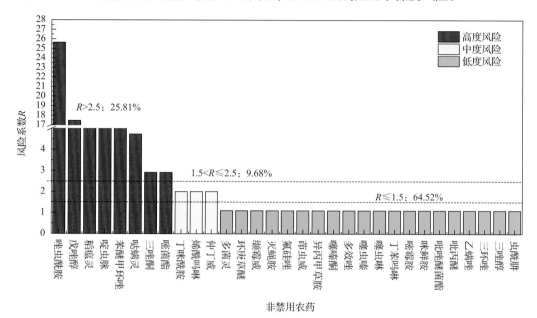

图 6-16　茶叶中 31 种非禁用农药的风险程度统计图

表 6-9　茶叶中 31 种非禁用农药的风险系数表

序号	农药	检出频次	检出率(%)	风险系数 R	风险程度
1	唑虫酰胺	27	24.55	25.65	高度风险
2	戊唑醇	18	16.36	17.46	高度风险
3	稻瘟灵	8	7.27	8.37	高度风险
4	啶虫脒	7	6.36	7.46	高度风险
5	苯醚甲环唑	5	4.55	5.65	高度风险
6	哒螨灵	4	3.64	4.74	高度风险
7	三唑酮	2	1.82	2.92	高度风险
8	嘧菌酯	2	1.82	2.92	高度风险
9	丁咪酰胺	1	0.91	2.01	中度风险
10	烯酰吗啉	1	0.91	2.01	中度风险
11	仲丁威	1	0.91	2.01	中度风险
12	多菌灵	0	0.00	1.10	低度风险
13	环庚草醚	0	0.00	1.10	低度风险

续表

序号	农药	检出频次	检出率(%)	风险系数 R	风险程度
14	缬霉威	0	0.00	1.10	低度风险
15	灭蝇胺	0	0.00	1.10	低度风险
16	氟硅唑	0	0.00	1.10	低度风险
17	茚虫威	0	0.00	1.10	低度风险
18	异丙甲草胺	0	0.00	1.10	低度风险
19	噻嗪酮	0	0.00	1.10	低度风险
20	多效唑	0	0.00	1.10	低度风险
21	噻虫嗪	0	0.00	1.10	低度风险
22	噻虫啉	0	0.00	1.10	低度风险
23	丁苯吗啉	0	0.00	1.10	低度风险
24	嘧霉胺	0	0.00	1.10	低度风险
25	咪鲜胺	0	0.00	1.10	低度风险
26	吡唑醚菌酯	0	0.00	1.10	低度风险
27	吡丙醚	0	0.00	1.10	低度风险
28	乙螨唑	0	0.00	1.10	低度风险
29	三环唑	0	0.00	1.10	低度风险
30	三唑醇	0	0.00	1.10	低度风险
31	虫酰肼	0	0.00	1.10	低度风险

6.4　LC-Q-TOF/MS 侦测南京市市售茶叶农药残留风险评估结论与建议

　　农药残留是影响茶叶安全和质量的主要因素，也是我国食品安全领域备受关注的敏感话题和亟待解决的重大问题之一[15,16]。各种茶叶均存在不同程度的农药残留现象，本研究主要针对南京市各类茶叶存在的农药残留问题，基于 2019 年 1 月对南京市 110 例茶叶样品中农药残留侦测得出的 393 个侦测结果，分别采用食品安全指数模型和风险系数模型，开展茶叶中农药残留的膳食暴露风险和预警风险评估。茶叶样品取自超市和茶叶专营店，符合大众的膳食来源，风险评价时更具有代表性和可信度。

　　本研究力求通用简单地反映食品安全中的主要问题，且为管理部门和大众容易接受，为政府及相关管理机构建立科学的食品安全信息发布和预警体系提供科学的规律与方法，加强对农药残留的预警和食品安全重大事件的预防，控制食品风险。

6.4.1　南京市茶叶中农药残留膳食暴露风险评价结论

1) 茶叶样品中农药残留安全状态评价结论

采用食品安全指数模型，对 2019 年 1 月期间南京市茶叶食品农药残留膳食暴露风险进行评价，根据 IFS_c 的计算结果发现，茶叶中农药的 $\overline{IFS}$ 为 2.14×10^{-5}，说明南京市茶叶总体处于可以接受的安全状态，但部分禁用农药、高残留农药在茶叶中仍有侦测出，导致膳食暴露风险的存在，成为不安全因素。

2) 禁用农药膳食暴露风险评价

本次检测发现部分茶叶样品中有禁用农药侦测出，侦测出禁用农药 2 种，侦测出频次为 38，茶叶样品中的禁用农药 IFS_c 计算结果表明，没有影响的频次为 38，占 100%。

6.4.2　南京市茶叶中农药残留预警风险评价结论

1) 单种茶叶中禁用农药残留的预警风险评价结论

本次检测过程中，在 2 种茶叶中检测出 2 种禁用农药，禁用农药为：三唑磷、克百威，茶叶为：红茶、绿茶，茶叶中禁用农药的风险系数分析结果显示，除克百威未在红茶中的残留不处于高度风险外，2 种禁用农药在 2 种茶叶中的残留均处于高度风险，说明在单种茶叶中禁用农药的残留会导致较高的预警风险。

2) 单种茶叶中非禁用农药残留的预警风险评价结论

以 MRL 中国国家标准为标准，计算茶叶中非禁用农药风险系数情况下，46 个样本中，15 个处于低度风险(32.61%)，31 个样本没有 MRL 中国国家标准(67.39%)。以 MRL 欧盟标准为标准，计算茶叶中非禁用农药风险系数情况下，发现有 12 个处于高度风险(26.09%)，2 个处于中度风险(4.35%)，32 个处于低度风险69.57%)。基于两种 MRL 标准，评价的结果差异显著，可以看出 MRL 欧盟标准比中国国家标准更加严格和完善，过于宽松的 MRL 中国国家标准值能否有效保障人体的健康有待研究。

6.4.3　加强南京市茶叶食品安全建议

我国食品安全风险评价体系仍不够健全，相关制度不够完善，多年来，由于农药用药次数多、用药量大或用药间隔时间短，产品残留量大，农药残留所造成的食品安全问题日益严峻，给人体健康带来了直接或间接的危害。据估计，美国与农药有关的癌症患者数约占全国癌症患者总数的 50%，中国更高。同样，农药对其他生物也会形成直接杀伤和慢性危害，植物中的农药可经过食物链逐级传递并不断蓄积，对人和动物构成潜在威胁，并影响生态系统。

基于本次农药残留侦测数据的风险评价结果，提出以下几点建议：

1) 加快食品安全标准制定步伐

我国食品标准中对农药每日允许最大摄入量 ADI 的数据严重缺乏，在本次评价所涉及的 33 种农药中，仅有 90.91% 的农药具有 ADI 值，而 9.09% 的农药中国尚未规定相应的 ADI 值，亟待完善。

我国食品中农药最大残留限量值的规定严重缺乏，对评估涉及的不同茶叶中不同农药 49 个 MRL 限值进行统计来看，我国仅制定出 16 个标准，我国标准完整率仅为 32.65%，欧盟的完整率达到 100%(表 6-10)。因此，中国更应加快 MRL 的制定步伐。

表 6-10　我国国家食品标准农药的 ADI、MRL 值与欧盟标准的数量差异

分类		中国 ADI	MRL 中国国家标准	MRL 欧盟标准
标准限值(个)	有	30	16	49
	无	3	33	0
总数(个)		33	49	49
无标准限值比例(%)		9.09	67.35	0

此外，MRL 中国国家标准限值普遍高于欧盟标准限值，这些标准中共有 12 个高于欧盟。过高的 MRL 值难以保障人体健康，建议继续加强对限值基准和标准的科学研究，将农产品中的危险性减少到尽可能低的水平。

2)加强农药的源头控制和分类监管

在南京市某些茶叶中仍有禁用农药残留，利用 LC-Q-TOF/MS 技术侦测出 2 种禁用农药，检出频次为 38 次，残留禁用农药均存在较大的膳食暴露风险和预警风险。早已列入黑名单的禁用农药在我国并未真正退出，有些药物由于价格便宜、工艺简单，此类高毒农药一直生产和使用。建议在我国采取严格有效的控制措施，从源头控制禁用农药。

对于非禁用农药，在我国作为"田间地头"最典型单位的县级茶叶产地中，农药残留的检测几乎缺失。建议根据农药的毒性，对高毒、剧毒、中毒农药实现分类管理，减少使用高毒和剧毒高残留农药，进行分类监管。

3)加强农药生物基准和降解技术研究

市售茶叶中残留农药的品种多、频次高、禁用农药多次检出这一现状，说明了我国的田间土壤和水体因农药长期、频繁、不合理的使用而遭到严重污染。为此，建议中国相关部门出台相关政策，鼓励高校及科研院所积极开展分子生物学、酶学等研究，加强土壤、水体中残留农药的生物修复及降解新技术研究，切实加大农药监管力度，以控制农药的面源污染问题。

综上所述，在本工作基础上，根据茶叶残留危害，可进一步针对其成因提出和采取严格管理、大力推广无公害茶叶种植与生产、健全食品安全控制技术体系、加强茶叶质量检测体系建设和积极推行茶叶质量追溯制度等相应对策。建立和完善食品安全综合评价指数与风险监测预警系统，对食品安全进行实时、全面的监控与分析，为我国的食品安全科学监管与决策提供新的技术支持，可实现各类检验数据的信息化系统管理，降低食品安全事故的发生。

第7章　GC-Q-TOF/MS 侦测南京市 110 例市售茶叶样品农药残留报告

从南京市所属 4 个区，随机采集了 110 例茶叶样品，使用气相色谱-四极杆飞行时间质谱(GC-Q-TOF/MS)对 684 种农药化学污染物示范侦测。

7.1　样品种类、数量与来源

7.1.1　样品采集与检测

为了真实反映百姓日常饮用的茶叶中农药残留污染状况，本次所有检测样品均由检验人员于 2019 年 1 月期间，从南京市所属 10 个采样点，包括 4 个茶叶专营店和 6 个超市，以随机购买方式采集，总计 10 批 110 例样品，从中检出农药 41 种，365 频次。采样及监测概况见图 7-1 及表 7-1，样品及采样点明细见表 7-2 及表 7-3(侦测原始数据见附表 1)。

序号	行政区域	茶叶采样量
1	秦淮区	51
2	雨花台区	13
3	鼓楼区	14
4	玄武区	32

图 7-1　南京市所属 10 个采样点 110 例样品分布图

表 7-1　农药残留监测总体概况

采样地区	南京市所属 4 个区
采样点(茶叶专营店+超市)	10
样本总数	110
检出农药品种/频次	41/365
各采样点样本农药残留检出率范围	75.9% ~ 100.0%

表 7-2　样品分类及数量

样品分类	样品名称(数量)	数量小计
1. 茶叶		110
1)发酵类茶叶	红茶(20)，乌龙茶(10)	30
2)未发酵类茶叶	绿茶(80)	80
合计	1.茶叶 3 种	110

表 7-3　南京市采样点信息

采样点序号	行政区域	采样点
茶叶专营店(4)		
1	鼓楼区	***茶庄
2	秦淮区	***茶庄(老门东店)
3	秦淮区	***茶庄
4	玄武区	***茶庄(太平门店)
超市(6)		
1	鼓楼区	***超市(沈举人巷店)
2	秦淮区	***超市(南京秦淮店)
3	秦淮区	***超市(新街口店)
4	玄武区	***超市(大行宫店)
5	玄武区	***超市(马标店)
6	雨花台区	***超市(紫荆广场店)

7.1.2　检测结果

这次使用的检测方法是庞国芳院士团队最新研发的不需使用标准品对照，而以高分辨精确质量数(0.0001 m/z)为基准的 GC-Q-TOF/MS 检测技术，对于 110 例样品，每个样品均侦测了 684 种农药化学污染物的残留现状。通过本次侦测，在 110 例样品中共计检出农药化学污染物 41 种，检出 365 频次。

7.1.2.1　各采样点样品检出情况

统计分析发现 10 个采样点中,被测样品的农药检出率范围为 75.9% ~ 100.0%。其中,有 5 个采样点样品的检出率最高,达到了 100.0%,分别是：***茶庄、***超市(沈举人巷店)、***茶庄(老门东店)、***茶庄和***超市(南京秦淮店)。***超市(新街口店)的检出率最低,为 75.9%,见图 7-2。

7.1.2.2　检出农药的品种总数与频次

统计分析发现,对于 110 例样品中 684 种农药化学污染物的侦测,共检出农药 365频次,涉及农药 41 种,结果如图 7-3 所示。其中联苯菊酯检出频次最高,共检出 68 次。

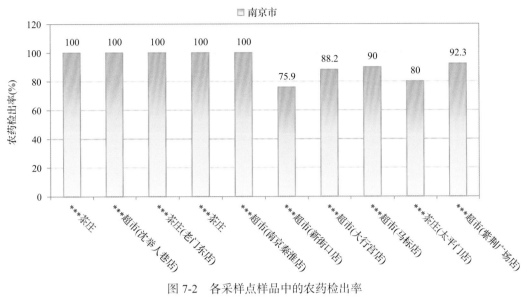

图 7-2　各采样点样品中的农药检出率

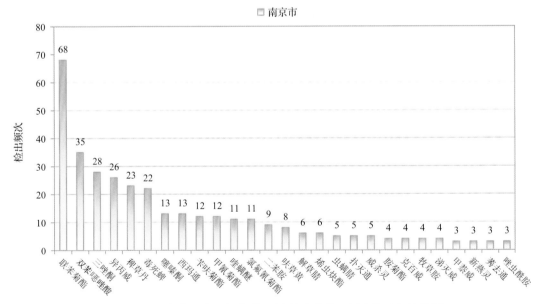

图 7-3　检出农药品种及频次(仅列出检出农药 3 频次及以上的数据)

检出频次排名前 10 的农药如下，①联苯菊酯(68)，②双苯噁唑酸(35)，③三唑酮(28)，④异丙威(26)，⑤稗草丹(23)，⑥毒死蜱(22)，⑦噻嗪酮(13)，⑧西玛通(13)，⑨苄呋菊酯(12)，⑩甲氰菊酯(12)。

　　由图 7-4 可见，绿茶、红茶和乌龙茶这 3 种茶叶样品中检出的农药品种数较高，均超过 15 种，其中，绿茶检出农药品种最多，为 31 种。由图 7-5 可见，绿茶、红茶和乌龙茶这 3 种茶叶样品中的农药检出频次较高，均超过 20 次，其中，绿茶检出农药频次最高，为 286 次。

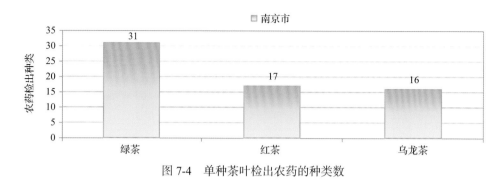

图 7-4　单种茶叶检出农药的种类数

图 7-5　单种茶叶检出农药频次

7.1.2.3　单例样品农药检出种类与占比

对单例样品检出农药种类和频次进行统计发现，未检出农药的样品占总样品数的 10.9%，检出 1 种农药的样品占总样品数的 15.5%，检出 2～5 种农药的样品占总样品数的 51.8%，检出 6～10 种农药的样品占总样品数的 20.9%，检出大于 10 种农药的样品占总样品数的 0.9%。每例样品中平均检出农药为 3.3 种，数据见表 7-4 及图 7-6。

7.1.2.4　检出农药类别与占比

所有检出农药按功能分类，包括杀虫剂、除草剂、杀菌剂、杀螨剂和其他共 5 类。其中杀虫剂与除草剂为主要检出的农药类别，分别占总数的 41.5%和 34.1%，见表 7-5 及图 7-7。

表 7-4　单例样品检出农药品种占比

检出农药品种数	样品数量/占比(%)
未检出	12/10.9
1 种	17/15.5
2～5 种	57/51.8
6～10 种	23/20.9
大于 10 种	1/0.9
单例样品平均检出农药品种	3.3 种

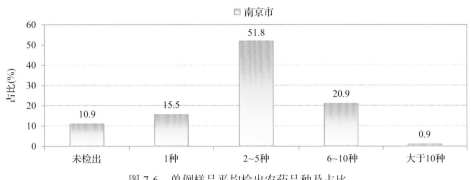

图 7-6　单例样品平均检出农药品种及占比

表 7-5　检出农药所属类别/占比

农药类别	数量/占比(%)
杀虫剂	17/41.5
除草剂	14/34.1
杀菌剂	6/14.6
杀螨剂	2/4.9
其他	2/4.9

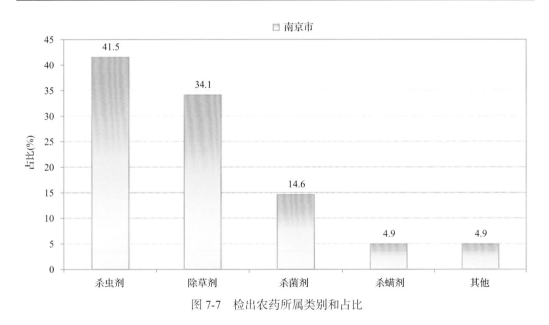

图 7-7　检出农药所属类别和占比

7.1.2.5　检出农药的残留水平

按检出农药残留水平进行统计, 残留水平在 1 ~ 5 μg/kg(含)的农药占总数的 24.1%, 在 5 ~ 10 μg/kg(含)的农药占总数的 17.5%, 在 10 ~ 100 μg/kg(含)的农药占总数的 57.3%, 在 100 ~ 1000 μg/kg 的农药占总数的 1.1%。

由此可见，这次检测的 10 批 110 例茶叶样品中农药多数处于中高残留水平。结果见表 7-6 及图 7-8，数据见附表 2。

表 7-6　农药残留水平/占比

残留水平(μg/kg)	检出频次数/占比(%)
1~5(含)	88/24.1
5~10(含)	64/17.5
10~100(含)	209/57.3
100~1000	4/1.1

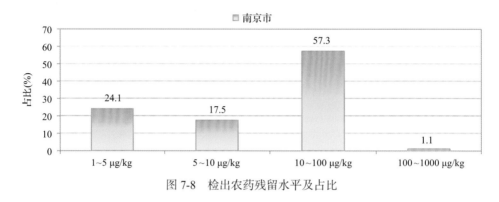

图 7-8　检出农药残留水平及占比

7.1.2.6　检出农药的毒性类别、检出频次和超标频次及占比

对这次检出的 41 种 365 频次的农药，按剧毒、高毒、中毒、低毒和微毒这五个毒性类别进行分类，从中可以看出，南京市目前普遍使用的农药为中低微毒农药，品种占 92.7%，频次占 97.3%。结果见表 7-7 及图 7-9。

7.1.2.7　检出剧毒/高毒类农药的品种和频次

值得特别关注的是，在此次侦测的 110 例样品中有 3 种茶叶的 10 例样品检出了 3 种 10 频次的剧毒和高毒农药，占样品总量的 9.1%，详见图 7-10、表 7-8 及表 7-9。

表 7-7　检出农药毒性类别/占比

毒性分类	农药品种/占比(%)	检出频次/占比(%)	超标频次/超标率(%)
剧毒农药	1/2.4	4/1.1	0/0.0
高毒农药	2/4.9	6/1.6	2/33.3
中毒农药	18/43.9	234/64.1	0/0.0
低毒农药	12/29.3	75/20.5	0/0.0
微毒农药	8/19.5	46/12.6	0/0.0

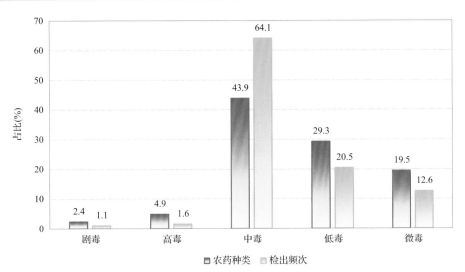

图 7-9　检出农药的毒性分类和占比

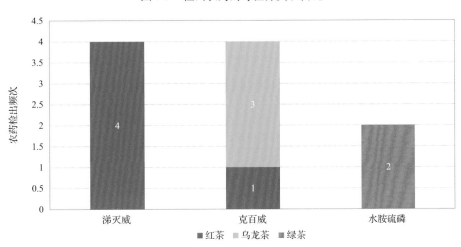

图 7-10　检出剧毒/高毒农药的样品情况

表 7-8　剧毒农药检出情况

序号	农药名称	检出频次	超标频次	超标率
	从 1 种茶叶中检出 1 种剧毒农药，共计检出 4 次			
1	涕灭威*	4	0	0.0%
	合计	4	0	超标率：0.0%

表 7-9　高毒农药检出情况

序号	农药名称	检出频次	超标频次	超标率
	从 3 种茶叶中检出 2 种高毒农药，共计检出 6 次			
1	克百威	4	2	50.0%
2	水胺硫磷	2	0	0.0%
	合计	6	2	超标率：33.3%

在检出的剧毒和高毒农药中，有 3 种是我国早已禁止在茶叶上使用的，分别是：克百威、水胺硫磷和涕灭威。禁用农药的检出情况见表 7-10。

表 7-10　禁用农药检出情况

序号	农药名称	检出频次	超标频次	超标率
从 3 种茶叶中检出 5 种禁用农药，共计检出 34 次				
1	毒死蜱	22	0	0.0%
2	克百威	4	2	50.0%
3	涕灭威[*]	4	0	0.0%
4	硫丹	2	0	0.0%
5	水胺硫磷	2	0	0.0%
	合计	34	2	超标率：5.9%

注：表中*为剧毒农药；超标结果参考 MRL 中国国家标准计算

此次抽检的茶叶样品中，有 1 种茶叶检出了剧毒农药，分别是：红茶中检出涕灭威 4 次。

样品中检出剧毒和高毒农药残留水平超过 MRL 中国国家标准的频次为 2 次，其中：乌龙茶检出克百威超标 2 次。本次检出结果表明，高毒、剧毒农药的使用现象依旧存在。详见表 7-11。

表 7-11　各样本中检出剧毒/高毒农药情况

样品名称	农药名称	检出频次	超标频次	检出浓度(μg/kg)
茶叶 3 种				
红茶	涕灭威[*][▲]	4	0	18.5, 9.8, 9.0, 30.4
红茶	克百威[▲]	1	0	6.8
绿茶	水胺硫磷[▲]	2	0	47.6, 24.1
乌龙茶	克百威[▲]	3	2	123.5[a], 18.7, 127.0[a]
	合计	10	2	超标率：20.0%

注：表中*为剧毒农药；▲为禁用农药；a 为超标结果(参考 MRL 中国国家标准)

7.2　农药残留检出水平与最大残留限量标准对比分析

我国于 2016 年 12 月 18 日正式颁布并于 2017 年 6 月 18 日正式实施食品农药残留限量国家标准《食品中农药最大残留限量》(GB 2763—2016)。该标准包括 417 个农药条目，涉及最大残留限量(MRL)标准 4140 项。将 365 频次检出农药的浓度水平与 4140 项 MRL 中国国家标准进行核对，其中只有 129 频次的结果找到了对应的 MRL，占 35.3%，还有 236 频次的结果则无相关 MRL 标准供参考，占 64.7%。

将此次侦测结果与国际上现行 MRL 对比发现，在 365 频次的检出结果中有 365 频次的结果找到了对应的 MRL 欧盟标准，占 100.0%；其中，212 频次的结果有明确对应的 MRL，占 58.1%，其余 153 频次按照欧盟一律标准判定，占 41.9%；有 365 频次的结果找到了对应的 MRL 日本标准，占 100.0%；其中，205 频次的结果有明确对应的 MRL，占 56.2%，其余 160 频次按照日本一律标准判定，占 43.8%；有 118 频次的结果找到了对应的 MRL 中国香港标准，占 32.3%；有 103 频次的结果找到了对应的 MRL 美国标准，占 28.2%；有 119 频次的结果找到了对应的 MRL CAC 标准，占 32.6%（见图 7-11 和图 7-12，数据见附表 3 至附表 8）。

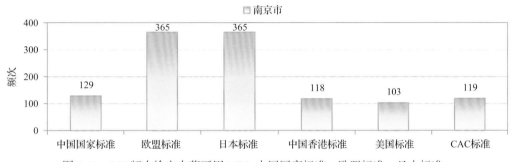

图 7-11　365 频次检出农药可用 MRL 中国国家标准、欧盟标准、日本标准、中国香港标准、美国标准、CAC 标准判定衡量的数量

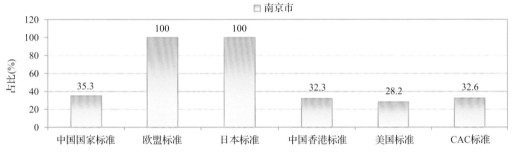

图 7-12　365 频次检出农药可用 MRL 中国国家标准、欧盟标准、日本标准、中国香港标准、美国标准、CAC 标准衡量的占比

7.2.1　超标农药样品分析

本次侦测的 110 例样品中，12 例样品未检出任何残留农药，占样品总量的 10.9%，98 例样品检出不同水平、不同种类的残留农药，占样品总量的 89.1%。在此，我们将本次侦测的农残检出情况与 MRL 中国国家标准、欧盟标准、日本标准、中国香港标准、美国标准和 CAC 标准这 6 大国际主流标准进行对比分析，样品农残检出与超标情况见表 7-12、图 7-13 和图 7-14，详细数据见附表 9 至附表 14。

表 7-12　各 MRL 标准下样本农残检出与超标数量及占比

	中国国家标准 数量/占比(%)	欧盟标准 数量/占比(%)	日本标准 数量/占比(%)	中国香港标准 数量/占比(%)	美国标准 数量/占比(%)	CAC 标准 数量/占比(%)
未检出	12/10.9	12/10.9	12/10.9	12/10.9	12/10.9	12/10.9
检出未超标	96/87.3	34/30.9	39/35.5	98/89.1	98/89.1	98/89.1
检出超标	2/1.8	64/58.2	59/53.6	0/0.0	0/0.0	0/0.0

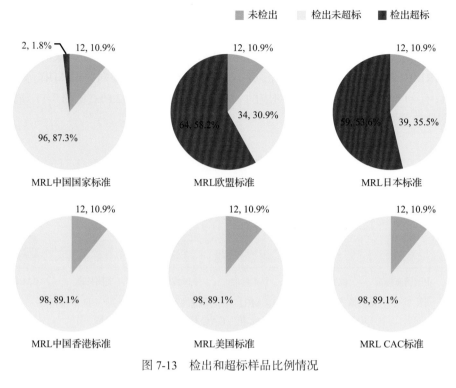

图 7-13 检出和超标样品比例情况

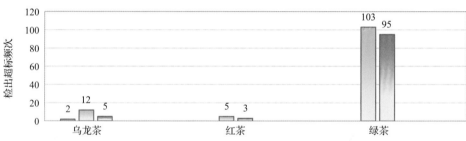

图 7-14 超过 MRL 中国国家标准、欧盟标准、日本标准、中国香港标准、
美国标准和 CAC 标准结果在茶叶中的分布

7.2.2 超标农药种类分析

按照 MRL 中国国家标准、欧盟标准、日本标准、中国香港标准、美国标准和 CAC 标准这 6 大国际主流标准衡量，本次侦测检出的农药超标品种及频次情况见表 7-13。

表 7-13 各 MRL 标准下超标农药品种及频次

	中国国家标准	欧盟标准	日本标准	中国香港标准	美国标准	CAC 标准
超标农药品种	1	22	18	0	0	0
超标农药频次	2	120	103	0	0	0

7.2.2.1　按 MRL 中国国家标准衡量

按 MRL 中国国家标准衡量，有 1 种农药超标，检出 2 频次，为高毒农药克百威。按超标程度比较，乌龙茶中克百威超标 1.5 倍。检测结果见图 7-15 和附表 15。

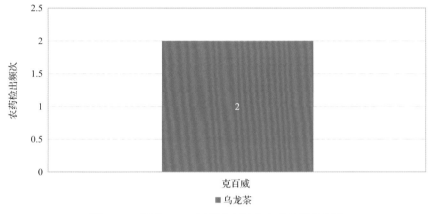

图 7-15　超过 MRL 中国国家标准农药品种及频次

7.2.2.2　按 MRL 欧盟标准衡量

按 MRL 欧盟标准衡量，共有 22 种农药超标，检出 120 频次，分别为高毒农药克百威和水胺硫磷，中毒农药氯氟氰菊酯、异丙威、双苯噁唑酸、三唑酮、唑虫酰胺和炔丙菊酯，低毒农药茚草酮、呋草黄、莠去通、噻嗪酮、扑灭通、新燕灵、威杀灵和西玛通，微毒农药牧草胺、烯虫炔酯、稗草丹、溴丁酰草胺、胺菊酯和解草腈。

按超标程度比较，绿茶中溴丁酰草胺超标 59.0 倍，绿茶中西玛通超标 7.7 倍，乌龙茶中呋草黄超标 6.1 倍，绿茶中胺菊酯超标 6.1 倍，乌龙茶中异丙威超标 5.9 倍。检测结果见图 7-16 和附表 16。

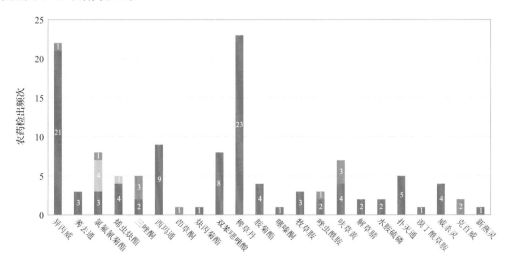

图 7-16　超过 MRL 欧盟标准农药品种及频次

7.2.2.3 按 MRL 日本标准衡量

按 MRL 日本标准衡量，共有 18 种农药超标，检出 103 频次，分别为剧毒农药涕灭威，高毒农药水胺硫磷，中毒农药异丙威、双苯噁唑酸和炔丙菊酯，低毒农药莕草酮、呋草黄、莠去通、扑灭通、新燕灵、威杀灵和西玛通，微毒农药牧草胺、烯虫炔酯、稗草丹、溴丁酰草胺、胺菊酯和解草腈。

按超标程度比较，绿茶中溴丁酰草胺超标 59.0 倍，绿茶中西玛通超标 7.7 倍，乌龙茶中呋草黄超标 6.1 倍，绿茶中胺菊酯超标 6.1 倍，乌龙茶中异丙威超标 5.9 倍。检测结果见图 7-17 和附表 17。

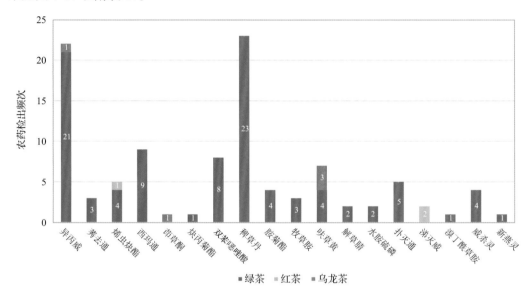

图 7-17 超过 MRL 日本标准农药品种及频次

7.2.2.4 按 MRL 中国香港标准衡量

按 MRL 中国香港标准衡量，无样品检出超标农药残留。

7.2.2.5 按 MRL 美国标准衡量

按 MRL 美国标准衡量，无样品检出超标农药残留。

7.2.2.6 按 MRL CAC 标准衡量

按 MRL CAC 标准衡量，无样品检出超标农药残留。

7.2.3 10 个采样点超标情况分析

7.2.3.1 按 MRL 中国国家标准衡量

按 MRL 中国国家标准衡量，有 2 个采样点的样品存在不同程度的超标农药检出，其中***超市(南京秦淮店)的超标率最高，为 10.0%，如表 7-14 和图 7-18 所示。

表7-14　超过 MRL 中国国家标准茶叶在不同采样点分布

序号	采样点	样品总数	超标数量	超标率(%)	行政区域
1	***超市(大行宫店)	17	1	5.9	玄武区
2	***超市(南京秦淮店)	10	1	10.0	秦淮区

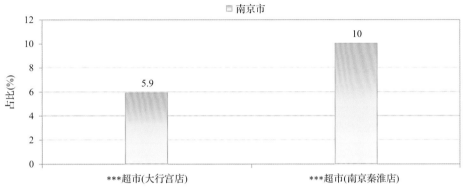

图 7-18　超过 MRL 中国国家标准茶叶在不同采样点分布

7.2.3.2　按 MRL 欧盟标准衡量

按 MRL 欧盟标准衡量，所有采样点的样品均存在不同程度的超标农药检出，其中***茶庄的超标率最高，为 100.0%，如图 7-19 和表 7-15 所示。

7.2.3.3　按 MRL 日本标准衡量

按 MRL 日本标准衡量，所有采样点的样品均存在不同程度的超标农药检出，其中***茶庄的超标率最高，为 100.0%，如表 7-16 和图 7-20 所示。

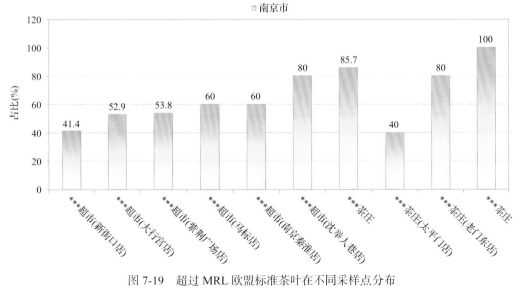

图 7-19　超过 MRL 欧盟标准茶叶在不同采样点分布

表 7-15　超过 MRL 欧盟标准茶叶在不同采样点分布

序号	采样点	样品总数	超标数量	超标率（%）	行政区域
1	***超市（新街口店）	29	12	41.4	秦淮区
2	***超市（大行宫店）	17	9	52.9	玄武区
3	***超市（紫荆广场店）	13	7	53.8	雨花台区
4	***超市（马标店）	10	6	60.0	玄武区
5	***超市（南京秦淮店）	10	6	60.0	秦淮区
6	***超市（沈举人巷店）	10	8	80.0	鼓楼区
7	***茶庄	7	6	85.7	秦淮区
8	***茶庄（太平门店）	5	2	40.0	玄武区
9	***茶庄（老门东店）	5	4	80.0	秦淮区
10	***茶庄	4	4	100.0	鼓楼区

表 7-16　超过 MRL 日本标准茶叶在不同采样点分布

序号	采样点	样品总数	超标数量	超标率（%）	行政区域
1	***超市（新街口店）	29	9	31.0	秦淮区
2	***超市（大行宫店）	17	8	47.1	玄武区
3	***超市（紫荆广场店）	13	8	61.5	雨花台区
4	***超市（马标店）	10	6	60.0	玄武区
5	***超市（南京秦淮店）	10	6	60.0	秦淮区
6	***超市（沈举人巷店）	10	7	70.0	鼓楼区
7	***茶庄	7	6	85.7	秦淮区
8	***茶庄（太平门店）	5	2	40.0	玄武区
9	***茶庄（老门东店）	5	3	60.0	秦淮区
10	***茶庄	4	4	100.0	鼓楼区

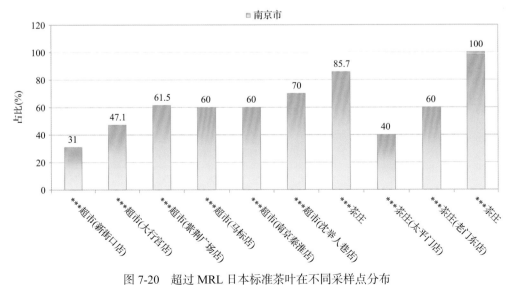

图 7-20　超过 MRL 日本标准茶叶在不同采样点分布

7.2.3.4　按 MRL 中国香港标准衡量

按 MRL 中国香港标准衡量,所有采样点的样品均未检出超标农药残留。

7.2.3.5　按 MRL 美国标准衡量

按 MRL 美国标准衡量,所有采样点的样品均未检出超标农药残留。

7.2.3.6　按 MRL CAC 标准衡量

按 MRL CAC 标准衡量,所有采样点的样品均未检出超标农药残留。

7.3　茶叶中农药残留分布

7.3.1　茶叶按检出农药品种和频次排名

本次残留侦测的茶叶共 3 种,包括红茶、乌龙茶和绿茶。

根据检出农药品种及频次进行排名,将各项排名茶叶样品检出情况列表说明,详见表 7-17。

表 7-17　茶叶按检出农药品种和频次排名

按检出农药品种排名(品种)	①绿茶(31)、②红茶(17)、③乌龙茶(16)
按检出农药频次排名(频次)	①绿茶(286)、②红茶(50)、③乌龙茶(29)
按检出禁用、高毒及剧毒农药品种排名(品种)	①红茶(4)、②绿茶(3)、③乌龙茶(2)
按检出禁用、高毒及剧毒农药频次排名(频次)	①绿茶(19)、②红茶(11)、③乌龙茶(4)

7.3.2　茶叶按超标农药品种和频次排名

鉴于 MRL 欧盟标准和日本标准制定比较全面且覆盖率较高,我们参照 MRL 中国国家标准、欧盟标准和日本标准衡量茶叶样品中农残检出情况,将茶叶按超标农药品种及频次排名列表说明,详见表 7-18。

表 7-18　茶叶按超标农药品种和频次排名

按超标农药品种排名(农药品种数)	中国国家标准	①乌龙茶(1)
	欧盟标准	①绿茶(20)、②乌龙茶(7)、③红茶(2)
	日本标准	①绿茶(16)、②乌龙茶(3)、③红茶(2)
按超标农药频次排名(农药频次数)	中国国家标准	①乌龙茶(2)
	欧盟标准	①绿茶(103)、②乌龙茶(12)、③红茶(5)
	日本标准	①绿茶(95)、②乌龙茶(5)、③红茶(3)

通过对各品种茶叶样本总数及检出率进行综合分析发现,绿茶、红茶和乌龙茶的残留污染最为严重,在此,我们参照 MRL 中国国家标准、欧盟标准和日本标准对这 3 种茶叶的农残检出情况进行进一步分析。

7.3.3 农药残留检出率较高的茶叶样品分析

7.3.3.1 绿茶

这次共检测 97 例绿茶样品，58 例样品中检出了农药残留，检出率为 59.8%，检出农药共计 19 种。其中唑虫酰胺、噻嗪酮、啶虫脒、哒螨灵和三唑磷检出频次较高，分别检出了 41、24、21、15 和 10 次。绿茶中农药检出品种和频次见图 7-21，超标农药见图 7-22 和表 7-19。

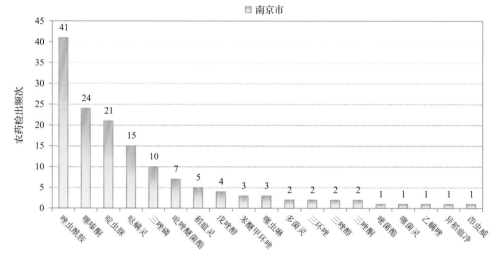

图 7-21 绿茶样品检出农药品种和频次分析

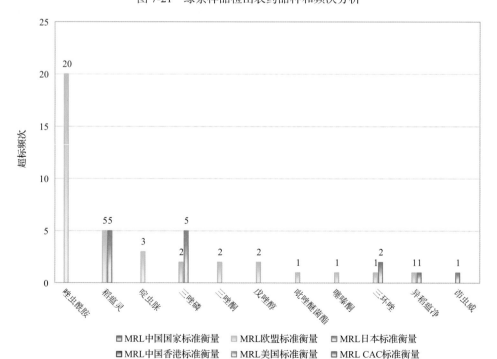

图 7-22 绿茶样品中超标农药分析

表 7-19　绿茶中农药残留超标情况明细表

样品总数		检出农药样品数	样品检出率(%)	检出农药品种总数
97		58	59.8	19
	超标农药品种	超标农药频次	按照 MRL 中国国家标准、欧盟标准和日本标准衡量超标农药名称及频次	
中国国家标准	0	0		
欧盟标准	10	38	唑虫酰胺(20)、稻瘟灵(5)、啶虫脒(3)、三唑磷(2)、三唑酮(2)、戊唑醇(2)、吡唑醚菌酯(1)、噻嗪酮(1)、三环唑(1)、异稻瘟净(1)	
日本标准	5	14	稻瘟灵(5)、三唑磷(5)、三环唑(2)、异稻瘟净(1)、茚虫威(1)	

7.3.3.2　红茶

这次共检测 28 例红茶样品，22 例样品中检出了农药残留，检出率为 78.6%，检出农药共计 18 种。其中啶虫脒、噻嗪酮、苯锈啶、苄氨基嘌呤和戊唑醇检出频次较高，分别检出了 3、3、2、2 和 2 次。红茶中农药检出品种和频次见图 7-23，超标农药见图 7-24 和表 7-20。

7.3.3.3　乌龙茶

这次共检测 39 例乌龙茶样品，30 例样品中检出了农药残留，检出率为 76.9%，检出农药共计 16 种。其中啶虫脒、苯醚甲环唑、噻嗪酮、唑虫酰胺和吡咪唑检出频次较高，分别检出了 10、3、3、3 和 2 次。乌龙茶中农药检出品种和频次见图 7-25，超标农药见图 7-26 和表 7-21。

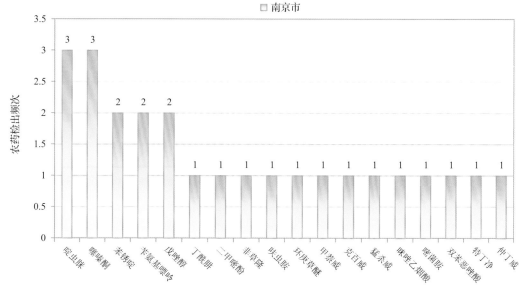

图 7-23　红茶样品检出农药品种和频次分析

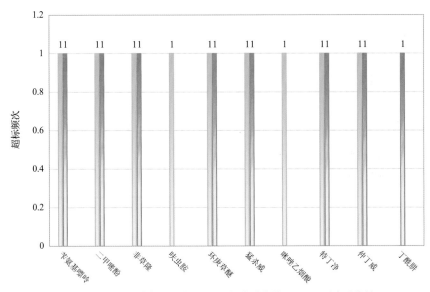

图 7-24 红茶样品中超标农药分析

表 7-20 红茶中农药残留超标情况明细表

样品总数	检出农药样品数	样品检出率(%)	检出农药品种总数
28	22	78.6	18

	超标农药品种	超标农药频次	按照 MRL 中国国家标准、欧盟标准和日本标准衡量超标农药名称及频次
中国国家标准	0	0	
欧盟标准	9	9	苄氨基嘌呤(1)、二甲嘧酚(1)、非草隆(1)、呋虫胺(1)、环庚草醚(1)、猛杀威(1)、咪唑乙烟酸(1)、特丁净(1)、仲丁威(1)
日本标准	8	8	苄氨基嘌呤(1)、丁酰肼(1)、二甲嘧酚(1)、非草隆(1)、环庚草醚(1)、猛杀威(1)、特丁净(1)、仲丁威(1)

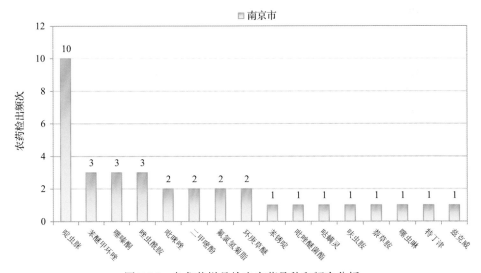

图 7-25 乌龙茶样品检出农药品种和频次分析

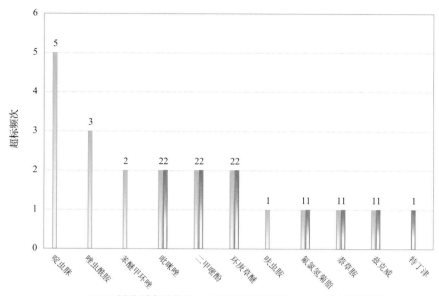

图 7-26　乌龙茶样品中超标农药分析

表 7-21　乌龙茶中农药残留超标情况明细表

样品总数		检出农药样品数	样品检出率(%)	检出农药品种总数
39		30	76.9	16
	超标农药品种	超标农药频次	按照 MRL 中国国家标准、欧盟标准和日本标准衡量超标农药名称及频次	
中国国家标准	0	0		
欧盟标准	10	20	啶虫脒(5)、唑虫酰胺(3)、苯醚甲环唑(2)、吡咪唑(2)、二甲嘧酚(2)、环庚草醚(2)、呋虫胺(1)、去异丙基莠去津(1)、萘草胺(1)、兹克威(1)	
日本标准	7	10	吡咪唑(2)、二甲嘧酚(2)、环庚草醚(2)、去异丙基莠去津(1)、萘草胺(1)、特丁津(1)、兹克威(1)	

7.4　初 步 结 论

7.4.1　南京市市售茶叶按 MRL 中国国家标准和国际主要 MRL 标准衡量的合格率

本次侦测的 110 例样品中，12 例样品未检出任何残留农药，占样品总量的 10.9%，98 例样品检出不同水平、不同种类的残留农药，占样品总量的 89.1%。在这 98 例检出农药残留的样品中：

按照 MRL 中国国家标准衡量，有 96 例样品检出残留农药但含量没有超标，占样品总数的 87.3%，有 2 例样品检出了超标农药，占样品总数的 1.8%；

按照 MRL 欧盟标准衡量，有 34 例样品检出残留农药但含量没有超标，占样品总数的 30.9%，有 64 例样品检出了超标农药，占样品总数的 58.2%；

　　按照 MRL 日本标准衡量，有 39 例样品检出残留农药但含量没有超标，占样品总数的 35.5%，有 59 例样品检出了超标农药，占样品总数的 53.6%；

　　按照 MRL 中国香港标准衡量，有 98 例样品检出残留农药但含量没有超标，占样品总数的 89.1%，无检出残留农药超标的样品；

　　按照 MRL 美国标准衡量，有 98 例样品检出残留农药但含量没有超标，占样品总数的 89.1%，无检出残留农药超标的样品；

　　按照 MRL CAC 标准衡量，有 98 例样品检出残留农药但含量没有超标，占样品总数的 89.1%，无检出残留农药超标的样品。

7.4.2　南京市市售茶叶中检出农药以中低微毒农药为主，占市场主体的 92.7%

　　这次侦测的 110 例茶叶样品共检出了 41 种农药，检出农药的毒性以中低微毒为主，详见表 7-22。

表 7-22　市场主体农药毒性分布

毒性	检出品种	占比	检出频次	占比
剧毒农药	1	2.4%	4	1.1%
高毒农药	2	4.9%	6	1.6%
中毒农药	18	43.9%	234	64.1%
低毒农药	12	29.3%	75	20.5%
微毒农药	8	19.5%	46	12.6%
中低微毒农药，品种占比 92.7%，频次占比 97.3%				

7.4.3　检出剧毒、高毒和禁用农药现象应该警醒

　　在此次侦测的 110 例样品中有 3 种茶叶的 32 例样品检出了 5 种 34 频次的剧毒和高毒或禁用农药，占样品总量的 29.1%。其中剧毒农药涕灭威以及高毒农药克百威和水胺硫磷检出频次较高。

　　按 MRL 中国国家标准衡量，高毒农药克百威，检出 4 次，超标 2 次；按超标程度比较，乌龙茶中克百威超标 1.5 倍。

　　剧毒、高毒或禁用农药的检出情况及按照 MRL 中国国家标准衡量的超标情况见表 7-23。

表 7-23　剧毒、高毒或禁用农药的检出及超标明细

序号	农药名称	样品名称	检出频次	超标频次	最大超标倍数	超标率
1.1	涕灭威*▲	红茶	4	0	0	0.0%
2.1	克百威◦▲	乌龙茶	3	2	1.5	66.7%
2.2	克百威◦▲	红茶	1	0	0	0.0%
3.1	水胺硫磷◦▲	绿茶	2	0	0	0.0%

续表

序号	农药名称	样品名称	检出频次	超标频次	最大超标倍数	超标率
4.1	毒死蜱▲	绿茶	16	0	0	0.0%
4.2	毒死蜱▲	红茶	5	0	0	0.0%
4.3	毒死蜱▲	乌龙茶	1	0	0	0.0%
5.1	硫丹▲	红茶	1	0	0	0.0%
5.2	硫丹▲	绿茶	1	0	0	0.0%
合计			34	2		5.9%

注：表中*为剧毒农药；◊为高毒农药；▲为禁用农药；超标倍数参照 MRL 中国国家标准衡量

这些剧毒和高毒农药都是中国政府早有规定禁止在茶叶中使用的，为什么还屡次被检出，应该引起警惕。

7.4.4　残留限量标准与先进国家或地区差距较大

365 频次的检出结果与我国公布的《食品中农药最大残留限量》（GB 2763—2016）对比，有 129 频次能找到对应的 MRL 中国国家标准，占 35.3%；还有 236 频次的侦测数据无相关 MRL 标准供参考，占 64.7%。

与国际上现行 MRL 对比发现：

有 365 频次能找到对应的 MRL 欧盟标准，占 100.0%；

有 365 频次能找到对应的 MRL 日本标准，占 100.0%；

有 118 频次能找到对应的 MRL 中国香港标准，占 32.3%；

有 103 频次能找到对应的 MRL 美国标准，占 28.2%；

有 119 频次能找到对应的 MRL CAC 标准，占 32.6%。

由上可见，MRL 中国国家标准与先进国家或地区标准还有很大差距，我们无标准，境外有标准，这就会导致我们在国际贸易中，处于受制于人的被动地位。

7.4.5　茶叶单种样品检出 16~31 种农药残留，拷问农药使用的科学性

通过此次监测发现，绿茶、红茶和乌龙茶是检出农药品种最多的 3 种茶叶，从中检出农药品种及频次详见表 7-24。

表 7-24　单种样品检出农药品种及频次

样品名称	样品总数	检出农药样品数	检出率	检出农药品种数	检出农药(频次)
绿茶	80	71	88.8%	31	联苯菊酯(48)、双苯噁唑酸(35)、稗草丹(23)、异丙威(23)、三唑酮(20)、毒死蜱(16)、西玛通(13)、苄呋菊酯(12)、噻嗪酮(12)、喹螨醚(11)、二苯胺(8)、甲氰菊酯(7)、解草腈(6)、氯氟氰菊酯(6)、扑灭通(5)、威杀灵(5)、胺菊酯(4)、呋草黄(4)、牧草胺(4)、烯虫炔酯(4)、甲萘威(3)、新燕灵(3)、莠去通(3)、炔丙菊酯(2)、水胺硫磷(2)、唑虫酰胺(2)、毒草胺(1)、噁霜灵(1)、硫丹(1)、嘧霉胺(1)、溴丁酰草胺(1)

样品名称	样品总数	检出农药样品数	检出率	检出农药品种数	检出农药(频次)
红茶	20	17	85.0%	17	联苯菊酯(15), 虫螨腈(5), 毒死蜱(5), 甲氰菊酯(4), 氯氟氰菊酯(4), 涕灭威(4), 三唑酮(2), 异丙威(2), 呋草黄(1), 克百威(1), 硫丹(1), 氯氰菊酯(1), 噻嗪酮(1), 三唑醇(1), 烯虫炔酯(1), 异丙草胺(1), 仲丁威(1)
乌龙茶	10	10	100.0%	16	三唑酮(6), 联苯菊酯(5), 呋草黄(3), 克百威(3), 吡螨灵(1), 毒死蜱(1), 二苯胺(1), 氟丁酰草胺(1), 甲氰菊酯(1), 氯氟氰菊酯(1), 烯虫炔酯(1), 异丙草胺(1), 异丙威(1), 茚草酮(1), 仲丁威(1), 唑虫酰胺(1)

　　上述 3 种茶叶，检出农药 16～31 种，是多种农药综合防治，还是未严格实施农业良好管理规范(GAP)，抑或根本就是乱施药，值得我们思考。

第8章　GC-Q-TOF/MS 侦测南京市市售茶叶农药残留膳食暴露风险与预警风险评估

8.1　GC-Q-TOF/MS 侦测农药残留风险评估方法

8.1.1　南京市农药残留侦测数据分析与统计

庞国芳院士科研团队建立的农药残留高通量侦测技术以高分辨精确质量数(0.0001 *m/z* 为基准)为识别标准，采用 GC-Q-TOF/M 技术对 684 种农药化学污染物进行侦测。

科研团队于 2019 年 1 月期间在南京市 10 个采样点，包括 4 个茶叶专营店 6 个超市，以随机购买方式采集，总计 10 批 110 例样品，具体位置如图 8-1 所示。

序号	行政区域	茶叶采样量
1	秦淮区	51
2	雨花台区	13
3	鼓楼区	14
4	玄武区	32

图 8-1　GC-Q-TOF/MS 侦测南京市 10 个采样点 110 例样品分布示意图

利用 GC-Q-TOF/MS 技术对 110 例样品中的农药进行侦测，侦测出残留农药 41 种，365 频次。侦测出农药残留水平如表 8-1 和图 8-2 所示。检出频次最高的前 10 种农药如

表 8-1　侦测出农药的不同残留水平及其所占比例列表

残留水平(μg/kg)	检出频次	占比(%)
1~5(含)	88	24.1
5~10(含)	64	17.5
10~100(含)	209	57.3
100~1000	4	1.1
合计	365	100

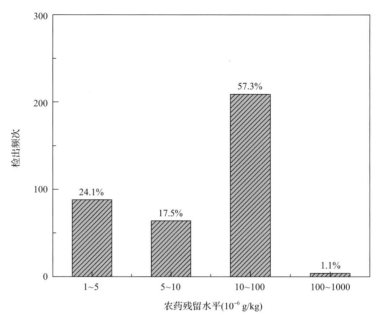

图 8-2　残留农药检出浓度频数分布图

表 8-2 所示。从检测结果中可以看出，在茶叶中农药残留普遍存在，且有些茶叶存在高浓度的农药残留，这些可能存在膳食暴露风险，对人体健康产生危害，因此，为了定量地评价茶叶中农药残留的风险程度，有必要对其进行风险评价。

表 8-2　检出频次最高的前 10 种农药列表

序号	农药	检出频次
1	联苯菊酯	68
2	双苯噁唑酸	35
3	三唑酮	28
4	异丙威	26
5	稗草丹	23
6	毒死蜱	22
7	噻嗪酮	13
8	西玛通	13
9	苄呋菊酯	12
10	甲氰菊酯	12

8.1.2　农药残留风险评价模型

对南京市茶叶中农药残留分别开展暴露风险评估和预警风险评估。膳食暴露风险评估利用食品安全指数模型对茶叶中的残留农药对人体可能产生的危害程度进行评价，该模型结合残留监测和膳食暴露评估评价化学污染物的危害；预警风险评价模型运用风险系数(risk index，R)，风险系数综合考虑了危害物的超标率、施检频率及其本身敏感性的影响，能直观而全面地反映出危害物在一段时间内的风险程度。

8.1.2.1　食品安全指数模型

为了加强食品安全管理,《中华人民共和国食品安全法》第二章第十七条规定"国家建立食品安全风险评估制度, 运用科学方法, 根据食品安全风险监测信息、科学数据以及有关信息, 对食品、食品添加剂、食品相关产品中生物性、化学性和物理性危害因素进行风险评估"[1], 膳食暴露评估是食品危险度评估的重要组成部分, 也是膳食安全性的衡量标准[2]。国际上最早研究膳食暴露风险评估的机构主要是 JMPR（FAO、WHO 农药残留联合会议）, 该组织自 1995 年就已制定了急性毒性物质的风险评估急性毒性农药残留摄入量的预测。1960 年美国规定食品中不得加入致癌物质进而提出零阈值理论, 渐渐零阈值理论发展成在一定概率条件下可接受风险的概念[3], 后衍变为食品中每日允许最大摄入量（ADI）, 而国际食品农药残留法典委员会（CCPR）认为 ADI 不是独立风险评估的唯一标准[4], 1995 年 JMPR 开始研究农药急性膳食暴露风险评估, 并对食品国际短期摄入量的计算方法进行了修正, 亦对膳食暴露评估准则及评估方法进行了修正[5], 2002 年, 在对世界上现行的食品安全评价方法, 尤其是国际公认的 CAC 评价方法、全球环境监测系统/食品污染监测和评估规划（WHO GEMS/Food）及 FAO、WHO 食品添加剂联合专家委员会（JECFA）和 JMPR 对食品安全风险评估工作研究的基础之上, 检验检疫食品安全管理的研究人员提出了结合残留监控和膳食暴露评估, 以食品安全指数 IFS 计算食品中各种化学污染物对消费者的健康危害程度[6]。IFS 是表示食品安全状态的新方法, 可有效地评价某种农药的安全性, 进而评价食品中各种农药化学污染物对消费者健康的整体危害程度[7,8]。从理论上分析, IFS_c 可指出食品中的污染物 c 对消费者健康是否存在危害及危害的程度[9]。其优点在于操作简单且结果容易被接受和理解, 不需要大量的数据来对结果进行验证, 使用默认的标准假设或者模型即可[10,11]。

1) IFS_c 的计算

IFS_c 计算公式如下:

$$\text{IFS}_c = \frac{\text{EDI}_c \times f}{\text{SI}_c \times \text{bw}} \tag{8-1}$$

式中, c 为所研究的农药; EDI_c 为农药 c 的实际日摄入量估算值, 等于 $\sum (R_i \times F_i \times E_i \times P_i)$ (i 为食品种类; R_i 为食品 i 中农药 c 的残留水平, mg/kg; F_i 为食品 i 的估计日消费量, g/(人·天); E_i 为食品 i 的可食用部分因子; P_i 为食品 i 的加工处理因子); SI_c 为安全摄入量, 可采用每日允许最大摄入量 ADI; bw 为人平均体重, kg; f 为校正因子, 如果安全摄入量采用 ADI, 则 f 取 1。

$\text{IFS}_c \ll 1$, 农药 c 对食品安全没有影响; $\text{IFS}_c \leqslant 1$, 农药 c 对食品安全的影响可以接受; $\text{IFS}_c > 1$, 农药 c 对食品安全的影响不可接受。

本次评价中:

$\text{IFS}_c \leqslant 0.1$, 农药 c 对茶叶安全没有影响;

$0.1 < \text{IFS}_c \leqslant 1$, 农药 c 对茶叶安全的影响可以接受;

$\text{IFS}_c > 1$, 农药 c 对茶叶安全的影响不可接受。

本次评价中残留水平 R_i 取值为中国检验检疫科学研究院庞国芳院士课题组利用以高分辨精确质量数(0.0001 m/z)为基准的 GC-Q-TOF/MS 侦测技术于 2019 年 1 月期间对南京市茶叶农药残留的侦测结果,估计日消费量 F_i 取值 0.0047 kg/(人·天),E_i=1,P_i=1,f=1,SI_c 采用《食品安全国家标准　食品中农药最大残留限量》(GB 2763—2016)中 ADI值(具体数值见表 8-3),人平均体重(bw)取值 60 kg。

表 8-3　南京市茶叶中侦测出农药的 ADI 值

序号	农药	ADI	序号	农药	ADI	序号	农药	ADI
1	异丙威	0.002	15	虫螨腈	0.03	29	新燕灵	—
2	克百威	0.001	16	二苯胺	0.08	30	氟丁酰草胺	—
3	联苯菊酯	0.01	17	异丙草胺	0.013	31	溴丁酰草胺	—
4	毒死蜱	0.01	18	氯氰菊酯	0.02	32	炔丙菊酯	—
5	喹螨醚	0.005	19	噁霜灵	0.01	33	烯虫炔酯	—
6	噻嗪酮	0.009	20	三唑醇	0.03	34	牧草胺	—
7	三唑酮	0.03	21	仲丁威	0.06	35	稗草丹	—
8	水胺硫磷	0.003	22	嘧霉胺	0.2	36	胺菊酯	—
9	涕灭威	0.003	23	毒草胺	0.54	37	苄呋菊酯	—
10	唑虫酰胺	0.006	24	双苯噁唑酸	—	38	茚草酮	—
11	硫丹	0.006	25	吡喃灵	—	39	莠去通	—
12	氯氟氰菊酯	0.02	26	呋草黄	—	40	西玛通	—
13	甲氰菊酯	0.03	27	威杀灵	—	41	解草腈	—
14	甲萘威	0.008	28	扑灭通	—			

注:"—"表示为国家标准中无 ADI 值规定;ADI 值单位为 mg/kg bw

2)计算 IFS_c 的平均值 $\overline{IFS}$,评价农药对食品安全的影响程度

以 $\overline{IFS}$ 评价各种农药对人体健康危害的总程度,评价模型见公式(8-2)。

$$\overline{IFS} = \frac{\sum_{i=1}^{n} IFS_c}{n} \tag{8-2}$$

$\overline{IFS} \ll 1$,所研究消费者人群的食品安全状态很好;$\overline{IFS} \leq 1$,所研究消费者人群的食品安全状态可以接受;$\overline{IFS} > 1$,所研究消费者人群的食品安全状态不可接受。

本次评价中:

$\overline{IFS} \leq 0.1$,所研究消费者人群的茶叶安全状态很好;

$0.1 < \overline{IFS} \leq 1$,所研究消费者人群的茶叶安全状态可以接受;

$\overline{IFS} > 1$,所研究消费者人群的茶叶安全状态不可接受。

8.1.2.2　预警风险评估模型

2003 年,我国检验检疫食品安全管理的研究人员根据 WTO 的有关原则和我国的具

体规定，结合危害物本身的敏感性、风险程度及其相应的施检频率，首次提出了食品中危害物风险系数 R 的概念[12]。R 是衡量一个危害物的风险程度大小最直观的参数，即在一定时期内其超标率或阳性检出率的高低，但受其施检频率的高低及其本身的敏感性(受关注程度)影响。该模型综合考察了农药在茶叶中的超标率、施检频率及其本身敏感性，能直观而全面地反映出农药在一段时间内的风险程度[13]。

1) R 计算方法

危害物的风险系数综合考虑了危害物的超标率或阳性检出率、施检频率和其本身的敏感性影响，并能直观而全面地反映出危害物在一段时间内的风险程度。风险系数 R 的计算公式如式(8-3)：

$$R = aP + \frac{b}{F} + S \tag{8-3}$$

式中，P 为该种危害物的超标率；F 为危害物的施检频率；S 为危害物的敏感因子；a, b 分别为相应的权重系数。

本次评价中 $F=1$；$S=1$；$a=100$；$b=0.1$，对参数 P 进行计算，计算时首先判断是否为禁用农药，如果为非禁用农药，$P=$超标的样品数(侦测出的含量高于食品最大残留限量标准值，即 MRL)除以总样品数(包括超标、不超标、未侦测出)；如果为禁用农药，则侦测出即为超标，$P=$能侦测出的样品数除以总样品数。判断南京市茶叶农药残留是否超标的标准限值 MRL 分别以 MRL 中国国家标准[14]和 MRL 欧盟标准作为对照，具体值列于本报告附表一中。

2) 评价风险程度

$R \leqslant 1.5$，受检农药处于低度风险；

$1.5 < R \leqslant 2.5$，受检农药处于中度风险；

$R > 2.5$，受检农药处于高度风险。

8.1.2.3　食品膳食暴露风险和预警风险评估应用程序的开发

1) 应用程序开发的步骤

为成功开发膳食暴露风险和预警风险评估应用程序，与软件工程师多次沟通讨论，逐步提出并描述清楚计算需求，开发了初步应用程序。为明确出不同茶叶、不同农药、不同地域和不同季节的风险水平，向软件工程师提出不同的计算需求，软件工程师对计算需求进行逐一地分析，经过反复的细节沟通，需求分析得到明确后，开始进行解决方案的设计，在保证需求的完整性、一致性的前提下，编写出程序代码，最后设计出满足需求的风险评估专用计算软件，并通过一系列的软件测试和改进，完成专用程序的开发。软件开发基本步骤见图 8-3。

图 8-3　专用程序开发总体步骤

2)膳食暴露风险评估专业程序开发的基本要求

首先直接利用公式(8-1),分别计算 LC-Q-TOF/MS 和 GC-Q-TOF/MS 仪器侦测出的各茶叶样品中每种农药 IFS$_c$,将结果列出。为考察超标农药和禁用农药的使用安全性,分别以我国《食品安全国家标准　食品中农药最大残留限量》(GB 2763—2016)和欧盟食品中农药最大残留限量(以下简称 MRL 中国国家标准和 MRL 欧盟标准)为标准,对侦测出的禁用农药和超标的非禁用农药 IFS$_c$ 单独进行评价;按 IFS$_c$ 大小列表,并找出 IFS$_c$ 值排名前 20 的样本重点关注。

对不同茶叶 i 中每一种侦测出的农药 c 的安全指数进行计算,多个样品时求平均值。按农药种类,计算整个监测时间段内每种农药的 IFS$_c$,不区分茶叶种类。

3)预警风险评估专业程序开发的基本要求

分别以 MRL 中国国家标准和 MRL 欧盟标准,按公式(8-3)逐个计算不同茶叶、不同农药的风险系数,禁用农药和非禁用农药分别列表。

为清楚了解各种农药的预警风险,不分时间,不分茶叶,按禁用农药和非禁用农药分类,分别计算各种侦测出农药全部检测时段内风险系数。由于有 MRL 中国国家标准的农药种类太少,无法计算超标数,非禁用农药的风险系数只以 MRL 欧盟标准为标准,进行计算。

4)风险程度评价专业应用程序的开发方法

采用 Python 计算机程序设计语言,Python 是一个高层次地结合了解释性、编译性、互动性和面向对象的脚本语言。风险评价专用程序主要功能包括:分别读入每例样品 LC-Q-TOF/MS 和 GC-Q-TOF/MS 农药残留检测数据,根据风险评价工作要求,依次对不同农药、不同食品、不同时间、不同采样点的 IFS$_c$ 值和 R 值分别进行数据计算,筛选出禁用农药、超标农药(分别与 MRL 中国国家标准、MRL 欧盟标准限值进行对比)单独重点分析,再分别对各农药、各茶叶种类分类处理,设计出计算和排序程序,编写计算机代码,最后将生成的膳食暴露风险评估和超标风险评估定量计算结果列入设计好的各个表格中,并定性判断风险对目标的影响程度,直接用文字描述风险发生的高低,如"不可接受"、"可以接受"、"没有影响"、"高度风险"、"中度风险"、"低度风险"。

8.2　GC-Q-TOF/MS 侦测南京市市售茶叶农药残留膳食暴露风险评估

8.2.1　每例茶叶样品中农药残留安全指数分析

基于 2019 年 1 月的农药残留侦测数据,发现在 110 例样品中侦测出农药 365 频次,计算样品中每种残留农药的安全指数 IFS$_c$,并分析农药对样品安全的影响程度,结果详见附表二,农药残留对茶叶样品安全的影响程度频次分布情况如图 8-4 所示。

由图 8-4 可以看出,农药残留对样品安全的没有影响的频次为 232,占 63.56%。

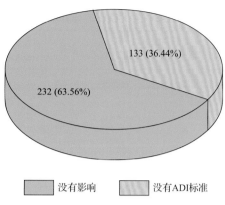

图 8-4　农药残留对茶叶样品安全的影响程度频次分布图

部分样品侦测出禁用农药 5 种 34 频次，为了明确残留的禁用农药对样品安全的影响，分析侦测出禁用农药残留的样品安全指数，禁用农药残留对茶叶样品安全的影响程度频次分布情况如图 8-5 所示，农药残留对样品安全没有影响的频次为 34，占 100%。

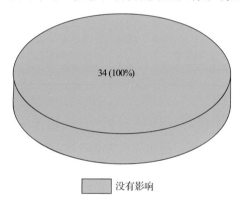

图 8-5　禁用农药对茶叶样品安全影响程度的频次分布图

残留量超过 MRL 欧盟标准的非禁用农药对茶叶样品安全的影响程度频次分布情况如图 8-6 所示。可以看出超过 MRL 欧盟标准的非禁用农药共 116 频次，其中农药没有 ADI 的频次为 77，占 66.38%；农药残留对样品安全没有影响的频次为 39，占 33.62%。表 8-4 为茶叶样品中安全指数排名前 10 的残留超标非禁用农药列表。

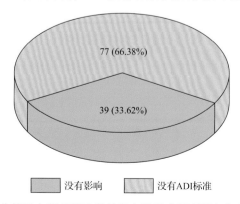

图 8-6　残留超标的非禁用农药对茶叶样品安全的影响程度频次分布图(MRL 欧盟标准)

表 8-4　茶叶样品中安全指数排名前 10 的残留超标非禁用农药列表(MRL 欧盟标准)

序号	样品编号	采样点	基质	农药	含量(mg/kg)	欧盟标准	IFS$_c$	影响程度
1	20190111-320100-AHCIQ-OT-05A	***超市(沈举人巷店)	乌龙茶	异丙威	0.0687	0.01	$2.69×10^{-3}$	没有影响
2	20190111-320100-AHCIQ-GT-06H	***超市(大行宫店)	绿茶	异丙威	0.0377	0.01	$1.48×10^{-3}$	没有影响
3	20190111-320100-AHCIQ-GT-10A	***茶庄	绿茶	异丙威	0.0327	0.01	$1.28×10^{-3}$	没有影响
4	20190111-320100-AHCIQ-GT-09H	***超市(新街口店)	绿茶	异丙威	0.0315	0.01	$1.23×10^{-3}$	没有影响
5	20190111-320100-AHCIQ-GT-02G	***超市(紫荆广场店)	绿茶	异丙威	0.0309	0.01	$1.21×10^{-3}$	没有影响
6	20190111-320100-AHCIQ-GT-09C	***超市(新街口店)	绿茶	异丙威	0.0282	0.01	$1.10×10^{-3}$	没有影响
7	20190111-320100-AHCIQ-GT-08A	***超市(马标店)	绿茶	异丙威	0.026	0.01	$1.02×10^{-3}$	没有影响
8	20190111-320100-AHCIQ-GT-06A	***超市(大行宫店)	绿茶	异丙威	0.0257	0.01	$1.01×10^{-3}$	没有影响
9	20190111-320100-AHCIQ-GT-03A	***茶庄(老门东店)	绿茶	异丙威	0.025	0.01	$9.79×10^{-4}$	没有影响
10	20190111-320100-AHCIQ-GT-06F	***超市(大行宫店)	绿茶	异丙威	0.0236	0.01	$9.24×10^{-4}$	没有影响

8.2.2　单种茶叶中农药残留安全指数分析

本次 3 种茶叶侦测 41 种农药,检出频次为 365 次,其中 18 种农药没有 ADI,23 种农药存在 ADI 标准。3 种茶叶按不同种类分别计算侦测出的具有 ADI 标准的各种农药的 IFS$_c$ 值,农药残留对茶叶的安全指数分布图如图 8-7 所示。

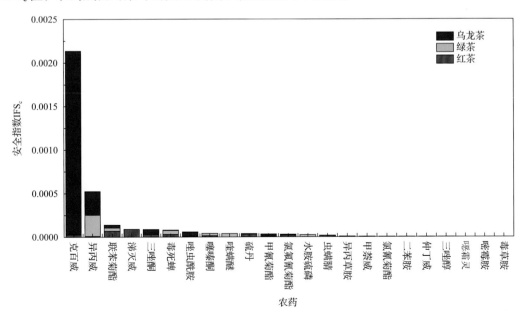

图 8-7　3 种茶叶中 23 种残留农药的安全指数分布图

本次侦测中, 3 种茶叶和 41 种残留农药(包括没有 ADI)共涉及 64 个分析样本, 农药对单种茶叶安全的影响程度分布情况如图 8-8 所示。可以看出, 65.63%的样本中农药对茶叶安全没有影响。

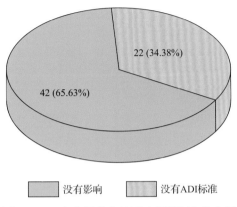

图 8-8　64 个分析样本的影响程度频次分布图

8.2.3　所有茶叶中农药残留安全指数分析

计算所有茶叶中 23 种农药的 IFS_c 值, 结果如图 8-9 及表 8-5 所示。

分析发现, 所有农药对茶叶安全的影响程度均为没有影响, 说明茶叶中残留的农药不会对茶叶安全造成影响。

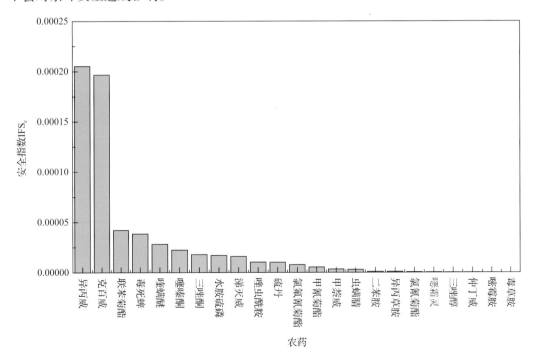

图 8-9　23 种残留农药对茶叶的安全影响程度统计图

表 8-5　茶叶中 23 种农药残留的安全指数表

序号	农药	检出频次	检出率(%)	IFS_c	影响程度	序号	农药	检出频次	检出率(%)	IFS_c	影响程度
1	异丙威	26	23.64	2.05×10^{-4}	没有影响	13	甲氰菊酯	12	10.91	5.34×10^{-6}	没有影响
2	克百威	4	3.64	1.97×10^{-4}	没有影响	14	甲萘威	3	2.73	3.36×10^{-6}	没有影响
3	联苯菊酯	68	61.82	4.22×10^{-5}	没有影响	15	虫螨腈	5	4.55	2.94×10^{-6}	没有影响
4	毒死蜱	22	20.00	3.86×10^{-5}	没有影响	16	二苯胺	9	8.18	8.68×10^{-7}	没有影响
5	喹螨醚	11	10.00	2.82×10^{-5}	没有影响	17	异丙草胺	2	1.82	8.16×10^{-7}	没有影响
6	噻嗪酮	13	11.82	2.25×10^{-5}	没有影响	18	氯氰菊酯	1	0.91	4.49×10^{-7}	没有影响
7	三唑酮	28	25.45	1.79×10^{-5}	没有影响	19	噁霜灵	1	0.91	3.35×10^{-7}	没有影响
8	水胺硫磷	2	1.82	1.70×10^{-5}	没有影响	20	三唑醇	1	0.91	1.16×10^{-7}	没有影响
9	涕灭威	4	3.64	1.61×10^{-5}	没有影响	21	仲丁威	2	1.82	7.95×10^{-8}	没有影响
10	唑虫酰胺	3	2.73	1.04×10^{-5}	没有影响	22	嘧霉胺	1	0.91	2.42×10^{-8}	没有影响
11	硫丹	2	1.82	1.02×10^{-5}	没有影响	23	毒草胺	1	0.91	1.27×10^{-8}	没有影响
12	氯氟氰菊酯	11	10.00	7.80×10^{-6}	没有影响						

8.3　GC-Q-TOF/MS 侦测南京市市售茶叶农药残留预警风险评估

　　基于南京市茶叶样品中农药残留 GC-Q-TOF/MS 侦测数据,分析禁用农药的检出率,同时参照中华人民共和国国家标准 GB 2763—2016 和欧盟农药最大残留限量(MRL)标准分析非禁用农药残留的超标率,并计算农药残留风险系数。分析单种茶叶中农药残留以及所有茶叶中农药残留的风险程度。

8.3.1　单种茶叶中农药残留风险系数分析

8.3.1.1　单种茶叶中禁用农药残留风险系数分析

　　侦测出的 41 种残留农药中有 5 种为禁用农药,且它们分布在 3 种茶叶中,计算 3 种茶叶中禁用农药的检出率,根据检出率计算风险系数 R,进而分析茶叶中禁用农药的风险程度,结果如图 8-10 与表 8-6 所示。分析发现除硫丹在绿茶中的残留处于中度风险外,5 种禁用农药在 3 种茶叶中的残留处均于高度风险。

8.3.1.2　基于 MRL 中国国家标准的单种茶叶中非禁用农药残留风险系数分析

　　参照中华人民共和国国家标准 GB 2763—2016 中农药残留限量计算每种茶叶中每种非禁用农药的超标率,进而计算其风险系数,根据风险系数大小判断残留农药的预警风险程度,茶叶中非禁用农药残留风险程度分布情况如图 8-11 所示。

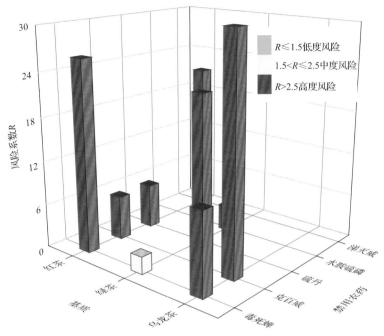

图 8-10　3 种茶叶中 5 种禁用农药残留的风险系数

表 8-6　3 种茶叶中 5 种禁用农药残留的风险系数表

序号	基质	农药	检出频次	检出率(%)	风险系数 R	风险程度
1	乌龙茶	克百威	3	30.00	31.10	高度风险
2	红茶	毒死蜱	5	25.00	26.10	高度风险
3	红茶	涕灭威	4	20.00	21.10	高度风险
4	绿茶	硫丹	16	20.00	21.10	高度风险
5	乌龙茶	毒死蜱	1	10.00	11.10	高度风险
6	红茶	克百威	1	5.00	6.10	高度风险
7	红茶	硫丹	1	5.00	6.10	高度风险
8	绿茶	水胺硫磷	2	2.50	3.60	高度风险
9	绿茶	毒死蜱	1	1.25	2.35	中度风险

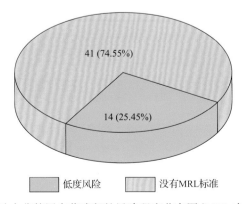

图 8-11　茶叶中非禁用农药残留的风险程度分布图(MRL 中国国家标准)

本次分析中，发现在 3 种茶叶检出 36 种残留非禁用农药，涉及样本 55 个，在 55 个样本中，25.45%处于低度风险，此外发现有 41 个样本没有 MRL 中国国家标准值，无法判断其风险程度，有 MRL 中国国家标准值的 14 个样本涉及 3 种茶叶中的 7 种非禁用农药，其风险系数 R 值如图 8-12 所示。

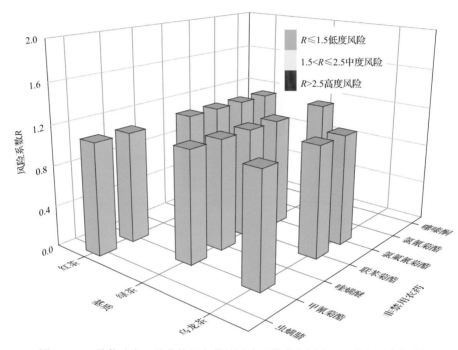

图 8-12　3 种茶叶中 7 种非禁用农药的风险系数分布图(MRL 中国国家标准)

8.3.1.3　基于 MRL 欧盟标准的单种茶叶中非禁用农药残留风险系数分析

参照 MRL 欧盟标准计算每种茶叶中每种非禁用农药的超标率，进而计算其风险系数，根据风险系数大小判断农药残留的预警风险程度，茶叶中非禁用农药残留风险程度分布情况如图 8-13 所示。

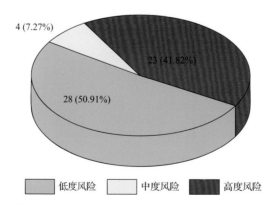

图 8-13　茶叶中非禁用农药残留的风险程度分布图(MRL 欧盟标准)

本次分析中，发现在 3 种茶叶中共侦测出 36 种非禁用农药，涉及样本 55 个，其中，

41.82%处于高度风险，涉及 3 种茶叶和 16 种农药；50.91%处于低度风险，涉及 3 种茶叶和 21 种农药；7.27%处于中度风险，涉及 1 种茶叶和 4 种农药。单种茶叶中的非禁用农药风险系数分布图如图 8-14 所示。单种茶叶中处于高度风险的非禁用农药风险系数如图 8-15 和表 8-7 所示。

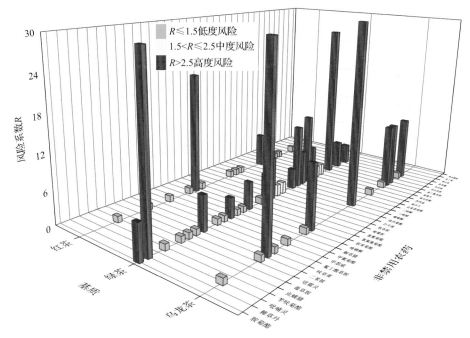

图 8-14　3 种茶叶中 36 种非禁用农药残留的风险系数（MRL 欧盟标准）

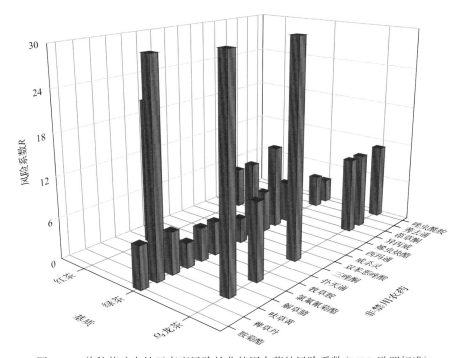

图 8-15　单种茶叶中处于高度风险的非禁用农药的风险系数（MRL 欧盟标准）

表 8-7　单种茶叶中处于高度风险的非禁用农药残留的风险系数表(MRL 欧盟标准)

序号	基质	农药	超标频次	超标率 P(%)	风险系数 R
1	乌龙茶	三唑酮	3	30.00	31.10
2	乌龙茶	呋草黄	3	30.00	31.10
3	乌龙茶	唑虫酰胺	1	10.00	11.10
4	乌龙茶	异丙威	1	10.00	11.10
5	乌龙茶	氯氟氰菊酯	1	10.00	11.10
6	乌龙茶	茚草酮	1	10.00	11.10
7	红茶	氯氟氰菊酯	4	20.00	21.10
8	红茶	烯虫炔酯	1	5.00	6.10
9	绿茶	三唑酮	2	2.50	3.60
10	绿茶	双苯噁唑酸	8	10.00	11.10
11	绿茶	呋草黄	4	5.00	6.10
12	绿茶	唑虫酰胺	2	2.50	3.60
13	绿茶	威杀灵	4	5.00	6.10
14	绿茶	异丙威	21	26.25	27.35
15	绿茶	扑灭通	5	6.25	7.35
16	绿茶	氯氟氰菊酯	3	3.75	4.85
17	绿茶	烯虫炔酯	4	5.00	6.10
18	绿茶	牧草胺	3	3.75	4.85
19	绿茶	稗草丹	23	28.75	29.85
20	绿茶	胺菊酯	4	5.00	6.10
21	绿茶	莠去通	3	3.75	4.85
22	绿茶	西玛通	9	11.25	12.35
23	绿茶	解草腈	2	2.50	3.60

8.3.2　所有茶叶中农药残留风险系数分析

8.3.2.1　所有茶叶中禁用农药残留风险系数分析

在侦测出的 41 种农药中有 5 种为禁用农药,计算所有茶叶中禁用农药的风险系数,结果如表 8-8 所示。在 5 种禁用农药中,5 种农药残留处于高度风险。

表 8-8　茶叶中 5 种禁用农药的风险系数表

序号	农药	检出频次	检出率(%)	风险系数 R	风险程度
1	毒死蜱	22	20.00	21.10	高度风险
2	克百威	4	3.64	4.74	高度风险
3	涕灭威	4	3.64	4.74	高度风险
4	水胺硫磷	2	1.82	2.92	高度风险
5	硫丹	2	1.82	2.92	高度风险

8.3.2.2　所有茶叶中非禁用农药残留风险系数分析

参照 MRL 欧盟标准计算所有茶叶中每种非禁用农药残留的风险系数，如图 8-16 与表 8-9 所示。在侦测出的 36 种非禁用农药中，15 种农药(41.67%)残留处于高度风险，5 种农药(13.89%)残留处于中度风险，16 种农药(44.44%)残留处于低度风险。

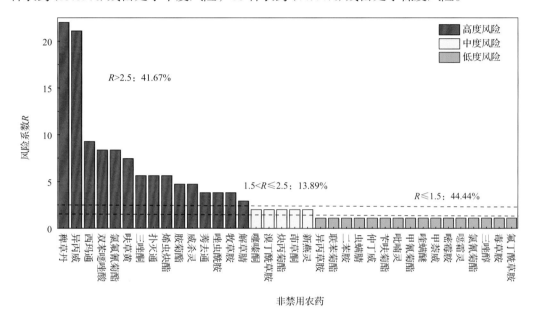

图 8-16　茶叶中 36 种非禁用农药的风险程度统计图

表 8-9　茶叶中 36 种非禁用农药的风险系数表

序号	农药	超标频次	超标率 $P(\%)$	风险系数 R	风险程度
1	稗草丹	23	20.91	22.01	高度风险
2	异丙威	22	20.00	21.10	高度风险
3	西玛通	9	8.18	9.28	高度风险
4	双苯噁唑酸	8	7.27	8.37	高度风险
5	氯氟氰菊酯	8	7.27	8.37	高度风险
6	呋草黄	7	6.36	7.46	高度风险
7	三唑酮	5	4.55	5.65	高度风险
8	扑灭通	5	4.55	5.65	高度风险
9	烯虫炔酯	5	4.55	5.65	高度风险
10	胺菊酯	4	3.64	4.74	高度风险
11	威杀灵	4	3.64	4.74	高度风险
12	莠去通	3	2.73	3.83	高度风险
13	唑虫酰胺	3	2.73	3.83	高度风险
14	牧草胺	3	2.73	3.83	高度风险

续表

序号	农药	超标频次	超标率 P(%)	风险系数 R	风险程度
15	解草腈	2	1.82	2.92	高度风险
16	噻嗪酮	1	0.91	2.01	中度风险
17	溴丁酰草胺	1	0.91	2.01	中度风险
18	炔丙菊酯	1	0.91	2.01	中度风险
19	苘草酮	1	0.91	2.01	中度风险
20	新燕灵	1	0.91	2.01	中度风险
21	异丙草胺	0	0.00	1.10	低度风险
22	联苯菊酯	0	0.00	1.10	低度风险
23	二苯胺	0	0.00	1.10	低度风险
24	虫螨腈	0	0.00	1.10	低度风险
25	仲丁威	0	0.00	1.10	低度风险
26	苄呋菊酯	0	0.00	1.10	低度风险
27	吡喃灵	0	0.00	1.10	低度风险
28	甲氰菊酯	0	0.00	1.10	低度风险
29	喹螨醚	0	0.00	1.10	低度风险
30	甲萘威	0	0.00	1.10	低度风险
31	嘧霉胺	0	0.00	1.10	低度风险
32	噁霜灵	0	0.00	1.10	低度风险
33	氯氰菊酯	0	0.00	1.10	低度风险
34	三唑醇	0	0.00	1.10	低度风险
35	毒草胺	0	0.00	1.10	低度风险
36	氟丁酰草胺	0	0.00	1.10	低度风险

8.4　GC-Q-TOF/MS 侦测南京市市售茶叶农药 残留风险评估结论与建议

农药残留是影响茶叶安全和质量的主要因素，也是我国食品安全领域备受关注的敏感话题和亟待解决的重大问题之一[15,16]。各种茶叶均存在不同程度的农药残留现象，本研究主要针对南京市各类茶叶存在的农药残留问题，基于 2019 年 1 月对南京市 110 例茶叶样品中农药残留侦测得出的 365 个侦测结果，分别采用食品安全指数模型和风险系数模型，开展茶叶中农药残留的膳食暴露风险和预警风险评估。茶叶样品取自超市和茶叶专营店，符合大众的膳食来源，风险评价时更具有代表性和可信度。

本研究力求通用简单地反映食品安全中的主要问题，且为管理部门和大众容易接受，为政府及相关管理机构建立科学的食品安全信息发布和预警体系提供科学的规律与方法，加强对农药残留的预警和食品安全重大事件的预防，控制食品风险。

8.4.1 南京市茶叶中农药残留膳食暴露风险评价结论

1) 茶叶样品中农药残留安全状态评价结论

采用食品安全指数模型，对 2019 年 1 月期间南京市茶叶食品农药残留膳食暴露风险进行评价，根据 IFS_c 的计算结果发现，茶叶中农药的 $\overline{IFS}$ 为 2.73×10^{-5}，说明南京市茶叶总体处于可以接受的安全状态，但部分禁用农药、高残留农药在茶叶中仍有侦测出，导致膳食暴露风险的存在，成为不安全因素。

2) 禁用农药膳食暴露风险评价

本次检测发现部分茶叶样品中有禁用农药侦测出，侦测出禁用农药 5 种，侦测出频次为 34，茶叶样品中的禁用农药 IFS_c 计算结果表明，禁用农药残留膳食暴露风险可以接受的频次为 34，占 100%。

8.4.2 南京市茶叶中农药残留预警风险评价结论

1) 单种茶叶中禁用农药残留的预警风险评价结论

本次检测过程中，在 3 种茶叶中检测出 5 种禁用农药，禁用农药为：克百威、毒死蜱、硫丹、水胺硫磷、涕灭威，茶叶为：乌龙茶、红茶、绿茶，茶叶中禁用农药的风险系数分析结果显示，除毒死蜱在绿茶中的残留处于中度风险外，5 种禁用农药在 3 种茶叶中的残留处均于高度风险。

2) 单种茶叶中非禁用农药残留的预警风险评价结论

以 MRL 中国国家标准为标准，计算茶叶中非禁用农药风险系数情况下，55 个样本中，14 个处于低度风险(25.45%)，41 个样本没有 MRL 中国国家标准(74.55%)。以 MRL 欧盟标准为标准，计算茶叶中非禁用农药风险系数情况下，发现有 23 个处于高度风险(41.82%)，4 个处于中度风险(7.27%)，28 个处于低度风险(50.91%)。基于两种 MRL 标准，评价的结果差异显著，可以看出 MRL 欧盟标准比中国国家标准更加严格和完善，过于宽松的 MRL 中国国家标准值能否有效保障人体的健康有待研究。

8.4.3 加强南京市茶叶食品安全建议

我国食品安全风险评价体系仍不够健全，相关制度不够完善，多年来，由于农药用药次数多、用药量大或用药间隔时间短，产品残留量大，农药残留所造成的食品安全问题日益严峻，给人体健康带来了直接或间接的危害。据估计，美国与农药有关的癌症患者数约占全国癌症患者总数的 50%，中国更高。同样，农药对其他生物也会形成直接杀伤和慢性危害，植物中的农药可经过食物链逐级传递并不断蓄积，对人和动物构成潜在威胁，并影响生态系统。

基于本次农药残留侦测数据的风险评价结果，提出以下几点建议：

1) 加快食品安全标准制定步伐

我国食品标准中对农药每日允许最大摄入量 ADI 的数据严重缺乏，在本次评价所涉及的 41 种农药中，仅有 56.10% 的农药具有 ADI 值，而 43.90% 的农药中国尚未规定相应的 ADI 值，亟待完善。

我国食品中农药最大残留限量值的规定严重缺乏，对评估涉及的不同茶叶中不同农药 64 个 MRL 限值进行统计来看，我国仅制定出 19 个标准，我国标准完整率仅为 29.7%，欧盟的完整率达到 100%(表 8-10)。因此，中国更应加快 MRL 的制定步伐。

表 8-10　我国国家食品标准农药的 ADI、MRL 值与欧盟标准的数量差异

分类		中国 ADI	MRL 中国国家标准	MRL 欧盟标准
标准限值(个)	有	23	19	64
	无	18	45	0
总数(个)		41	64	64
无标准限值比例(%)		43.9	70.3	0

此外，MRL 中国国家标准限值普遍高于欧盟标准限值，这些标准中共有 11 个高于欧盟。过高的 MRL 值难以保障人体健康，建议继续加强对限值基准和标准的科学研究，将农产品中的危险性减少到尽可能低的水平。

2) 加强农药的源头控制和分类监管

在南京市某些茶叶中仍有禁用农药残留，利用 GC-Q-TOF/MS 技术侦测出 5 种禁用农药，检出频次为 34 次，残留禁用农药均存在较大的膳食暴露风险和预警风险。早已列入黑名单的禁用农药在我国并未真正退出，有些药物由于价格便宜、工艺简单，此类高毒农药一直生产和使用。建议在我国采取严格有效的控制措施，从源头控制禁用农药。

对于非禁用农药，在我国作为"田间地头"最典型单位的县级茶叶产地中，农药残留的检测几乎缺失。建议根据农药的毒性，对高毒、剧毒、中毒农药实现分类管理，减少使用高毒和剧毒高残留农药，进行分类监管。

3) 加强农药生物基准和降解技术研究

市售茶叶中残留农药的品种多、频次高、禁用农药多次检出这一现状，说明了我国的田间土壤和水体因农药长期、频繁、不合理的使用而遭到严重污染。为此，建议中国相关部门出台相关政策，鼓励高校及科研院所积极开展分子生物学、酶学等研究，加强土壤、水体中残留农药的生物修复及降解新技术研究，切实加大农药监管力度，以控制农药的面源污染问题。

综上所述，在本工作基础上，根据茶叶残留危害，可进一步针对其成因提出和采取严格管理、大力推广无公害茶叶种植与生产、健全食品安全控制技术体系、加强茶叶食品质量检测体系建设和积极推行茶叶食品质量追溯制度等相应对策。建立和完善食品安全综合评价指数与风险监测预警系统，对食品安全进行实时、全面的监控与分析，为我国的食品安全科学监管与决策提供新的技术支持，可实现各类检验数据的信息化系统管理，降低食品安全事故的发生。

杭 州 市

第9章 LC-Q-TOF/MS侦测杭州市107例市售茶叶样品农药残留报告

从杭州市所属4个区，随机采集了107例茶叶样品，使用液相色谱-四极杆飞行时间质谱(LC-Q-TOF/MS)对825种农药化学污染物示范侦测(7种负离子模式ESI未涉及)。

9.1 样品种类、数量与来源

9.1.1 样品采集与检测

为了真实反映百姓日常饮用的茶叶中农药残留污染状况，本次所有检测样品均由检验人员于2019年1月期间，从杭州市所属8个采样点，包括3个茶叶专营店和5个超市，以随机购买方式采集，总计8批107例样品，从中检出农药34种，333频次。采样及监测概况见图9-1及表9-1，样品及采样点明细见表9-2及表9-3(侦测原始数据见附表1)。

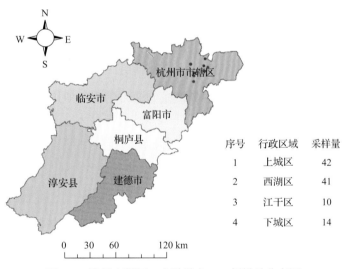

序号	行政区域	采样量
1	上城区	42
2	西湖区	41
3	江干区	10
4	下城区	14

图9-1 杭州市所属8个采样点107例样品分布图

表9-1 农药残留监测总体概况

采样地区	杭州市所属4个区
采样点(茶叶专营店+超市)	8
样本总数	107
检出农药品种/频次	34/333
各采样点样本农药残留检出率范围	50.0%~100.0%

表 9-2　样品分类及数量

样品分类	样品名称(数量)	数量小计
1. 茶叶		107
1)发酵类茶叶	红茶(11)，黄茶(5)，乌龙茶(11)	27
2)未发酵类茶叶	绿茶(80)	80
合计	1.茶叶 4 种	107

表 9-3　杭州市采样点信息

采样点序号	行政区域	采样点
茶叶专营店(3)		
1	上城区	***茶庄(丰家兜店)
2	上城区	***茶庄
3	西湖区	***茶庄
超市(5)		
1	江干区	***超市(上东城店)
2	上城区	***超市(涌金店)
3	西湖区	***超市(转塘店)
4	西湖区	***超市(杭新店)
5	下城区	***超市(庆春店)

9.1.2　检测结果

这次使用的检测方法是庞国芳院士团队最新研发的不需使用标准品对照，而以高分辨精确质量数(0.0001 *m/z*)为基准的 LC-Q-TOF/MS 检测技术，对于 107 例样品，每个样品均侦测了 825 种农药化学污染物的残留现状。通过本次侦测，在 107 例样品中共计检出农药化学污染物 34 种，检出 333 频次。

9.1.2.1　各采样点样品检出情况

统计分析发现 8 个采样点中，被测样品的农药检出率范围为 50.0%~100.0%。其中，***超市(上东城店)和***茶庄(丰家兜店)的检出率最高，均为 100.0%。***茶庄的检出率最低，为 50.0%，见图 9-2。

9.1.2.2　检出农药的品种总数与频次

统计分析发现，对于 107 例样品中 825 种农药化学污染物的侦测，共检出农药 333 频次，涉及农药 34 种，结果如图 9-3 所示。其中唑虫酰胺检出频次最高，共检出 58 次。检出频次排名前 10 的农药如下：①唑虫酰胺(58)，②噻嗪酮(52)，③啶虫脒(43)，④哒螨灵(37)，⑤吡唑醚菌酯(24)，⑥三唑磷(15)，⑦噻虫啉(14)，⑧苯醚甲环唑(13)，⑨戊唑醇(9)，⑩克百威(8)。

由图 9-4 可见，绿茶、红茶和乌龙茶这 3 种茶叶样品中检出的农药品种数较高，均超过 10 种，其中，绿茶检出农药品种最多，为 25 种。由图 9-5 可见，绿茶、红茶和乌龙茶这 3 种茶叶样品中的农药检出频次较高,均超过 30 次,其中,绿茶检出农药频次最高,为 237 次。

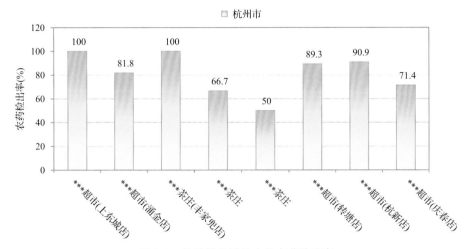

图 9-2 各采样点样品中的农药检出率

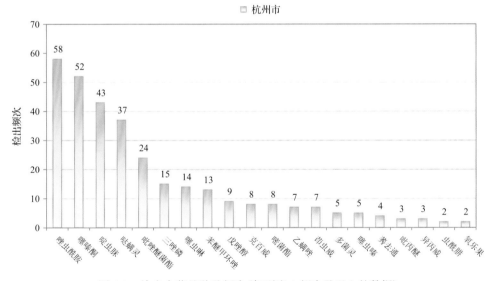

图 9-3 检出农药品种及频次(仅列出 2 频次及以上的数据)

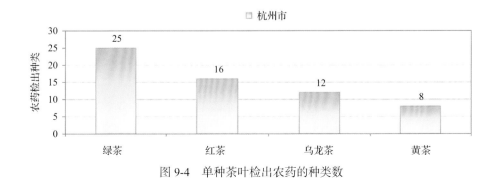

图 9-4 单种茶叶检出农药的种类数

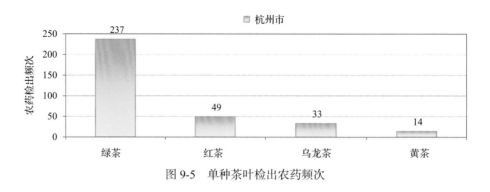

图 9-5 单种茶叶检出农药频次

9.1.2.3 单例样品农药检出种类与占比

对单例样品检出农药种类和频次进行统计发现，未检出农药的样品占总样品数的15.0%，检出 1 种农药的样品占总样品数的 25.2%，检出 2~5 种农药的样品占总样品数的38.3%，检出 6~10 种农药的样品占总样品数的 21.5%。每例样品中平均检出农药为 3.1种，数据见表 9-4 及图 9-6。

表 9-4 单例样品检出农药品种占比

检出农药品种数	样品数量/占比(%)
未检出	16/15.0
1 种	27/25.2
2~5 种	41/38.3
6~10 种	23/21.5
单例样品平均检出农药品种	3.1 种

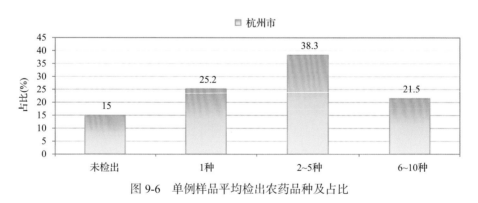

图 9-6 单例样品平均检出农药品种及占比

9.1.2.4 检出农药类别与占比

所有检出农药按功能分类，包括杀虫剂、杀菌剂、除草剂、杀螨剂、植物生长调节剂共 5 类。其中杀虫剂与杀菌剂为主要检出的农药类别，分别占总数的 44.1%和 35.3%，见表 9-5 及图 9-7。

表 9-5　检出农药所属类别/占比

农药类别	数量/占比(%)
杀虫剂	15/44.1
杀菌剂	12/35.3
除草剂	4/11.8
杀螨剂	2/5.9
植物生长调节剂	1/2.9

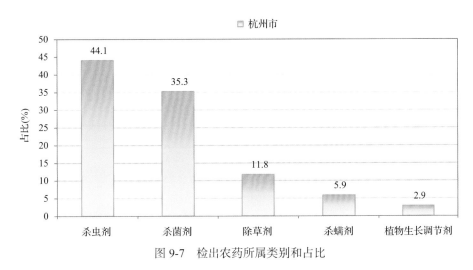

图 9-7　检出农药所属类别和占比

9.1.2.5　检出农药的残留水平

按检出农药残留水平进行统计，残留水平在 1~5 μg/kg（含）的农药占总数的 21.3%，在 5~10 μg/kg（含）的农药占总数的 22.2%，在 10~100 μg/kg（含）的农药占总数的 54.7%，在 100~1000 μg/kg 的农药占总数的 1.8%。

由此可见，这次检测的 8 批 107 例茶叶样品中农药多数处于中高残留水平。结果见表 9-6 及图 9-8，数据见附表 2。

表 9-6　农药残留水平/占比

残留水平(μg/kg)	检出频次数/占比(%)
1~5（含）	71/21.3
5~10（含）	74/22.2
10~100（含）	182/54.7
100~1000	6/1.8

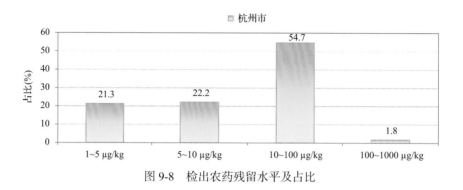

图 9-8　检出农药残留水平及占比

9.1.2.6　检出农药的毒性类别、检出频次和超标频次及占比

对这次检出的 34 种 333 频次的农药，按剧毒、高毒、中毒、低毒和微毒这五个毒性类别进行分类，从中可以看出，杭州市目前普遍使用的农药为中低微毒农药，品种占88.2%，频次占92.2%。结果见表 9-7 及图 9-9。

表 9-7　检出农药毒性类别/占比

毒性分类	农药品种/占比(%)	检出频次/占比(%)	超标频次/超标率(%)
剧毒农药	1/2.9	1/0.3	1/100.0
高毒农药	3/8.8	25/7.5	2/8.0
中毒农药	17/50.0	216/64.9	0/0.0
低毒农药	6/17.6	64/19.2	0/0.0
微毒农药	7/20.6	27/8.1	0/0.0

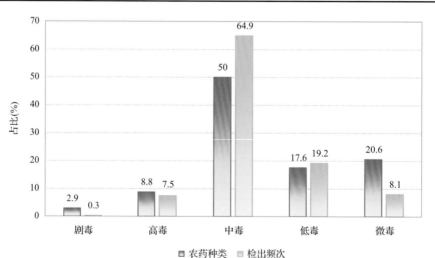

图 9-9　检出农药的毒性分类和占比

9.1.2.7　检出剧毒/高毒类农药的品种和频次

值得特别关注的是，在此次侦测的 107 例样品中有 2 种茶叶的 22 例样品检出了 4种 26 频次的剧毒和高毒农药，占样品总量的 20.6%，详见图 9-10、表 9-8 及表 9-9。

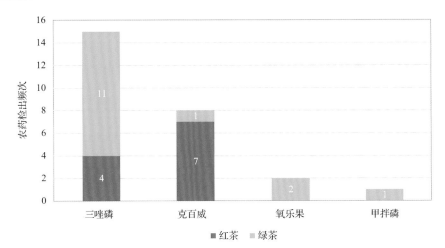

图 9-10　检出剧毒/高毒农药的样品情况

表 9-8　剧毒农药检出情况

序号	农药名称	检出频次	超标频次	超标率
从 1 种茶叶中检出 1 种剧毒农药，共计检出 1 次				
1	甲拌磷*	1	1	100.0%
	合计	1	1	超标率：100.0%

表 9-9　高毒农药检出情况

序号	农药名称	检出频次	超标频次	超标率
从 2 种茶叶中检出 3 种高毒农药，共计检出 25 次				
1	三唑磷	15	0	0.0%
2	克百威	8	2	25.0%
3	氧乐果	2	0	0.0%
	合计	25	2	超标率：8.0%

在检出的剧毒和高毒农药中，有 4 种是我国早已禁止在茶叶上使用的，分别是：氧乐果、克百威、三唑磷和甲拌磷。禁用农药的检出情况见表 9-10。

表 9-10　禁用农药检出情况

序号	农药名称	检出频次	超标频次	超标率
从 2 种茶叶中检出 4 种禁用农药，共计检出 26 次				
1	三唑磷	15	0	0.0%
2	克百威	8	2	25.0%
3	氧乐果	2	0	0.0%
4	甲拌磷*	1	1	100.0%
	合计	26	3	超标率：11.5%

注：表中*为剧毒农药；超标结果参考 MRL 中国国家标准计算

此次抽检的茶叶样品中，有 1 种茶叶检出了剧毒农药，为绿茶中检出甲拌磷 1 次。

样品中检出剧毒和高毒农药残留水平超过 MRL 中国国家标准的频次为 3 次，其中：红茶检出克百威超标 2 次；绿茶检出甲拌磷超标 1 次。本次检出结果表明，高毒、剧毒农药的使用现象依旧存在，详见表 9-11。

表 9-11　各样本中检出剧毒/高毒农药情况

样品名称	农药名称	检出频次	超标频次	检出浓度(μg/kg)
			茶叶 2 种	
红茶	克百威▲	7	2	82.1ᵃ，21.2，4.4，21.5，4.4，82.0ᵃ，25.7
红茶	三唑磷▲	4	0	13.5，89.3，6.3，5.8
绿茶	甲拌磷*▲	1	1	41.0ᵃ
绿茶	三唑磷▲	11	0	130.0，26.1，97.1，11.9，66.1，40.4，15.5，54.1，111.5，36.1，62.4
绿茶	氧乐果▲	2	0	30.9，38.3
绿茶	克百威▲	1	0	18.7
合计		26	3	超标率：11.5%

注：表中*为剧毒农药；▲为禁用农药；a 为超标结果(参考 MRL 中国国家标准)

9.2　农药残留检出水平与最大残留限量标准对比分析

我国于 2016 年 12 月 18 日正式颁布并于 2017 年 6 月 18 日正式实施食品农药残留限量国家标准《食品中农药最大残留限量》(GB 2763—2016)。该标准包括 417 个农药条目，涉及最大残留限量(MRL)标准 4140 项。将 333 频次检出农药的浓度水平与 4140 项 MRL 中国国家标准进行核对，其中只有 173 频次的结果找到了对应的 MRL 标准，占 52.0%，还有 160 频次的结果则无相关 MRL 标准供参考，占 48.0%。

将此次侦测结果与国际上现行 MRL 标准对比发现，在 333 频次的检出结果中有 333 频次的结果找到了对应的 MRL 欧盟标准，占 100.0%；其中，265 频次的结果有明确对应的 MRL 标准，占 79.6%，其余 68 频次按照欧盟一律标准判定，占 20.4%；有 333 频次的结果找到了对应的 MRL 日本标准，占 100.0%；其中，297 频次的结果有明确对应的 MRL 标准，占 89.2%，其余 36 频次按照日本一律标准判定，占 10.8%；有 162 频次的结果找到了对应的 MRL 中国香港标准，占 48.6%；有 177 频次的结果找到了对应的 MRL 美国标准，占 53.2%；有 99 频次的结果找到了对应的 MRL CAC 标准，占 29.7%(见图 9-11 和图 9-12，数据见附表 3 至附表 8)。

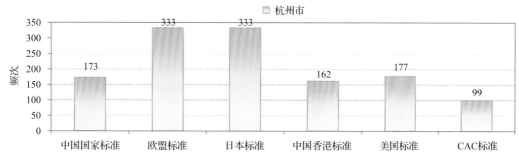

图 9-11　333 频次检出农药可用 MRL 中国国家标准、欧盟标准、日本标准、中国香港标准、美国标准、CAC 标准判定衡量的数量

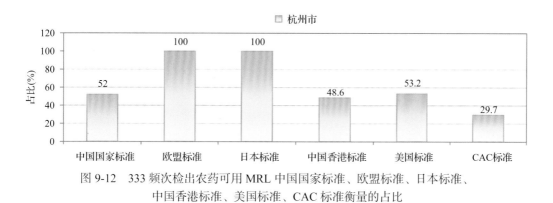

图 9-12　333 频次检出农药可用 MRL 中国国家标准、欧盟标准、日本标准、中国香港标准、美国标准、CAC 标准衡量的占比

9.2.1　超标农药样品分析

本次侦测的 107 例样品中，16 例样品未检出任何残留农药，占样品总量的 15.0%，91 例样品检出不同水平、不同种类的残留农药，占样品总量的 85.0%。在此，我们将本次侦测的农残检出情况与 MRL 中国国家标准、欧盟标准、日本标准、中国香港标准、美国标准、CAC 这 6 大国际主流 MRL 标准进行对比分析，样品农残检出与超标情况见表 9-12、图 9-13 和图 9-14，详细数据见附表 9 至附表 14。

9.2.2　超标农药种类分析

按照 MRL 中国国家标准、欧盟标准、日本标准、中国香港标准、美国标准、CAC 标准这 6 大国际主流 MRL 标准衡量，本次侦测检出的农药超标品种及频次情况见表 9-13。

表 9-12　各 MRL 标准下样本农残检出与超标数量及占比

| | 中国国家标准 | 欧盟标准 | 日本标准 | 中国香港标准 | 美国标准 | CAC 标准 |
	数量/占比(%)	数量/占比(%)	数量/占比(%)	数量/占比(%)	数量/占比(%)	数量/占比(%)
未检出	16/15.0	16/15.0	16/15.0	16/15.0	16/15.0	16/15.0
检出未超标	88/82.2	56/52.3	69/64.5	91/85.0	91/85.0	91/85.0
检出超标	3/2.8	35/32.7	22/20.6	0/0.0	0/0.0	0/0.0

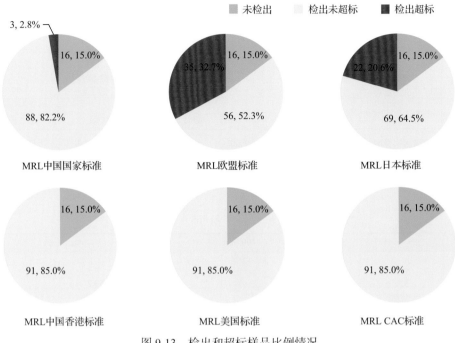

图 9-13　检出和超标样品比例情况

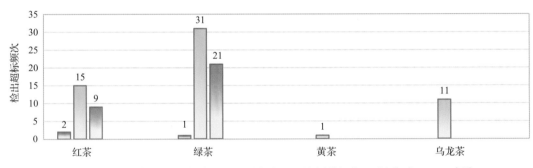

图 9-14　超过 MRL 中国国家标准、欧盟标准、日本标准、中国香港标准、
美国标准、CAC 标准结果在茶叶中的分布

表 9-13　各 MRL 标准下超标农药品种及频次

	中国国家标准	欧盟标准	日本标准	中国香港标准	美国标准	CAC 标准
超标农药品种	2	13	7	0	0	0
超标农药频次	3	58	30	0	0	0

9.2.2.1　按 MRL 中国国家标准衡量

按 MRL 中国国家标准衡量，共有 2 种农药超标，检出 3 频次，分别为剧毒农药甲拌磷，高毒农药克百威。

按超标程度比较，绿茶中甲拌磷超标 3.1 倍，红茶中克百威超标 0.6 倍。检测结果见

图 9-15 和附表 15。

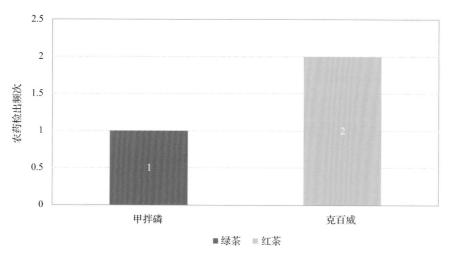

图 9-15　超过 MRL 中国国家标准农药品种及频次

9.2.2.2　按 MRL 欧盟标准衡量

按 MRL 欧盟标准衡量，共有 13 种农药超标，检出 58 频次，分别为高毒农药三唑磷和克百威，中毒农药苯醚甲环唑、稻瘟灵、异丙威、啶虫脒、三唑醇和唑虫酰胺，低毒农药莠去通和噻嗪酮，微毒农药嘧菌酯、非草隆和多菌灵。

按超标程度比较，绿茶中莠去通超标 12.4 倍，红茶中唑虫酰胺超标 8.8 倍，乌龙茶中唑虫酰胺超标 7.9 倍，红茶中异丙威超标 5.6 倍，绿茶中三唑磷超标 5.5 倍。检测结果见图 9-16 和附表 16。

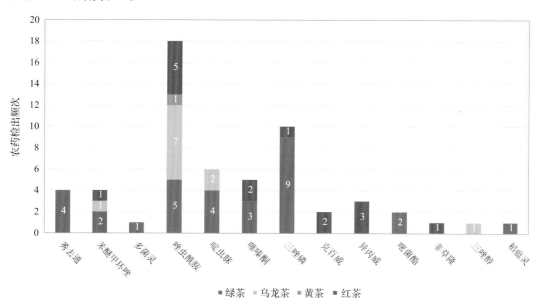

图 9-16　超过 MRL 欧盟标准农药品种及频次

9.2.2.3　按 MRL 日本标准衡量

按 MRL 日本标准衡量,共有 7 种农药超标,检出 30 频次,分别为高毒农药三唑磷,中毒农药稻瘟灵、异丙威和茚虫威,低毒农药嘧霉胺和莠去通,微毒农药非草隆。

按超标程度比较,绿茶中莠去通超标 12.4 倍,绿茶中三唑磷超标 12.0 倍,红茶中三唑磷超标 7.9 倍,绿茶中茚虫威超标 7.2 倍,红茶中异丙威超标 5.6 倍。检测结果见图 9-17 和附表17。

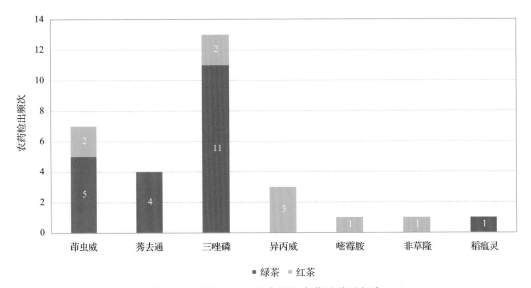

图 9-17　超过 MRL 日本标准农药品种及频次

9.2.2.4　按 MRL 中国香港标准衡量

按 MRL 中国香港标准衡量,无样品检出超标农药残留。

9.2.2.5　按 MRL 美国标准衡量

按 MRL 美国标准衡量,无样品检出超标农药残留。

9.2.2.6　按 MRL CAC 标准衡量

按 MRL CAC 标准衡量,无样品检出超标农药残留。

9.2.3　8 个采样点超标情况分析

9.2.3.1　按 MRL 中国国家标准衡量

按 MRL 中国国家标准衡量,有 2 个采样点的样品存在不同程度的超标农药检出,其中***茶庄(丰家兜店)的超标率最高,为 9.1%,如表 9-14 和图 9-18 所示。

9.2.3.2　按 MRL 欧盟标准衡量

按 MRL 欧盟标准衡量,所有采样点的样品均存在不同程度的超标农药检出,其中

***超市(上东城店)的超标率最高，为 60.0%，如图 9-19 和表 9-15 所示。

表 9-14　超过 MRL 中国国家标准茶叶在不同采样点分布

	采样点	样品总数	超标数量	超标率(%)	行政区域
1	***超市(转塘店)	28	2	7.1	西湖区
2	***茶庄(丰家兜店)	11	1	9.1	上城区

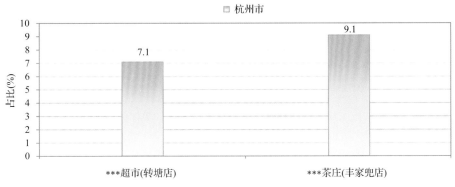

图 9-18　超过 MRL 中国国家标准茶叶在不同采样点分布

9.2.3.3　按 MRL 日本标准衡量

按 MRL 日本标准衡量，有 6 个采样点的样品存在不同程度的超标农药检出，其中***茶庄的超标率最高，为 50.0%，如表 9-16 和图 9-20 所示。

9.2.3.4　按 MRL 中国香港标准衡量

按 MRL 中国香港标准衡量，所有采样点的样品均未检出超标农药残留。

9.2.3.5　按 MRL 美国标准衡量

按 MRL 美国标准衡量，所有采样点的样品均未检出超标农药残留。

表 9-15　超过 MRL 欧盟标准茶叶在不同采样点分布

序号	采样点	样品总数	超标数量	超标率(%)	行政区域
1	***超市(转塘店)	28	12	42.9	西湖区
2	***超市(涌金店)	22	6	27.3	上城区
3	***超市(庆春店)	14	2	14.3	下城区
4	***超市(杭新店)	11	2	18.2	西湖区
5	***茶庄(丰家兜店)	11	3	27.3	上城区
6	***超市(上东城店)	10	6	60.0	江干区
7	***茶庄	9	3	33.3	上城区
8	***茶庄	2	1	50.0	西湖区

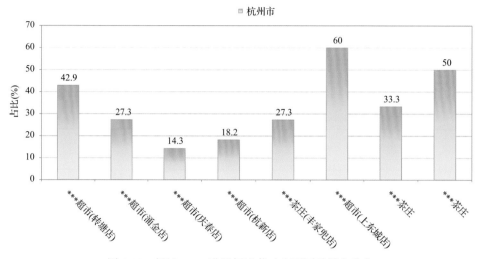

图 9-19　超过 MRL 欧盟标准茶叶在不同采样点分布

表 9-16　超过 MRL 日本标准茶叶在不同采样点分布

序号	采样点	样品总数	超标数量	超标率(%)	行政区域
1	***超市(转塘店)	28	9	32.1	西湖区
2	***超市(涌金店)	22	2	9.1	上城区
3	***超市(庆春店)	14	2	14.3	下城区
4	***超市(杭新店)	11	4	36.4	西湖区
5	***超市(上东城店)	10	4	40.0	江干区
6	***茶庄	2	1	50.0	西湖区

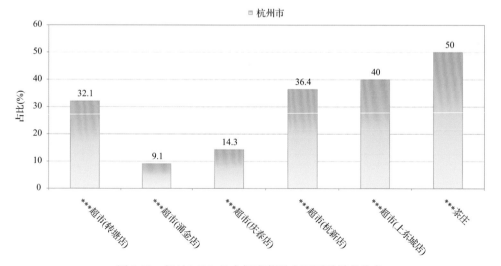

图 9-20　超过 MRL 日本标准茶叶在不同采样点分布

9.2.3.6　按 MRL CAC 标准衡量

按 MRL CAC 标准衡量，所有采样点的样品均未检出超标农药残留。

9.3　茶叶中农药残留分布

9.3.1　茶叶按检出农药品种和频次排名

本次残留侦测的茶叶共 4 种，包括红茶、黄茶、乌龙茶和绿茶。

根据检出农药品种及频次进行排名，将各项排名茶叶样品检出情况列表说明，详见表 9-17。

表 9-17　茶叶按检出农药品种和频次排名

按检出农药品种排名(品种)	①绿茶(25)，②红茶(16)，③乌龙茶(12)，④黄茶(8)
按检出农药频次排名(频次)	①绿茶(237)，②红茶(49)，③乌龙茶(33)，④黄茶(14)
按检出禁用、高毒及剧毒农药品种排名(品种)	①绿茶(4)，②红茶(2)
按检出禁用、高毒及剧毒农药频次排名(频次)	①绿茶(15)，②红茶(11)

9.3.2　茶叶按超标农药品种和频次排名

鉴于 MRL 欧盟标准和日本标准制定比较全面且覆盖率较高，我们参照 MRL 中国国家标准、欧盟标准和日本标准衡量茶叶样品中农残检出情况，将茶叶按超标农药品种及频次排名列表说明，详见表 9-18。

表 9-18　茶叶按超标农药品种和频次排名

按超标农药品种排名(农药品种数)	MRL 中国国家标准	①红茶(1)，②绿茶(1)
	MRL 欧盟标准	①绿茶(9)，②红茶(7)，③乌龙茶(4)，④黄茶(1)
	MRL 日本标准	①红茶(5)，②绿茶(4)
按超标农药频次排名(农药频次数)	MRL 中国国家标准	①红茶(2)，②绿茶(1)
	MRL 欧盟标准	①绿茶(31)，②红茶(15)，③乌龙茶(11)，④黄茶(1)
	MRL 日本标准	①绿茶(21)，②红茶(9)

通过对各品种茶叶样本总数及检出率进行综合分析发现，绿茶、乌龙茶的残留污染最为严重，在此，我们参照 MRL 中国国家标准、欧盟标准和日本标准的 MRL 标准对这 3 种茶叶的农残检出情况进行进一步分析。

9.3.3　农药残留检出率较高的茶叶样品分析

9.3.3.1　绿茶

这次共检测 80 例绿茶样品，68 例样品中检出了农药残留，检出率为 85.0%，检出农药共计 25 种。其中噻嗪酮、唑虫酰胺、啶虫脒、哒螨灵和吡唑醚菌酯检出频次较高，分别检出了 41、39、36、26 和 17 次。绿茶中农药检出品种和频次见图 9-21，超标农药见图 9-22 和表 9-19。

9.3.3.2 乌龙茶

这次共检测 11 例乌龙茶样品，9 例样品中检出了农药残留，检出率为 81.8%，检出农药共计 12 种。其中唑虫酰胺、哒螨灵、苯醚甲环唑、啶虫脒和戊唑醇检出频次较高，分别检出了 9、5、4、3 和 3 次。乌龙茶中农药检出品种和频次见图 9-23，超标农药见图 9-24 和表 9-20。

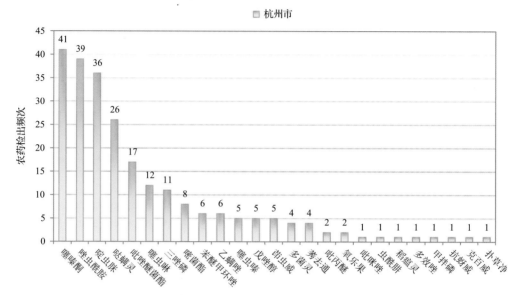

图 9-21　绿茶样品检出农药品种和频次分析

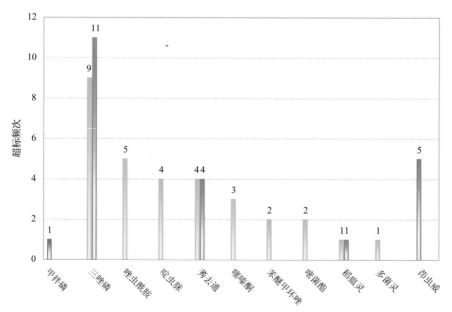

图 9-22　绿茶样品中超标农药分析

表 9-19　绿茶中农药残留超标情况明细表

样品总数			检出农药样品数	样品检出率(%)	检出农药品种总数
80			68	85	25
	超标农药品种	超标农药频次	按照 MRL 中国国家标准、欧盟标准和日本标准衡量超标农药名称及频次		
中国国家标准	1	1	甲拌磷(1)		
欧盟标准	9	31	三唑磷(9)、唑虫酰胺(5)、啶虫脒(4)、莠去通(4)、噻嗪酮(3)、苯醚甲环唑(2)、嘧菌酯(2)、稻瘟灵(1)、多菌灵(1)		
日本标准	4	21	三唑磷(11)、茚虫威(5)、莠去通(4)、稻瘟灵(1)		

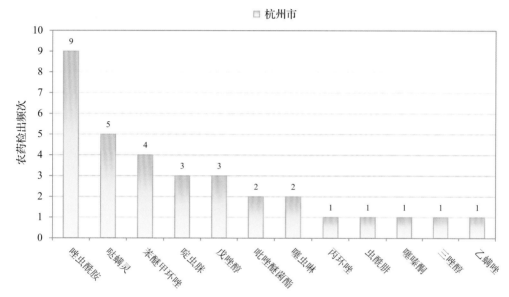

图 9-23　乌龙茶样品检出农药品种和频次分析

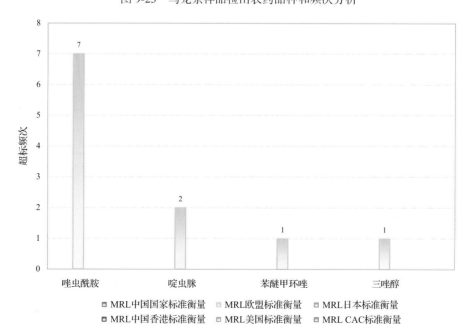

图 9-24　乌龙茶样品中超标农药分析

表 9-20　乌龙茶中农药残留超标情况明细表

样品总数		检出农药样品数	样品检出率(%)	检出农药品种总数
11		9	81.8	12
	超标农药品种	超标农药频次	按照 MRL 中国国家标准、欧盟标准和日本标准衡量超标农药名称及频次	
中国国家标准	0	0		
欧盟标准	4	11	唑虫酰胺(7)，啶虫脒(2)，苯醚甲环唑(1)，三唑醇(1)	
日本标准	0	0		

9.4　初 步 结 论

9.4.1　杭州市市售茶叶按 MRL 中国国家标准和国际主要 MRL 标准衡量的合格率

本次侦测的 107 例样品中，16 例样品未检出任何残留农药，占样品总量的 15.0%，91 例样品检出不同水平、不同种类的残留农药，占样品总量的 85.0%。在这 91 例检出农药残留的样品中：

按照 MRL 中国国家标准衡量，有 88 例样品检出残留农药但含量没有超标，占样品总数的 82.2%，有 3 例样品检出了超标农药，占样品总数的 2.8%。

按照 MRL 欧盟标准衡量，有 56 例样品检出残留农药但含量没有超标，占样品总数的 52.3%，有 35 例样品检出了超标农药，占样品总数的 32.7%。

按照 MRL 日本标准衡量，有 69 例样品检出残留农药但含量没有超标，占样品总数的 64.5%，有 22 例样品检出了超标农药，占样品总数的 20.6%。

按照 MRL 中国香港标准衡量，有 91 例样品检出残留农药但含量没有超标，占样品总数的 85.0%，无检出残留农药超标的样品。

按照 MRL 美国标准衡量，有 91 例样品检出残留农药但含量没有超标，占样品总数的 85.0%，无检出残留农药超标的样品。

按照 MRL CAC 标准衡量，有 91 例样品检出残留农药但含量没有超标，占样品总数的 85.0%，无检出残留农药超标的样品。

9.4.2　杭州市市售茶叶中检出农药以中低微毒农药为主，占市场主体的 88.2%

这次侦测的 107 例茶叶样品共检出了 34 种农药，检出农药的毒性以中低微毒为主，详见表 9-21。

9.4.3　检出剧毒、高毒和禁用农药现象应该警醒

在此次侦测的 107 例样品中有 2 种茶叶的 22 例样品检出了 4 种 26 频次的剧毒和高毒或禁用农药，占样品总量的 20.6%。其中剧毒农药甲拌磷以及高毒农药三唑磷、克百威和氧乐果检出频次较高。

表 9-21　市场主体农药毒性分布

毒性	检出品种	占比(%)	检出频次	占比(%)
剧毒农药	1	2.9	1	0.3
高毒农药	3	8.8	25	7.5
中毒农药	17	50.0	216	64.9
低毒农药	6	17.6	64	19.2
微毒农药	7	20.6	27	8.1
中低微毒农药，品种占比 88.2%，频次占比 92.2%				

按 MRL 中国国家标准衡量，剧毒农药甲拌磷，检出 1 次，超标 1 次；高毒农药克百威，检出 8 次，超标 2 次；按超标程度比较，绿茶中甲拌磷超标 3.1 倍，红茶中克百威超标 0.6 倍。

剧毒、高毒或禁用农药的检出情况及按照 MRL 中国国家标准衡量的超标情况见表 9-22。

表 9-22　剧毒、高毒或禁用农药的检出及超标明细

序号	农药名称	样品名称	检出频次	超标频次	最大超标倍数	超标率
1.1	甲拌磷*▲	绿茶	1	1	3.1	100.0%
2.1	克百威◇▲	红茶	7	2	0.6	28.6%
2.2	克百威◇▲	绿茶	1	0	0	0.0%
3.1	三唑磷◇▲	绿茶	11	0	0	0.0%
3.2	三唑磷◇▲	红茶	4	0	0	0.0%
4.1	氧乐果◇▲	绿茶	2	0	0	0.0%
合计			26	3		11.5%

注：表中*为剧毒农药；◇ 为高毒农药；▲为禁用农药；超标倍数参照 MRL 中国国家标准衡量

这些剧毒和高毒农药都是中国政府早有规定禁止在茶叶中使用的，为什么还屡次被检出，应该引起警惕。

9.4.4　残留限量标准与先进国家或地区差距较大

333 频次的检出结果与我国公布的 GB 2763-2016《食品中农药最大残留限量》对比，有 173 频次能找到对应的 MRL 中国国家标准，占 52.0%；还有 160 频次的侦测数据无相关 MRL 标准供参考，占 48.0%。

与国际上现行 MRL 标准对比发现：

有 333 频次能找到对应的 MRL 欧盟标准，占 100.0%；

有 333 频次能找到对应的 MRL 日本标准，占 100.0%；

有 162 频次能找到对应的 MRL 中国香港标准，占 48.6%；

有 177 频次能找到对应的 MRL 美国标准，占 53.2%；

有 99 频次能找到对应的 MRL CAC 标准，占 29.7%。

由上可见，MRL 中国国家标准与先进国家或地区标准还有很大差距，我们无标准，境外有标准，这就会导致我们在国际贸易中，处于受制于人的被动地位。

9.4.5　茶叶单种样品检出 12~25 种农药残留，拷问农药使用的科学性

通过此次监测发现，绿茶、红茶和乌龙茶是检出农药品种最多的 3 种茶叶，从中检出农药品种及频次详见表 9-23。

表 9-23　单种样品检出农药品种及频次

样品名称	样品总数	检出农药样品数	检出率	检出农药品种数	检出农药(频次)
绿茶	80	68	85.0%	25	噻嗪酮(41)，唑虫酰胺(39)，啶虫脒(36)，哒螨灵(26)，吡唑醚菌酯(17)，噻虫啉(12)，三唑磷(11)，嘧菌酯(8)，苯醚甲环唑(6)，乙螨唑(6)，噻虫嗪(5)，戊唑醇(5)，茚虫威(5)，多菌灵(4)，莠去通(4)，吡丙醚(2)，氧乐果(2)，吡咪唑(1)，虫酰肼(1)，稻瘟灵(1)，多效唑(1)，甲拌磷(1)，抗蚜威(1)，克百威(1)，扑草净(1)
红茶	11	10	90.9%	16	克百威(7)，噻嗪酮(7)，唑虫酰胺(7)，吡唑醚菌酯(4)，哒螨灵(4)，三唑磷(3)，苯醚甲环唑(3)，异丙威(3)，啶虫脒(2)，茚虫威(2)，二嗪磷(1)，非草隆(1)，咪鲜胺(1)，嘧霉胺(1)，三唑酮(1)，戊唑醇(1)
乌龙茶	11	9	81.8%	12	唑虫酰胺(9)，哒螨灵(5)，苯醚甲环唑(4)，啶虫脒(3)，戊唑醇(3)，吡唑醚菌酯(2)，噻虫啉(2)，丙环唑(1)，虫酰肼(1)，噻嗪酮(1)，三唑醇(1)，乙螨唑(1)

上述 3 种茶叶，检出农药 12~25 种，是多种农药综合防治，还是未严格实施农业良好管理规范(GAP)，抑或根本就是乱施药，值得我们思考。

第10章 LC-Q-TOF/MS 侦测杭州市市售茶叶农药残留膳食暴露风险与预警风险评估

10.1 农药残留风险评估方法

10.1.1 杭州市农药残留侦测数据分析与统计

庞国芳院士科研团队建立的农药残留高通量侦测技术以高分辨精确质量数（0.0001 m/z 为基准）为识别标准，采用 LC-Q-TOF/MS 技术对 825 种农药化学污染物进行侦测。

科研团队于 2019 年 1 月期间在杭州市 8 个采样点，随机采集了 107 例茶叶样品，具体位置如图 10-1 所示。

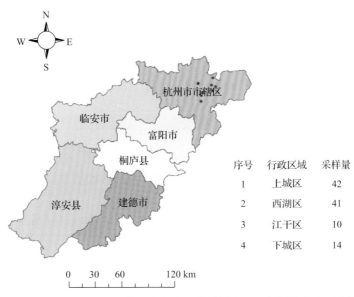

图 10-1　LC-Q-TOF/MS 侦测杭州市 8 个采样点 107 例样品分布示意图

利用 LC-Q-TOF/MS 技术对 107 例样品中的农药进行侦测，侦测出残留农药 34 种，333 频次。侦测出农药残留水平如表 10-1 和图 10-2 所示。检出频次最高的前 10 种农药如表 10-2 所示。从检测结果中可以看出，在茶叶中农药残留普遍存在，且有些茶叶存在高浓度的农药残留，这些可能存在膳食暴露风险，对人体健康产生危害，因此，为了定量地评价茶叶中农药残留的风险程度，有必要对其进行风险评价。

表 10-1　侦测出农药的不同残留水平及其所占比例列表

残留水平(μg/kg)	检出频次	占比(%)
1~5(含)	71	21.3
5~10(含)	74	22.2
10~100(含)	182	54.7
100~1000	6	1.8
合计	333	100

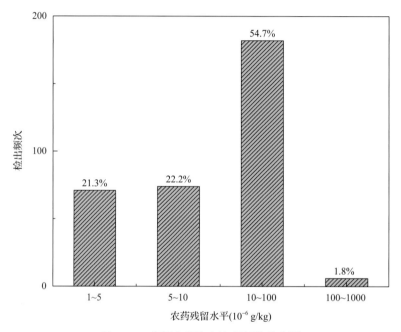

图 10-2　残留农药检出浓度频数分布图

表 10-2　检出频次最高的前 10 种农药列表

序号	农药	检出频次
1	唑虫酰胺	58
2	噻嗪酮	52
3	啶虫脒	43
4	哒螨灵	37
5	吡唑醚菌酯	24
6	三唑磷	15
7	噻虫啉	14
8	苯醚甲环唑	13
9	戊唑醇	9
10	克百威	8

10.1.2　农药残留风险评价模型

对杭州市茶叶中农药残留分别开展暴露风险评估和预警风险评估。膳食暴露风险评估利用食品安全指数模型对茶叶中的残留农药对人体可能产生的危害程度进行评价，该模型结合残留监测和膳食暴露评估评价化学污染物的危害；预警风险评价模型运用风险系数（risk index，R），风险系数综合考虑了危害物的超标率、施检频率及其本身敏感性的影响，能直观而全面地反映出危害物在一段时间内的风险程度。

10.1.2.1　食品安全指数模型

为了加强食品安全管理，《中华人民共和国食品安全法》第二章第十七条规定"国家建立食品安全风险评估制度，运用科学方法，根据食品安全风险监测信息、科学数据以及有关信息，对食品、食品添加剂、食品相关产品中生物性、化学性和物理性危害因素进行风险评估"[1]，膳食暴露评估是食品危险度评估的重要组成部分，也是膳食安全性的衡量标准[2]。国际上最早研究膳食暴露风险评估的机构主要是 JMPR（FAO、WHO农药残留联合会议），该组织自 1995 年就已制定了急性毒性物质的风险评估急性毒性农药残留摄入量的预测。1960 年美国规定食品中不得加入致癌物质进而提出零阈值理论，渐渐零阈值理论发展成在一定概率条件下可接受风险的概念[3]，后衍变为食品中每日允许最大摄入量（ADI），而国际食品农药残留法典委员会（CCPR）认为 ADI 不是独立风险评估的唯一标准[4]，1995 年 JMPR 开始研究农药急性膳食暴露风险评估，并对食品国际短期摄入量的计算方法进行了修正，亦对膳食暴露评估准则及评估方法进行了修正[5]，2002 年，在对世界上现行的食品安全评价方法，尤其是国际公认的 CAC 评价方法、全球环境监测系统/食品污染监测和评估规划（WHO GEMS/Food）及 FAO、WHO 食品添加剂联合专家委员会（JECFA）和 JMPR 对食品安全风险评估工作研究的基础之上，检验检疫食品安全管理的研究人员提出了结合残留监控和膳食暴露评估，以食品安全指数 IFS计算食品中各种化学污染物对消费者的健康危害程度[6]。IFS 是表示食品安全状态的新方法，可有效地评价某种农药的安全性，进而评价食品中各种农药化学污染物对消费者健康的整体危害程度[7,8]。从理论上分析，IFS_c 可指出食品中的污染物 c 对消费者健康是否存在危害及危害的程度[9]。其优点在于操作简单且结果容易被接受和理解，不需要大量的数据来对结果进行验证，使用默认的标准假设或者模型即可[10,11]。

1）IFS_c 的计算

IFS_c 计算公式如下：

$$IFS_c = \frac{EDI_c \times f}{SI_c \times bw} \tag{10-1}$$

式中，c 为所研究的农药；EDI_c 为农药 c 的实际日摄入量估算值，等于 $\sum(R_i \times F_i \times E_i \times P_i)$（i 为食品种类；$R_i$ 为食品 i 中农药 c 的残留水平，mg/kg；F_i 为食品 i 的估计日消费量，g/（人·天）；E_i 为食品 i 的可食用部分因子；P_i 为食品 i 的加工处理因子）；SI_c 为安全摄入量，可采用每日允许最大摄入量 ADI；bw 为人平均体重，kg；f 为校正因子，如果安全摄入量采用 ADI，则 f 取 1。

IFS$_c$≪1，农药 c 对食品安全没有影响；IFS$_c$≤1，农药 c 对食品安全的影响可以接受；IFS$_c$>1，农药 c 对食品安全的影响不可接受。

本次评价中：

IFS$_c$≤0.1，农药 c 对茶叶安全没有影响；

0.1<IFS$_c$≤1，农药 c 对茶叶安全的影响可以接受；

IFS$_c$>1，农药 c 对茶叶安全的影响不可接受。

本次评价中残留水平 R_i 取值为中国检验检疫科学研究院庞国芳院士课题组利用以高分辨精确质量数(0.0001 m/z)为基准的 LC-Q-TOF/MS 侦测技术于 2019 年 1 月期间对杭州市茶叶农药残留的侦测结果，估计日消费量 F_i 取值 0.0047 kg/(人·天)，E_i=1，P_i=1，f=1，SI$_c$ 采用《食品安全国家标准　食品中农药最大残留限量》(GB 2763—2016)中 ADI 值(具体数值见表 10-3)，人平均体重(bw)取值 60 kg。

表 10-3　杭州市茶叶中侦测出农药的 ADI 值

序号	农药	ADI	序号	农药	ADI	序号	农药	ADI
1	三唑磷	0.001	13	啶虫脒	0.07	25	抗蚜威	0.02
2	克百威	0.001	14	多菌灵	0.03	26	丙环唑	0.07
3	氧乐果	0.0003	15	虫酰肼	0.02	27	嘧霉胺	0.2
4	唑虫酰胺	0.006	16	戊唑醇	0.03	28	三唑酮	0.03
5	噻嗪酮	0.009	17	稻瘟灵	0.016	29	咪唑喹啉酸	0.25
6	异丙威	0.002	18	噻虫嗪	0.08	30	扑草净	0.04
7	噻虫啉	0.01	19	三唑醇	0.03	31	多效唑	0.1
8	甲拌磷	0.0007	20	二嗪磷	0.005	32	吡咪唑	—
9	苯醚甲环唑	0.01	21	嘧菌酯	0.2	33	莠去通	—
10	哒螨灵	0.01	22	乙螨唑	0.05	34	非草隆	—
11	茚虫威	0.01	23	咪鲜胺	0.01			
12	吡唑醚菌酯	0.03	24	吡丙醚	0.1			

注："—"表示为国家标准中无 ADI 值规定；ADI 值单位为 mg/kg bw

2)计算 IFS$_c$ 的平均值 $\overline{\text{IFS}}$，评价农药对食品安全的影响程度

以 $\overline{\text{IFS}}$ 评价各种农药对人体健康危害的总程度，评价模型见公式(10-2)。

$$\overline{\text{IFS}}=\frac{\sum_{i=1}^{n}\text{IFS}_c}{n} \tag{10-2}$$

$\overline{\text{IFS}}$≪1，所研究消费者人群的食品安全状态很好；$\overline{\text{IFS}}$≤1，所研究消费者人群的

食品安全状态可以接受；$\overline{\text{IFS}} > 1$，所研究消费者人群的食品安全状态不可接受。

本次评价中：

$\overline{\text{IFS}} \leqslant 0.1$，所研究消费者人群的茶叶安全状态很好；

$0.1 < \overline{\text{IFS}} \leqslant 1$，所研究消费者人群的茶叶安全状态可以接受；

$\overline{\text{IFS}} > 1$，所研究消费者人群的茶叶安全状态不可接受。

10.1.2.2　预警风险评估模型

2003 年，我国检验检疫食品安全管理的研究人员根据 WTO 的有关原则和我国的具体规定，结合危害物本身的敏感性、风险程度及其相应的施检频率，首次提出了食品中危害物风险系数 R 的概念[12]。R 是衡量一个危害物的风险程度大小最直观的参数，即在一定时期内其超标率或阳性检出率的高低，但受其施检频率的高低及其本身的敏感性(受关注程度)影响。该模型综合考察了农药在茶叶中的超标率、施检频率及其本身敏感性，能直观而全面地反映出农药在一段时间内的风险程度[13]。

1)R 计算方法

危害物的风险系数综合考虑了危害物的超标率或阳性检出率、施检频率和其本身的敏感性影响，并能直观而全面地反映出危害物在一段时间内的风险程度。风险系数 R 的计算公式如式(10-3)：

$$R = aP + \frac{b}{F} + S \tag{10-3}$$

式中，P 为该种危害物的超标率；F 为危害物的施检频率；S 为危害物的敏感因子；a, b 分别为相应的权重系数。

本次评价中 $F=1$；$S=1$；$a=100$；$b=0.1$，对参数 P 进行计算，计算时首先判断是否为禁用农药，如果为非禁用农药，$P=$超标的样品数(侦测出的含量高于食品最大残留限量标准值，即 MRL)除以总样品数(包括超标、不超标、未侦测出)；如果为禁用农药，则侦测出即为超标，$P=$能侦测出的样品数除以总样品数。判断杭州市茶叶农药残留是否超标的标准限值 MRL 分别以 MRL 中国国家标准[14]和 MRL 欧盟标准作为对照，具体值列于本报告附表一中。

2)评价风险程度

$R \leqslant 1.5$，受检农药处于低度风险；

$1.5 < R \leqslant 2.5$，受检农药处于中度风险；

$R > 2.5$，受检农药处于高度风险。

10.1.2.3　食品膳食暴露风险和预警风险评估应用程序的开发

1)应用程序开发的步骤

为成功开发膳食暴露风险和预警风险评估应用程序，与软件工程师多次沟通讨论，逐步提出并描述清楚计算需求，开发了初步应用程序。为明确出不同茶叶、不同农药、

不同地域的风险水平，向软件工程师提出不同的计算需求，软件工程师对计算需求进行逐一地分析，经过反复的细节沟通，需求分析得到明确后，开始进行解决方案的设计，在保证需求的完整性、一致性的前提下，编写出程序代码，最后设计出满足需求的风险评估专用计算软件，并通过一系列的软件测试和改进，完成专用程序的开发。软件开发基本步骤见图 10-3。

图 10-3　专用程序开发总体步骤

2) 膳食暴露风险评估专业程序开发的基本要求

首先直接利用公式(10-1)，分别计算 LC-Q-TOF/MS 和 GC-Q-TOF/MS 仪器侦测出的各茶叶样品中每种农药 IFS_c，将结果列出。为考察超标农药和禁用农药的使用安全性，分别以我国《食品安全国家标准　食品中农药最大残留限量》(GB 2763—2016)和欧盟食品中农药最大残留限量(以下简称 MRL 中国国家标准和 MRL 欧盟标准)为标准，对侦测出的禁用农药和超标的非禁用农药 IFS_c 单独进行评价；按 IFS_c 大小列表，并找出 IFS_c 值排名前 20 的样本重点关注。

对不同茶叶 i 中每一种侦测出的农药 c 的安全指数进行计算，多个样品时求平均值。按农药种类，计算整个监测时间段内每种农药的 IFS_c，不区分茶叶种类。

3) 预警风险评估专业程序开发的基本要求

分别以 MRL 中国国家标准和 MRL 欧盟标准，按公式(10-3)逐个计算不同茶叶、不同农药的风险系数，禁用农药和非禁用农药分别列表。

为清楚了解各种农药的预警风险，不分时间，不分茶叶，按禁用农药和非禁用农药分类，分别计算各种侦测出农药全部检测时段内风险系数。由于有 MRL 中国国家标准的农药种类太少，无法计算超标数，非禁用农药的风险系数只以 MRL 欧盟标准为标准，进行计算。

4) 风险程度评价专业应用程序的开发方法

采用 Python 计算机程序设计语言，Python 是一个高层次地结合了解释性、编译性、互动性和面向对象的脚本语言。风险评价专用程序主要功能包括：分别读入每例样品 LC-Q-TOF/MS 和 GC-Q-TOF/MS 农药残留检测数据，根据风险评价工作要求，依次对不同农药、不同食品、不同时间、不同采样点的 IFS_c 值和 R 值分别进行数据计算，筛选出禁用农药、超标农药(分别与 MRL 中国国家标准、MRL 欧盟标准限值进行对比)单独重点分析，再分别对各农药、各茶叶种类分类处理，设计出计算和排序程序，编写计算机代码，最后将生成的膳食暴露风险评估和超标风险评估定量计算结果列入设计好的各个表格中，并定性判断风险对目标的影响程度，直接用文字描述风险发生的高低，如"不可接受"、"可以接受"、"没有影响"、"高度风险"、"中度风险"、"低度风险"。

10.2　LC-Q-TOF/MS 侦测杭州市市售茶叶农药残留膳食暴露风险评估

10.2.1　每例茶叶样品中农药残留安全指数分析

基于 2019 年 1 月的农药残留侦测数据，发现在 107 例样品中侦测出农药 333 频次，计算样品中每种残留农药的安全指数 IFS_c，并分析农药对样品安全的影响程度，结果详见附表二，农药残留对茶叶样品安全的影响程度频次分布情况如图 10-4 所示。

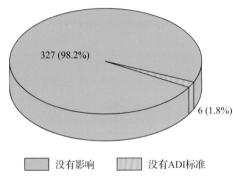

图 10-4　农药残留对茶叶样品安全的影响程度频次分布图

由图 10-4 可以看出，农药残留对样品安全的没有影响的频次为 327，占 98.2%。

部分样品侦测出禁用农药 4 种 26 频次，为了明确残留的禁用农药对样品安全的影响，分析侦测出禁用农药残留的样品安全指数，禁用农药残留对茶叶样品安全的影响程度频次分布情况如图 10-5 所示，农药残留对样品安全没有影响的频次为 26，占100%。

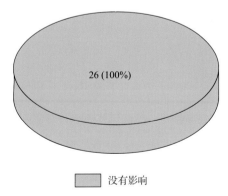

图 10-5　禁用农药对茶叶样品安全影响程度的频次分布图

此外，本次侦测发现部分样品中非禁用农药残留量超过了 MRL 欧盟标准，为了明确超标的非禁用农药对样品安全的影响，分析了非禁用农药残留超标的样品安全指数。

　　残留量超过 MRL 欧盟标准的非禁用农药对茶叶样品安全的影响程度频次分布情况如图 10-6 所示。可以看出超过 MRL 欧盟标准的非禁用农药共 46 频次，其中农药没有 ADI 的频次为 5，占 10.87%；农药残留对样品安全没有影响的频次为 41，占 89.13%。表 10-4 为茶叶样品中安全指数排名前 10 的残留超标非禁用农药列表。

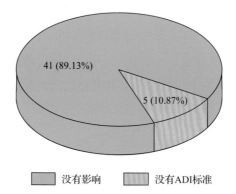

图 10-6　残留超标的非禁用农药对茶叶样品安全的影响程度频次分布图（MRL 欧盟标准）

表 10-4　茶叶样品中安全指数排名前 10 的残留超标非禁用农药列表（MRL 欧盟标准）

序号	样品编号	采样点	基质	农药	含量（mg/kg）	欧盟标准	IFS$_c$	影响程度
1	20190121-330100-AHCIQ-BT-05C	***超市（转塘店）	红茶	异丙威	0.0663	0.01	$2.60×10^{-3}$	没有影响
2	20190121-330100-AHCIQ-BT-05I	***超市（转塘店）	红茶	噻嗪酮	0.206	0.05	$1.79×10^{-3}$	没有影响
3	20190121-330100-AHCIQ-BT-05F	***超市（转塘店）	红茶	唑虫酰胺	0.0982	0.01	$1.28×10^{-3}$	没有影响
4	20190121-330100-AHCIQ-BT-05B	***超市（转塘店）	红茶	异丙威	0.0305	0.01	$1.19×10^{-3}$	没有影响
5	20190121-330100-AHCIQ-BT-05F	***超市（转塘店）	红茶	异丙威	0.0301	0.01	$1.18×10^{-3}$	没有影响
6	20190120-330100-AHCIQ-OT-04B	***超市（涌金店）	乌龙茶	唑虫酰胺	0.0892	0.01	$1.16×10^{-3}$	没有影响
7	20190120-330100-AHCIQ-OT-01B	***超市（上东城店）	乌龙茶	唑虫酰胺	0.0592	0.01	$7.73×10^{-4}$	没有影响
8	20190121-330100-AHCIQ-BT-05C	***超市（转塘店）	红茶	噻嗪酮	0.0885	0.05	$7.70×10^{-4}$	没有影响
9	20190121-330100-AHCIQ-BT-05J	***超市（转塘店）	红茶	苯醚甲环唑	0.0961	0.05	$7.53×10^{-4}$	没有影响
10	20190121-330100-AHCIQ-GT-05R	***超市（转塘店）	绿茶	噻嗪酮	0.0812	0.05	$7.07×10^{-4}$	没有影响

10.2.2　单种茶叶中农药残留安全指数分析

　　本次 4 种茶叶侦测 34 种农药，检出频次为 333 次，其中 3 种农药没有 ADI，31 种

农药存在 ADI 标准。4 种茶叶按不同种类分别计算侦测出的具有 ADI 标准的各种农药的
IFS_c 值，农药残留对茶叶的安全指数分布图如图 10-7 所示。

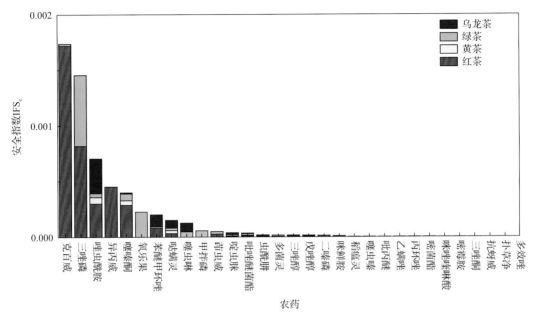

图 10-7　4 种茶叶中 31 种残留农药的安全指数分布图

本次侦测中，4 种茶叶和 34 种残留农药(包括没有 ADI)共涉及 61 个分析样本，农
药对单种茶叶安全的影响程度分布情况如图 10-8 所示。可以看出，95.08%的样本中农药
对茶叶安全没有影响。

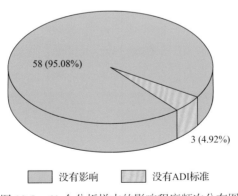

图 10-8　61 个分析样本的影响程度频次分布图

10.2.3　所有茶叶中农药残留安全指数分析

计算所有茶叶中 31 种农药的 IFS_c 值，结果如图 10-9 及表 10-5 所示。

分析发现，所有农药对茶叶安全的影响程度均为没有影响，说明茶叶中残留的农药
不会对茶叶安全造成影响。

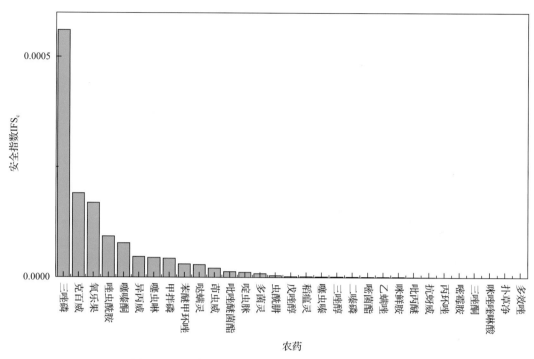

图 10-9　31 种残留农药对茶叶的安全影响程度统计图

表 10-5　茶叶中 31 种农药残留的安全指数表

序号	农药	检出频次	检出率(%)	IFS$_c$	影响程度	序号	农药	检出频次	检出率(%)	IFS$_c$	影响程度
1	三唑磷	15	14.02	$5.61×10^{-4}$	没有影响	17	稻瘟灵	1	0.93	$1.94×10^{-6}$	没有影响
2	克百威	8	7.48	$1.90×10^{-4}$	没有影响	18	噻虫嗪	5	4.67	$1.88×10^{-6}$	没有影响
3	氧乐果	2	1.87	$1.69×10^{-4}$	没有影响	19	三唑醇	1	0.93	$1.65×10^{-6}$	没有影响
4	唑虫酰胺	58	54.21	$9.32×10^{-5}$	没有影响	20	二嗪磷	1	0.93	$1.32×10^{-6}$	没有影响
5	噻嗪酮	52	48.60	$7.73×10^{-5}$	没有影响	21	嘧菌酯	8	7.48	$1.14×10^{-6}$	没有影响
6	异丙威	3	2.80	$4.65×10^{-5}$	没有影响	22	乙螨唑	7	6.54	$1.07×10^{-6}$	没有影响
7	噻虫啉	14	13.08	$4.44×10^{-5}$	没有影响	23	咪鲜胺	1	0.93	$9.52×10^{-7}$	没有影响
8	甲拌磷	1	0.93	$4.29×10^{-5}$	没有影响	24	吡丙醚	3	2.80	$3.96×10^{-7}$	没有影响
9	苯醚甲环唑	13	12.15	$2.99×10^{-5}$	没有影响	25	抗蚜威	1	0.93	$2.05×10^{-7}$	没有影响
10	哒螨灵	37	34.58	$2.88×10^{-5}$	没有影响	26	丙环唑	1	0.93	$1.75×10^{-7}$	没有影响
11	茚虫威	7	6.54	$2.06×10^{-5}$	没有影响	27	嘧霉胺	1	0.93	$9.70×10^{-8}$	没有影响
12	吡唑醚菌酯	24	22.43	$1.31×10^{-5}$	没有影响	28	三唑酮	1	0.93	$7.81×10^{-8}$	没有影响
13	啶虫脒	43	40.19	$1.17×10^{-5}$	没有影响	29	咪唑喹啉酸	1	0.93	$6.03×10^{-8}$	没有影响
14	多菌灵	5	4.67	$8.63×10^{-6}$	没有影响	30	扑草净	1	0.93	$5.12×10^{-8}$	没有影响
15	虫酰肼	2	1.87	$4.17×10^{-6}$	没有影响	31	多效唑	1	0.93	$4.39×10^{-8}$	没有影响
16	戊唑醇	9	8.41	$2.24×10^{-6}$	没有影响						

10.3　LC-Q-TOF/MS 侦测杭州市市售茶叶农药残留预警风险评估

基于杭州市茶叶样品中农药残留 LC-Q-TOF/MS 侦测数据，分析禁用农药的检出率，同时参照中华人民共和国国家标准 GB 2763—2016 和欧盟农药最大残留限量(MRL)标准分析非禁用农药残留的超标率，并计算农药残留风险系数。分析单种茶叶中农药残留以及所有茶叶中农药残留的风险程度。

10.3.1　单种茶叶中农药残留风险系数分析

10.3.1.1　单种茶叶中禁用农药残留风险系数分析

侦测出的 34 种残留农药中有 4 种为禁用农药，且它们分布在 2 种茶叶中，计算 2 种茶叶中禁用农药的检出率，根据检出率计算风险系数 R，进而分析茶叶中禁用农药的风险程度，结果如图 10-10 与表 10-6 所示。分析发现绿茶中的甲拌磷和克百威残留处于中度风险，其余 4 个样本均处为高度风险。

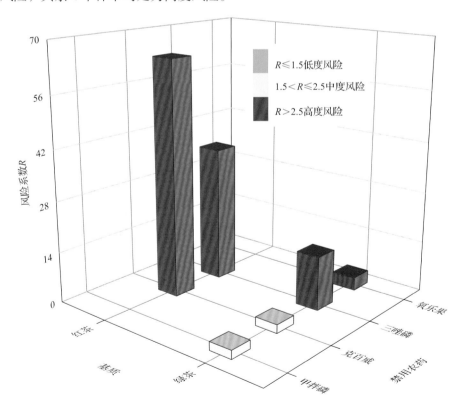

图 10-10　2 种茶叶中 4 种禁用农药残留的风险系数

表 10-6　2 种茶叶中 4 种禁用农药残留的风险系数表

序号	基质	农药	检出频次	检出率(%)	风险系数 R	风险程度
1	红茶	克百威	7	63.64	64.74	高度风险
2	红茶	三唑磷	4	36.36	37.46	高度风险
3	绿茶	三唑磷	11	13.75	14.85	高度风险
4	绿茶	氧乐果	2	2.50	3.60	高度风险
5	绿茶	克百威	1	1.25	2.35	中度风险
6	绿茶	甲拌磷	1	1.25	2.35	中度风险

10.3.1.2　基于 MRL 中国国家标准的单种茶叶中非禁用农药残留风险系数分析

参照中华人民共和国国家标准 GB2763—2016 中农药残留限量计算每种茶叶中每种非禁用农药的超标率，进而计算其风险系数，根据风险系数大小判断残留农药的预警风险程度，茶叶中非禁用农药残留风险程度分布情况如图 10-11 所示。

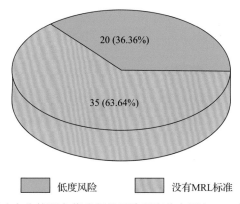

图 10-11　茶叶中非禁用农药残留的风险程度分布图(MRL 中国国家标准)

本次分析中，发现在 4 种茶叶检出 30 种残留非禁用农药，涉及样本 55 个，在 55 个样本中，36.36%处于低度风险，此外发现有 35 个样本没有 MRL 中国国家标准值，无法判断其风险程度，有 MRL 中国国家标准值的 20 个样本涉及 4 种茶叶中的 7 种非禁用农药，其风险系数 R 值如图 10-12 所示。

10.3.1.3　基于 MRL 欧盟标准的单种茶叶中非禁用农药残留风险系数分析

参照 MRL 欧盟标准计算每种茶叶中每种非禁用农药的超标率，进而计算其风险系数，根据风险系数大小判断农药残留的预警风险程度，茶叶中非禁用农药残留风险程度分布情况如图 10-13 所示。

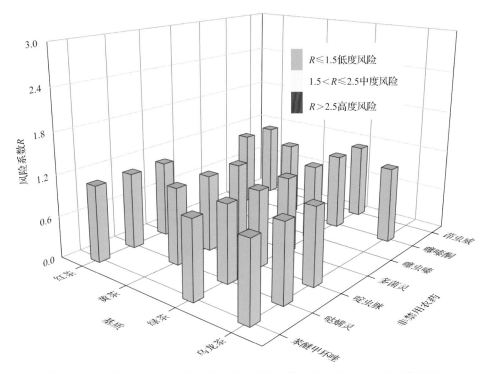

图 10-12　4 种茶叶中 7 种非禁用农药的风险系数分布图（MRL 中国国家标准）

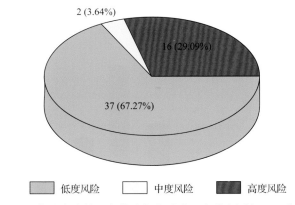

图 10-13　茶叶中非禁用农药残留的风险程度分布图（MRL 欧盟标准）

本次分析中，发现在 4 种茶叶中共侦测出 30 种非禁用农药，涉及样本 55 个，其中，29.09%处于高度风险，涉及 4 种茶叶和 9 种农药；3.64%处于中度风险，涉及 1 种茶叶和 2 种农药；67.27%处于低度风险，涉及 4 种茶叶和 22 种农药。单种茶叶中的非禁用农药风险系数分布图如图 10-14 所示。单种茶叶中处于高度风险的非禁用农药风险系数如图 10-15 和表 10-7 所示。

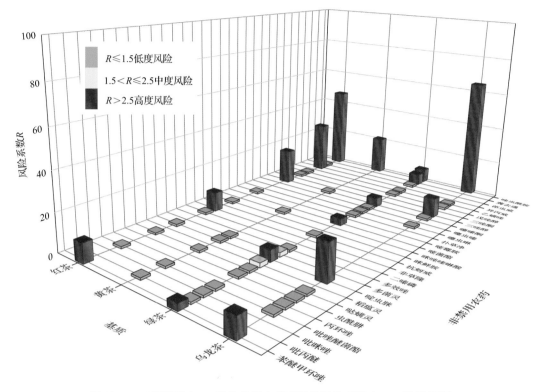

图 10-14　4 种茶叶中 30 种非禁用农药残留的风险系数(MRL 欧盟标准)

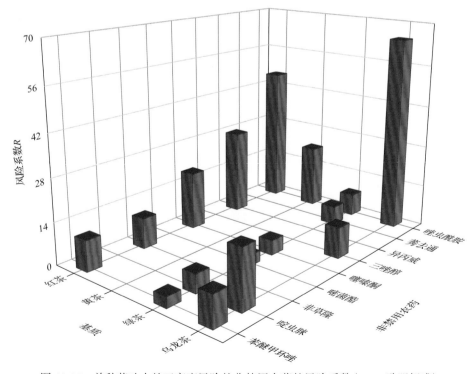

图 10-15　单种茶叶中处于高度风险的非禁用农药的风险系数(MRL 欧盟标准)

表 10-7　单种茶叶中处于高度风险的非禁用农药残留的风险系数表（MRL 欧盟标准）

序号	基质	农药	超标频次	超标率 $P(\%)$	风险系数 R
1	乌龙茶	唑虫酰胺	7	63.64	64.74
2	红茶	唑虫酰胺	5	45.45	46.55
3	红茶	异丙威	3	27.27	28.37
4	黄茶	唑虫酰胺	1	20.00	21.10
5	乌龙茶	啶虫脒	2	18.18	19.28
6	红茶	噻嗪酮	2	18.18	19.28
7	乌龙茶	三唑醇	1	9.09	10.19
8	乌龙茶	苯醚甲环唑	1	9.09	10.19
9	红茶	苯醚甲环唑	1	9.09	10.19
10	红茶	非草隆	1	9.09	10.19
11	绿茶	唑虫酰胺	5	6.25	7.35
12	绿茶	啶虫脒	4	5.00	6.10
13	绿茶	莠去通	4	5.00	6.10
14	绿茶	噻嗪酮	3	3.75	4.85
15	绿茶	嘧菌酯	2	2.50	3.60
16	绿茶	苯醚甲环唑	2	2.50	3.60

10.3.2　所有茶叶中农药残留风险系数分析

10.3.2.1　所有茶叶中禁用农药残留风险系数分析

在侦测出的 34 种农药中有 4 种为禁用农药，计算所有茶叶中禁用农药的风险系数，结果如表 10-8 所示。在 4 种禁用农药中，3 种农药残留处于高度风险，1 种农药残留处于中度风险。

表 10-8　茶叶中 4 种禁用农药的风险系数表

序号	农药	检出频次	检出率(%)	风险系数 R	风险程度
1	三唑磷	15	14.02	15.12	高度风险
2	克百威	8	7.48	8.58	高度风险
3	氧乐果	2	1.87	2.97	高度风险
4	甲拌磷	1	0.93	2.03	中度风险

10.3.2.2　所有茶叶中非禁用农药残留风险系数分析

参照 MRL 欧盟标准计算所有茶叶中每种非禁用农药残留的风险系数，如图 10-16 与表 10-9 所示。在侦测出的 30 种非禁用农药中，7 种农药(23.33%)残留处于高度风险，

4 种农药(13.33%)残留处于中度风险，19 种农药(63.33%)残留处于低度风险。

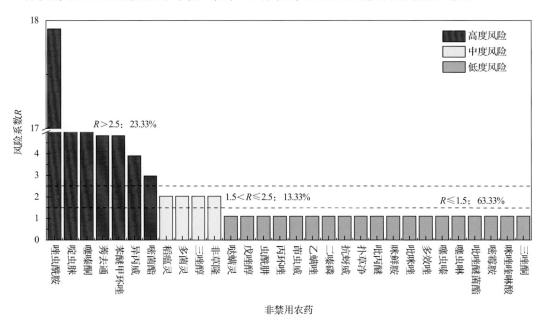

图 10-16　茶叶中 30 种非禁用农药的风险程度统计图

表 10-9　茶叶中 30 种非禁用农药的风险系数表

序号	农药	超标频次	超标率 $P(\%)$	风险系数 R	风险程度
1	唑虫酰胺	18	16.82	17.92	高度风险
2	啶虫脒	6	5.61	6.71	高度风险
3	噻嗪酮	5	4.67	5.77	高度风险
4	莠去通	4	3.74	4.84	高度风险
5	苯醚甲环唑	4	3.74	4.84	高度风险
6	异丙威	3	2.80	3.90	高度风险
7	嘧菌酯	2	1.87	2.97	高度风险
8	稻瘟灵	1	0.93	2.03	中度风险
9	多菌灵	1	0.93	2.03	中度风险
10	三唑醇	1	0.93	2.03	中度风险
11	非草隆	1	0.93	2.03	中度风险
12	哒螨灵	0	0	1.10	低度风险
13	戊唑醇	0	0	1.10	低度风险
14	虫酰肼	0	0	1.10	低度风险
15	丙环唑	0	0	1.10	低度风险
16	茚虫威	0	0	1.10	低度风险
17	乙螨唑	0	0	1.10	低度风险

续表

序号	农药	超标频次	超标率 $P(\%)$	风险系数 R	风险程度
18	二嗪磷	0	0	1.10	低度风险
19	抗蚜威	0	0	1.10	低度风险
20	扑草净	0	0	1.10	低度风险
21	吡丙醚	0	0	1.10	低度风险
22	咪鲜胺	0	0	1.10	低度风险
23	吡咪唑	0	0	1.10	低度风险
24	多效唑	0	0	1.10	低度风险
25	噻虫嗪	0	0	1.10	低度风险
26	噻虫啉	0	0	1.10	低度风险
27	吡唑醚菌酯	0	0	1.10	低度风险
28	嘧霉胺	0	0	1.10	低度风险
29	咪唑喹啉酸	0	0	1.10	低度风险
30	三唑酮	0	0	1.10	低度风险

10.4　LC-Q-TOF/MS 侦测杭州市市售茶叶农药残留风险评估结论与建议

农药残留是影响茶叶安全和质量的主要因素，也是我国食品安全领域备受关注的敏感话题和亟待解决的重大问题之一[15,16]。各种茶叶均存在不同程度的农药残留现象，本研究主要针对杭州市各类茶叶存在的农药残留问题，基于 2019 年 1 月对杭州市 107 例茶叶样品中农药残留侦测得出的 333 个侦测结果，分别采用食品安全指数模型和风险系数模型，开展茶叶中农药残留的膳食暴露风险和预警风险评估。茶叶样品取自超市和茶叶专营店，符合大众的膳食来源，风险评价时更具有代表性和可信度。

本研究力求通用简单地反映食品安全中的主要问题，且为管理部门和大众容易接受，为政府及相关管理机构建立科学的食品安全信息发布和预警体系提供科学的规律与方法，加强对农药残留的预警和食品安全重大事件的预防，控制食品风险。

10.4.1　杭州市茶叶中农药残留膳食暴露风险评价结论

1) 茶叶样品中农药残留安全状态评价结论

采用食品安全指数模型，对 2019 年 1 月期间杭州市茶叶食品农药残留膳食暴露风险进行评价，根据 $\mathrm{IFS_c}$ 的计算结果发现，茶叶中农药的 $\overline{\mathrm{IFS}}$ 为 4.37×10^{-5}，说明杭州市茶叶总体处于可以接受的安全状态，但部分禁用农药、高残留农药在茶叶中仍有侦测出，导致膳食暴露风险的存在，成为不安全因素。

2)禁用农药膳食暴露风险评价

本次检测发现部分茶叶样品中有禁用农药侦测出，侦测出禁用农药 4 种，侦测出频次为 26，茶叶样品中的禁用农药 IFS_c 计算结果表明，禁用农药残留膳食暴露风险没有影响的频次为 26，占 100%。

10.4.2　杭州市茶叶中农药残留预警风险评价结论

1)单种茶叶中禁用农药残留的预警风险评价结论

本次检测过程中，在 2 种茶叶中检测出 4 种禁用农药，禁用农药为：克百威、三唑磷、氧乐果、甲拌磷，茶叶为：红茶、绿茶，茶叶中禁用农药的风险系数分析结果显示，绿茶中的甲拌磷和克百威残留处于中度风险，其余 4 个样本均处为高度风险，说明在单种茶叶中禁用农药的残留会导致较高的预警风险。

2)单种茶叶中非禁用农药残留的预警风险评价结论

以 MRL 中国国家标准为标准，计算茶叶中非禁用农药风险系数情况下，55 个样本中，20 个处于低度风险(36.36%)，35 个样本没有 MRL 中国国家标准(63.64%)。以 MRL 欧盟标准为标准，计算茶叶中非禁用农药风险系数情况下，发现有 16 个处于高度风险(29.09%)，2 个处于中度风险(3.64%)，37 个处于低度风险(67.27%)。基于两种 MRL 标准，评价的结果差异显著，可以看出 MRL 欧盟标准比中国国家标准更加严格和完善，过于宽松的 MRL 中国国家标准值能否有效保障人体的健康有待研究。

10.4.3　加强杭州市茶叶食品安全建议

我国食品安全风险评价体系仍不够健全，相关制度不够完善，多年来，由于农药用药次数多、用药量大或用药间隔时间短，产品残留量大，农药残留所造成的食品安全问题日益严峻，给人体健康带来了直接或间接的危害。据估计，美国与农药有关的癌症患者数约占全国癌症患者总数的 50%，中国更高。同样，农药对其他生物也会形成直接杀伤和慢性危害，植物中的农药可经过食物链逐级传递并不断蓄积，对人和动物构成潜在威胁，并影响生态系统。

基于本次农药残留侦测数据的风险评价结果，提出以下几点建议：

1)加快食品安全标准制定步伐

我国食品标准中对农药每日允许最大摄入量 ADI 的数据严重缺乏，在本次评价所涉及的 34 种农药中，仅有 91.18%的农药具有 ADI 值，而 8.82%的农药中国尚未规定相应的 ADI 值，亟待完善。

我国食品中农药最大残留限量值的规定严重缺乏，对评估涉及的不同茶叶中不同农药 61 个 MRL 限值进行统计来看，我国仅制定出 24 个标准，我国标准完整率仅为 39.34%，欧盟的完整率达到 100%(表 10-10)。因此，中国更应加快 MRL 的制定步伐。

表 10-10　我国国家食品标准农药的 ADI、MRL 值与欧盟标准的数量差异

分类		中国 ADI	MRL 中国国家标准	MRL 欧盟标准
标准限值(个)	有	31	24	61
	无	3	37	0
总数(个)		34	61	61
无标准限值比例(%)		8.82	60.66	0

此外，MRL 中国国家标准限值普遍高于欧盟标准限值，这些标准中共有 24 个高于欧盟。过高的 MRL 值难以保障人体健康，建议继续加强对限值基准和标准的科学研究，将农产品中的危险性减少到尽可能低的水平。

2) 加强农药的源头控制和分类监管

在杭州市某些茶叶中仍有禁用农药残留，利用 LC-Q-TOF/MS 技术侦测出 4 种禁用农药，检出频次为 26 次，残留禁用农药均存在较大的膳食暴露风险和预警风险。早已列入黑名单的禁用农药在我国并未真正退出，有些药物由于价格便宜、工艺简单，此类高毒农药一直生产和使用。建议在我国采取严格有效的控制措施，从源头控制禁用农药。

对于非禁用农药，在我国作为"田间地头"最典型单位的县级茶叶产地中，农药残留的检测几乎缺失。建议根据农药的毒性，对高毒、剧毒、中毒农药实现分类管理，减少使用高毒和剧毒高残留农药，进行分类监管。

3) 加强农药生物基准和降解技术研究

市售茶叶中残留农药的品种多、频次高、禁用农药多次检出这一现状，说明了我国的田间土壤和水体因农药长期、频繁、不合理的使用而遭到严重污染。为此，建议中国相关部门出台相关政策，鼓励高校及科研院所积极开展分子生物学、酶学等研究，加强土壤、水体中残留农药的生物修复及降解新技术研究，切实加大农药监管力度，以控制农药的面源污染问题。

综上所述，在本工作基础上，根据茶叶残留危害，可进一步针对其成因提出和采取严格管理、大力推广无公害茶叶种植与生产、健全食品安全控制技术体系、加强茶叶质量检测体系建设和积极推行茶叶质量追溯制度等相应对策。建立和完善食品安全综合评价指数与风险监测预警系统，对食品安全进行实时、全面的监控与分析，为我国的食品安全科学监管与决策提供新的技术支持，可实现各类检验数据的信息化系统管理，降低食品安全事故的发生。

第11章 GC-Q-TOF/MS 侦测杭州市 107 例市售茶叶样品农药残留报告

从杭州市所属 4 个区，随机采集了 107 例茶叶样品，使用气相色谱-四极杆飞行时间质谱(GC-Q-TOF/MS)对 684 种农药化学污染物示范侦测。

11.1 样品种类、数量与来源

11.1.1 样品采集与检测

为了真实反映百姓日常饮用的茶叶中农药残留污染状况，本次所有检测样品均由检验人员于 2019 年 1 月期间，从杭州市所属 8 个采样点，包括 3 个茶叶专营店和 5 个超市，以随机购买方式采集，总计 8 批 107 例样品，从中检出农药 36 种，390 频次。采样及监测概况见图 11-1 及表 11-1，样品及采样点明细见表 11-2 及表 11-3(侦测原始数据见附表 1)。

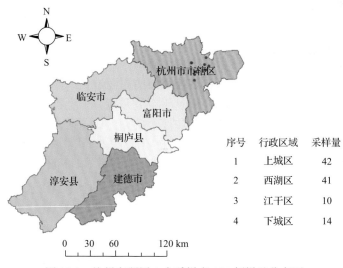

序号	行政区域	采样量
1	上城区	42
2	西湖区	41
3	江干区	10
4	下城区	14

图 11-1 杭州市所属 8 个采样点 107 例样品分布图

表 11-1 农药残留监测总体概况

采样地区	杭州市所属 4 个区
采样点(茶叶专营店+超市)	8
样本总数	107
检出农药品种/频次	36/390
各采样点样本农药残留检出率范围	44.4%~100.0%

表 11-2　样品分类及数量

样品分类	样品名称(数量)	数量小计
1. 茶叶		107
1)发酵类茶叶	红茶(11)，黄茶(5)，乌龙茶(11)	27
2)未发酵类茶叶	绿茶(80)	80
合计	1.茶叶 4 种	107

表 11-3　杭州市采样点信息

采样点序号	行政区域	采样点
茶叶专营店(3)		
1	上城区	***茶庄(丰家兜店)
2	上城区	***茶庄
3	西湖区	***茶庄
超市(5)		
1	江干区	***超市(上东城店)
2	上城区	***超市(涌金店)
3	西湖区	***超市(转塘店)
4	西湖区	***超市(杭新店)
5	下城区	***超市(庆春店)

11.1.2　检测结果

这次使用的检测方法是庞国芳院士团队最新研发的不需使用标准品对照，而以高分辨精确质量数(0.0001 *m/z*)为基准的 GC-Q-TOF/MS 检测技术，对于 107 例样品，每个样品均侦测了 684 种农药化学污染物的残留现状。通过本次侦测，在 107 例样品中共计检出农药化学污染物 36 种，检出 390 频次。

11.1.2.1　各采样点样品检出情况

统计分析发现 8 个采样点中，被测样品的农药检出率范围为 44.4%~100.0%。其中，有 3 个采样点样品的检出率最高，达到了 100.0%，分别是：***茶庄、***超市(杭新店)和***超市(庆春店)。***茶庄的检出率最低，为 44.4%，见图 11-2。

11.1.2.2　检出农药的品种总数与频次

统计分析发现，对于 107 例样品中 684 种农药化学污染物的侦测，共检出农药 390 频次，涉及农药 36 种，结果如图 11-3 所示。其中联苯菊酯和烯虫炔酯检出频次最高，均检出 40 次。检出频次排名前 10 的农药如下：①联苯菊酯(40)，②烯虫炔酯(40)，③三唑酮(35)，④呋草黄(31)，⑤异丙威(28)，⑥烯虫酯(23)，⑦猛杀威(22)，⑧三唑醇(20)，⑨仲丁威(18)，⑩氟丁酰草胺(11)。

由图 11-4 可见，绿茶、红茶和乌龙茶这 3 种茶叶样品中检出的农药品种数较高，均超过 5 种，其中，绿茶检出农药品种最多，为 34 种。由图 11-5 可见，绿茶、红茶和乌龙茶这 3 种茶叶样品中的农药检出频次较高，均超过 10 次，其中，绿茶检出农药频次最高，为 341 次。

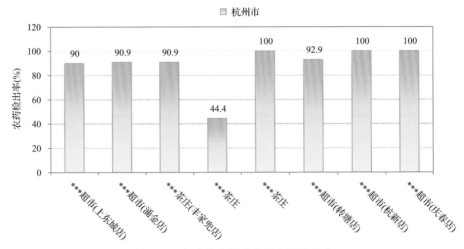

图 11-2　各采样点样品中的农药检出率

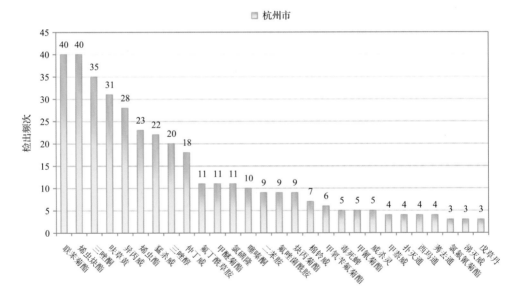

图 11-3　检出农药品种及频次

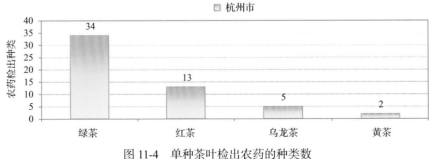

图 11-4　单种茶叶检出农药的种类数

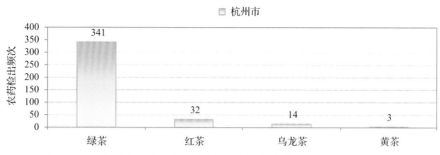

图 11-5　单种茶叶检出农药频次(仅列出检出农药 3 频次及以上的数据)

11.1.2.3　单例样品农药检出种类与占比

对单例样品检出农药种类和频次进行统计发现，未检出农药的样品占总样品数的 10.3%，检出 1 种农药的样品占总样品数的 24.3%，检出 2~5 种农药的样品占总样品数的 41.1%，检出 6~10 种农药的样品占总样品数的 18.7%，检出大于 10 种农药的样品占总样品数的 5.6%。每例样品中平均检出农药为 3.6 种，数据见表 11-4 及图 11-6。

表 11-4　单例样品检出农药品种占比

检出农药品种数	样品数量/占比(%)
未检出	11/10.3
1 种	26/24.3
2~5 种	44/41.1
6~10 种	20/18.7
大于 10 种	6/5.6
单例样品平均检出农药品种	3.6 种

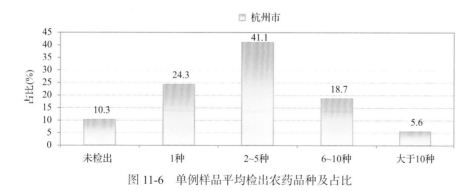

图 11-6　单例样品平均检出农药品种及占比

11.1.2.4　检出农药类别与占比

所有检出农药按功能分类，包括杀虫剂、除草剂、杀菌剂、杀螨剂、植物生长调节剂和其他共 6 类。其中杀虫剂与除草剂为主要检出的农药类别，分别占总数的 41.7% 和 22.2%，见表 11-5 及图 11-7。

表 11-5　检出农药所属类别/占比

农药类别	数量/占比(%)
杀虫剂	15/41.7
除草剂	8/22.2
杀菌剂	8/22.2
杀螨剂	2/5.6
植物生长调节剂	1/2.8
其他	2/5.6

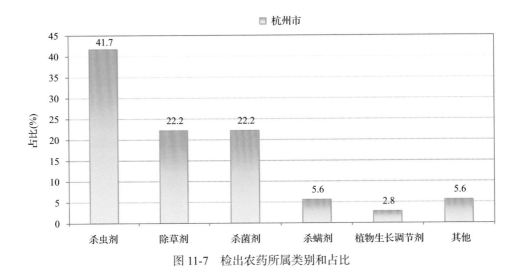

图 11-7　检出农药所属类别和占比

11.1.2.5　检出农药的残留水平

按检出农药残留水平进行统计，残留水平在 1~5 μg/kg(含)的农药占总数的 25.6%，在 5~10 μg/kg(含)的农药占总数的 26.4%，在 10~100 μg/kg(含)的农药占总数的 46.4%，在 100~1000 μg/kg 的农药占总数的 1.5%。

由此可见，这次检测的 8 批 107 例茶叶样品中农药多数处于较低残留水平。结果见表 11-6 及图 11-8，数据见附表 2。

表 11-6　农药残留水平/占比

残留水平(μg/kg)	检出频次数/占比(%)
1~5(含)	100/25.6
5~10(含)	103/26.4
10~100(含)	181/46.4
100~1000	6/1.5

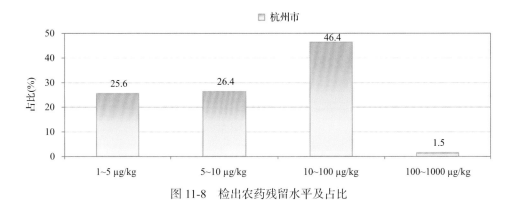

图 11-8　检出农药残留水平及占比

11.1.2.6　检出农药的毒性类别、检出频次和超标频次及占比

对这次检出的 36 种 390 频次的农药，按剧毒、高毒、中毒、低毒和微毒这五个毒性类别进行分类，从中可以看出，杭州市目前普遍使用的农药为中低微毒农药，品种占94.4%，频次占 98.7%。结果见表 11-7 及图 11-9。

表 11-7　检出农药毒性类别/占比

毒性分类	农药品种/占比(%)	检出频次/占比(%)	超标频次/超标率(%)
剧毒农药	1/2.8	3/0.8	0/0.0
高毒农药	1/2.8	2/0.5	0/0.0
中毒农药	14/38.9	177/45.4	0/0.0
低毒农药	15/41.7	122/31.3	0/0.0
微毒农药	5/13.9	86/22.1	0/0.0

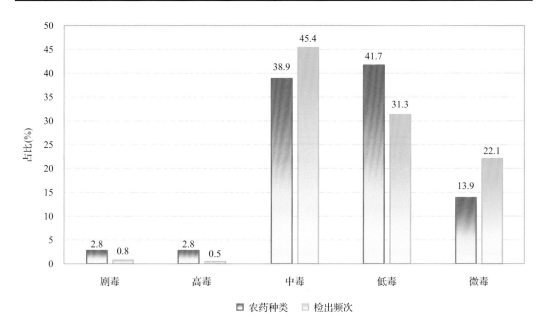

图 11-9　检出农药的毒性分类和占比

11.1.2.7　检出剧毒/高毒类农药的品种和频次

值得特别关注的是，在此次侦测的 107 例样品中有 2 种茶叶的 4 例样品检出了 2 种 5 频次的剧毒和高毒农药，占样品总量的 3.7%，详见图 11-10、表 11-8 及表 11-9。

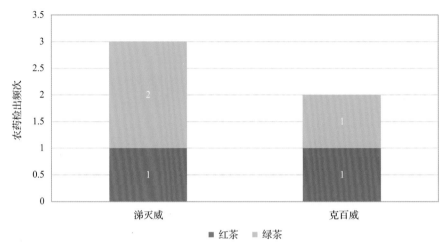

图 11-10　检出剧毒/高毒农药的样品情况

表 11-8　剧毒农药检出情况

序号	农药名称	检出频次	超标频次	超标率
	从 2 种茶叶中检出 1 种剧毒农药，共计检出 3 次			
1	涕灭威*	3	0	0.0%
	合计	3	0	超标率：0.0%

表 11-9　高毒农药检出情况

序号	农药名称	检出频次	超标频次	超标率
	从 2 种茶叶中检出 1 种高毒农药，共计检出 2 次			
1	克百威	2	0	0.0%
	合计	2	0	超标率：0.0%

在检出的剧毒和高毒农药中，有 2 种是我国早已禁止在茶叶上使用的，分别是：克百威和涕灭威。禁用农药的检出情况见表 11-10。

表 11-10　禁用农药检出情况

序号	农药名称	检出频次	超标频次	超标率
	从 2 种茶叶中检出 4 种禁用农药，共计检出 21 次			
1	氯磺隆	11	0	0.0%
2	毒死蜱	5	0	0.0%

续表

序号	农药名称	检出频次	超标频次	超标率
3	涕灭威[*]	3	0	0.0%
4	克百威	2	0	0.0%
	合计	21	0	超标率：0.0%

注：表中*为剧毒农药；超标结果参考 MRL 中国国家标准计算

此次抽检的茶叶样品中，有 2 种茶叶检出了剧毒农药，分别是：红茶中检出涕灭威 1 次；绿茶中检出涕灭威 2 次。

样品中检出剧毒和高毒农药残留水平没有超过 MRL 中国国家标准，但本次检出结果仍表明，高毒、剧毒农药的使用现象依旧存在，详见表 11-11。

表 11-11　各样本中检出剧毒/高毒农药情况

样品名称	农药名称	检出频次	超标频次	检出浓度(μg/kg)
茶叶 2 种				
红茶	涕灭威[*▲]	1	0	238.4
红茶	克百威[▲]	1	0	12.3
绿茶	涕灭威[*▲]	2	0	40.0，33.3
绿茶	克百威[▲]	1	0	12.8
	合计	5	0	超标率：0.0%

注：表中*为剧毒农药；▲为禁用农药；a 为超标结果(参考 MRL 中国国家标准)

11.2　农药残留检出水平与最大残留限量标准对比分析

我国于 2016 年 12 月 18 日正式颁布并于 2017 年 6 月 18 日正式实施食品农药残留限量国家标准《食品中农药最大残留限量》(GB 2763—2016)。该标准包括 417 个农药条目，涉及最大残留限量(MRL)标准 4140 项。将 390 频次检出农药的浓度水平与 4140 项 MRL 中国国家标准进行核对，其中只有 61 频次的结果找到了对应的 MRL，占 15.6%，还有 329 频次的结果则无相关 MRL 标准供参考，占 84.4%。

将此次侦测结果与国际上现行 MRL 标准对比发现，在 390 频次的检出结果中有 390 频次的结果找到了对应的 MRL 欧盟标准，占 100.0%；其中，195 频次的结果有明确对应的 MRL 标准，占 50.0%，其余 195 频次按照欧盟一律标准判定，占 50.0%；有 390 频次的结果找到了对应的 MRL 日本标准，占 100.0%；其中，142 频次的结果有明确对应的 MRL 标准，占 36.4%，其余 248 频次按照日本一律标准判定，占 63.6%；有 60 频次的结果找到了对应的 MRL 中国香港标准，占 15.4%；有 55 频次的结果找到了对应的 MRL 美国标准，占 14.1%；有 59 频次的结果找到了对应的 MRLCAC 标准，占 15.1%(见图 11-11 和图 11-12，数据见附表 3 至附表 8)。

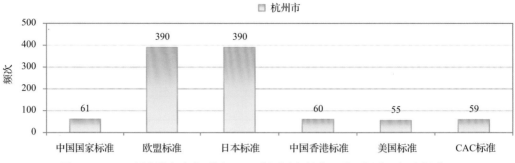

图 11-11　390 频次检出农药可用 MRL 中国国家标准、欧盟标准、日本标准、
中国香港标准、美国标准、CAC 标准判定衡量的数量

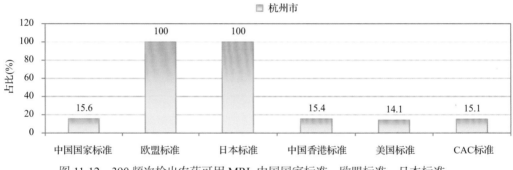

图 11-12　390 频次检出农药可用 MRL 中国国家标准、欧盟标准、日本标准、
中国香港标准、美国标准、CAC 标准衡量的占比

11.2.1　超标农药样品分析

本次侦测的 107 例样品中，11 例样品未检出任何残留农药，占样品总量的 10.3%，96 例样品检出不同水平、不同种类的残留农药，占样品总量的 89.7%。在此，我们将本次侦测的农残检出情况与 MRL 中国国家标准、欧盟标准、日本标准、中国香港标准、美国标准、CAC 标准这 6 大国际主流 MRL 标准进行对比分析，样品农残检出与超标情况见表 11-12、图 11-13 和图 11-14，详细数据见附表 9 至附表 14。

11.2.2　超标农药种类分析

按照 MRL 中国国家标准、欧盟标准、日本标准、中国香港标准、美国标准、CAC 标准这 6 大国际主流 MRL 标准衡量，本次侦测检出的农药超标品种及频次情况见表 11-13。

表 11-12　各 MRL 标准下样本农残检出与超标数量及占比

	中国国家标准 数量/占比(%)	欧盟标准 数量/占比(%)	日本标准 数量/占比(%)	中国香港标准 数量/占比(%)	美国标准 数量/占比(%)	CAC 标准 数量/占比(%)
未检出	11/10.3	11/10.3	11/10.3	11/10.3	11/10.3	11/10.3
检出未超标	96/89.7	38/35.5	39/36.4	96/89.7	96/89.7	96/89.7
检出超标	0/0.0	58/54.2	57/53.3	0/0.0	0/0.0	0/0.0

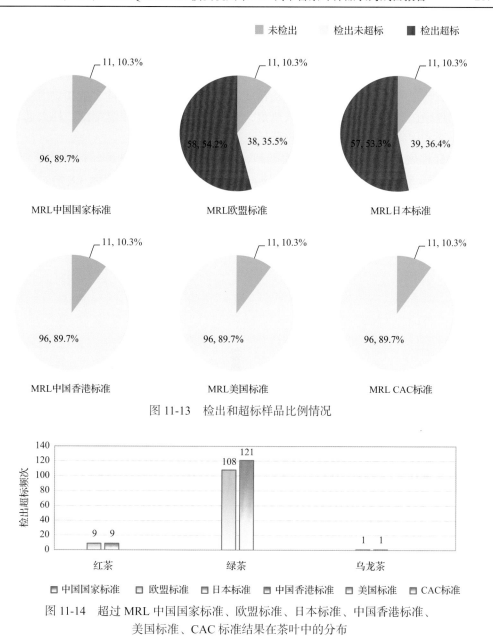

图 11-13　检出和超标样品比例情况

图 11-14　超过 MRL 中国国家标准、欧盟标准、日本标准、中国香港标准、
美国标准、CAC 标准结果在茶叶中的分布

表 11-13　各 MRL 标准下超标农药品种及频次

	中国国家标准	欧盟标准	日本标准	中国香港标准	美国标准	CAC 标准
超标农药品种	0	19	18	0	0	0
超标农药频次	0	118	131	0	0	0

11.2.2.1　按 MRL 中国国家标准衡量

按 MRL 中国国家标准衡量，无样品检出超标农药残留。

11.2.2.2 按 MRL 欧盟标准衡量

按 MRL 欧盟标准衡量，共有 19 种农药超标，检出 118 频次，分别为剧毒农药涕灭威，中毒农药氯氟氰菊酯、异丙威、棉铃威、三唑酮、三唑醇、仲丁威和炔丙菊酯，低毒农药吲唑磺菌胺、氟唑菌酰胺、呋草黄、莠去通、猛杀威、甲醚菊酯、扑灭通、新燕灵、西玛通和甲氧苄氟菊酯，微毒农药烯虫炔酯。

按超标程度比较，红茶中烯虫炔酯超标 6.9 倍，红茶中三唑酮超标 6.1 倍，绿茶中烯虫炔酯超标 5.4 倍，绿茶中异丙威超标 4.1 倍，红茶中涕灭威超标 3.8 倍。检测结果见图 11-15 和附表 16。

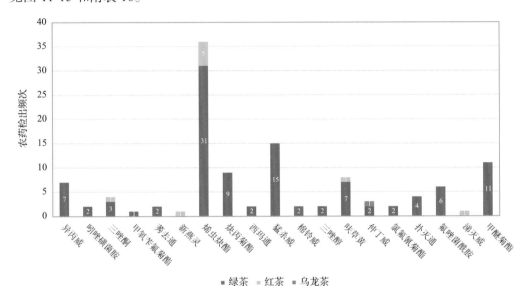

图 11-15 超过 MRL 欧盟标准农药品种及频次

11.2.2.3 按 MRL 日本标准衡量

按 MRL 日本标准衡量，共有 18 种农药超标，检出 131 频次，分别为剧毒农药涕灭威，中毒农药异丙威、仲丁威和炔丙菊酯，低毒农药吲唑磺菌胺、氟唑菌酰胺、呋草黄、莠去通、猛杀威、甲醚菊酯、扑灭通、新燕灵、西玛通和甲氧苄氟菊酯，微毒农药烯虫炔酯、烯虫酯、氟丁酰草胺和氯磺隆。

按超标程度比较，红茶中涕灭威超标 22.8 倍，红茶中烯虫炔酯超标 6.9 倍，绿茶中烯虫炔酯超标 5.4 倍，绿茶中异丙威超标 4.1 倍，绿茶中氟唑菌酰胺超标 3.2 倍。检测结果见图 11-16 和附表 17。

11.2.2.4 按 MRL 中国香港标准衡量

按 MRL 中国香港标准衡量，无样品检出超标农药残留。

11.2.2.5 按 MRL 美国标准衡量

按 MRL 美国标准衡量，无样品检出超标农药残留。

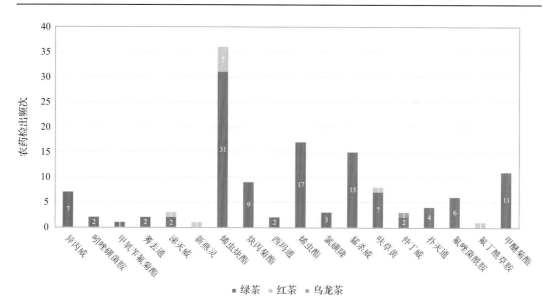

图 11-16　超过 MRL 日本标准农药品种及频次

11.2.2.6　按 MRL CAC 标准衡量

按 MRL CAC 标准衡量，无样品检出超标农药残留。

11.2.3　8 个采样点超标情况分析

11.2.3.1　按 MRL 中国国家标准衡量

按 MRL 中国国家标准衡量，所有采样点的样品均未检出超标农药残留。

11.2.3.2　按 MRL 欧盟标准衡量

按 MRL 欧盟标准衡量，所有采样点的样品存在不同程度的超标农药检出，其中***超市(上东城店)的超标率最高，为 90.0%，如图 11-17 和表 11-14 所示。

表 11-14　超过 MRL 欧盟标准茶叶在不同采样点分布

序号	采样点	样品总数	超标数量	超标率(%)	行政区域
1	***超市(转塘店)	28	21	75.0	西湖区
2	***超市(涌金店)	22	8	36.4	上城区
3	***超市(庆春店)	14	9	64.3	下城区
4	***超市(杭新店)	11	2	18.2	西湖区
5	***茶庄(丰家兜店)	11	6	54.5	上城区
6	***超市(上东城店)	10	9	90.0	江干区
7	***茶庄	9	2	22.2	上城区
8	***茶庄	2	1	50.0	西湖区

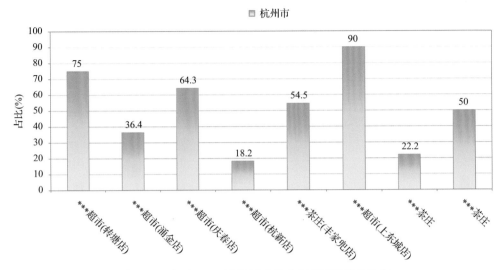

图 11-17　超过 MRL 欧盟标准茶叶在不同采样点分布

11.2.3.3　按 MRL 日本标准衡量

按 MRL 日本标准衡量，所有采样点的样品均存在不同程度的超标农药检出，其中***超市(上东城店)的超标率最高，为 90.0%，如表 11-15 和图 11-18 所示。

11.2.3.4　按 MRL 中国香港标准衡量

按 MRL 中国香港标准衡量，所有采样点的样品均未检出超标农药残留。

11.2.3.5　按 MRL 美国标准衡量

按 MRL 美国标准衡量，所有采样点的样品均未检出超标农药残留。

11.2.3.6　按 MRL CAC 标准衡量

按 MRL CAC 标准衡量，所有采样点的样品均未检出超标农药残留。

表 11-15　超过 MRL 日本标准茶叶在不同采样点分布

序号	采样点	样品总数	超标数量	超标率(%)	行政区域
1	***超市(转塘店)	28	21	75.0	西湖区
2	***超市(涌金店)	22	8	36.4	上城区
3	***超市(庆春店)	14	9	64.3	下城区
4	***超市(杭新店)	11	2	18.2	西湖区
5	***茶庄(丰家兜店)	11	6	54.5	上城区
6	***超市(上东城店)	10	9	90.0	江干区
7	***茶庄	9	1	11.1	上城区
8	***茶庄	2	1	50.0	西湖区

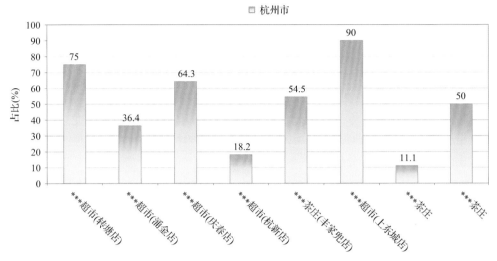

图 11-18　超过 MRL 日本标准茶叶在不同采样点分布

11.3　茶叶中农药残留分布

11.3.1　茶叶按检出农药品种和频次排名

本次残留侦测的茶叶共 4 种，包括红茶、黄茶、乌龙茶和绿茶。

根据检出农药品种及频次进行排名，将各项排名茶叶样品检出情况列表说明，详见表 11-16。

表 11-16　茶叶按检出农药品种和频次排名

按检出农药品种排名(品种)	①绿茶(34)，②红茶(13)，③乌龙茶(5)，④黄茶(2)
按检出农药频次排名(频次)	①绿茶(341)，②红茶(32)，③乌龙茶(14)，④黄茶(3)
按检出禁用、高毒及剧毒农药品种排名(品种)	①绿茶(4)，②红茶(3)
按检出禁用、高毒及剧毒农药频次排名(频次)	①绿茶(18)，②红茶(3)

11.3.2　茶叶按超标农药品种和频次排名

鉴于 MRL 欧盟标准和 MRL 日本标准制定比较全面且覆盖率较高，我们参照 MRL 中国国家标准、MRL 欧盟标准和 MRL 日本标准衡量茶叶样品中农残检出情况，将茶叶按超标农药品种及频次排名列表说明，详见表 11-17。

表 11-17　茶叶按超标农药品种和频次排名

按超标农药品种排名 (农药品种数)	MRL 中国国家标准	
	MRL 欧盟标准	①绿茶(17)，②红茶(5)，③乌龙茶(1)
	MRL 日本标准	①绿茶(16)，②红茶(5)，③乌龙茶(1)

续表

按超标农药频次排名 (农药频次数)	MRL 中国国家标准	
	MRL 欧盟标准	①绿茶(108)，②红茶(9)，③乌龙茶(1)
	MRL 日本标准	①绿茶(121)，②红茶(9)，③乌龙茶(1)

通过对各品种茶叶样本总数及检出率进行综合分析发现，绿茶、乌龙茶的残留污染最为严重，在此，我们参照 MRL 中国国家标准、欧盟标准和日本标准对这 3 种茶叶的农残检出情况进行进一步分析。

11.3.3　农药残留检出率较高的茶叶样品分析

11.3.3.1　绿茶

这次共检测 80 例绿茶样品，73 例样品中检出了农药残留，检出率为 91.3%，检出农药共计 34 种。其中烯虫炔酯、三唑酮、呋草黄、联苯菊酯和异丙威检出频次较高，分别检出了 33、31、29、29 和 24 次。绿茶中农药检出品种和频次见图 11-19，超标农药见图 11-20 和表 11-18。

11.3.3.2　乌龙茶

这次共检测 11 例乌龙茶样品，10 例样品中检出了农药残留，检出率为 90.9%，检出农药共计 5 种。其中仲丁威、联苯菊酯、异丙威、三唑酮和速灭威检出频次较高，分别检出了 6、4、2、1 和 1 次。乌龙茶中农药检出品种和频次见图 11-21，超标农药见图 11-22 和表 11-19。

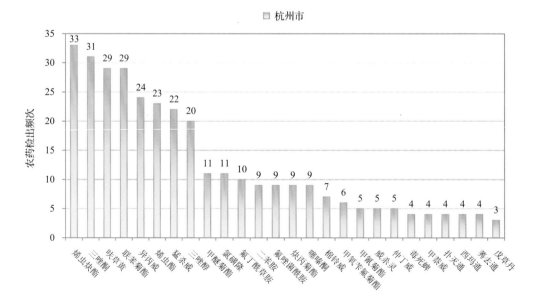

图 11-19　绿茶样品检出农药品种和频次分析(仅列出 3 频次及以上的数据)

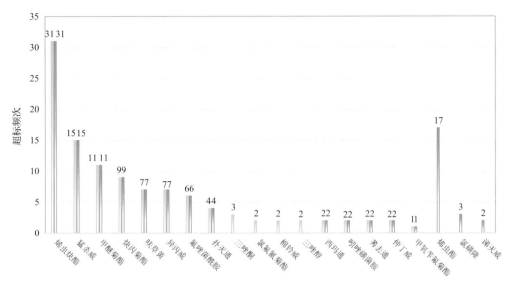

图 11-20　绿茶样品中超标农药分析

表 11-18　绿茶中农药残留超标情况明细表

样品总数	检出农药样品数	样品检出率(%)	检出农药品种总数
80	73	91.3	34

	超标农药品种	超标农药频次	按照 MRL 中国国家标准、欧盟标准和日本标准衡量超标农药名称及频次
中国国家标准	0	0	
欧盟标准	17	108	烯虫炔酯(31)，猛杀威(15)，甲醚菊酯(11)，炔丙菊酯(9)，呋草黄(7)，异丙威(7)，氟唑菌酰胺(6)，扑灭通(4)，三唑酮(3)，氯氟氰菊酯(2)，棉铃威(2)，三唑醇(2)，西玛通(2)，吲唑磺菌胺(2)，莠去通(2)，仲丁威(2)，甲氧苄氟菊酯(1)
日本标准	16	121	烯虫炔酯(31)，烯虫酯(17)，猛杀威(15)，甲醚菊酯(11)，炔丙菊酯(9)，呋草黄(7)，异丙威(7)，氟唑菌酰胺(6)，扑灭通(4)，氯磺隆(3)，涕灭威(2)，西玛通(2)，吲唑磺菌胺(2)，莠去通(2)，仲丁威(2)，甲氧苄氟菊酯(1)

□ 杭州市

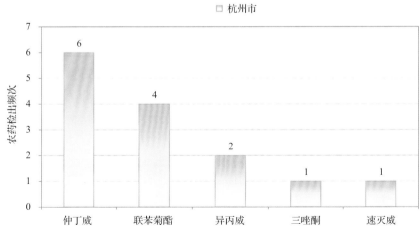

图 11-21　乌龙茶样品检出农药品种和频次分析

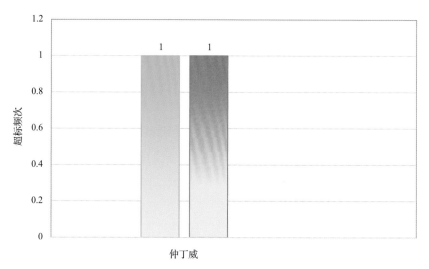

图 11-22　乌龙茶样品中超标农药分析

表 11-19　乌龙茶中农药残留超标情况明细表

样品总数		检出农药样品数	样品检出率(%)	检出农药品种总数
11		10	90.9	5
	超标农药品种	超标农药频次	按照 MRL 中国国家标准、欧盟标准和日本标准衡量超标农药名称及频次	
中国国家标准	0	0		
欧盟标准	1	1	仲丁威(1)	
日本标准	1	1	仲丁威(1)	

11.4　初 步 结 论

11.4.1　杭州市市售茶叶按 MRL 中国国家标准和国际主要 MRL 标准衡量的合格率

本次侦测的 107 例样品中，11 例样品未检出任何残留农药，占样品总量的 10.3%，96 例样品检出不同水平、不同种类的残留农药，占样品总量的 89.7%。在这 96 例检出农药残留的样品中：

按照 MRL 中国国家标准衡量，有 96 例样品检出残留农药但含量没有超标，占样品总数的 89.7%，无检出残留农药超标的样品。

按照 MRL 欧盟标准衡量，有 38 例样品检出残留农药但含量没有超标，占样品总数的 35.5%，有 58 例样品检出了超标农药，占样品总数的 54.2%。

按照 MRL 日本标准衡量，有 39 例样品检出残留农药但含量没有超标，占样品总数的 36.4%，有 57 例样品检出了超标农药，占样品总数的 53.3%。

　　按照 MRL 中国香港标准衡量，有 96 例样品检出残留农药但含量没有超标，占样品总数的 89.7%，无检出残留农药超标的样品。

　　按照 MRL 美国标准衡量，有 96 例样品检出残留农药但含量没有超标，占样品总数的 89.7%，无检出残留农药超标的样品。

　　按照 MRL CAC 标准衡量，有 96 例样品检出残留农药但含量没有超标，占样品总数的 89.7%，无检出残留农药超标的样品。

11.4.2　杭州市市售茶叶中检出农药以中低微毒农药为主，占市场主体的 94.4%

　　这次侦测的 107 例茶叶样品共检出了 36 种农药，检出农药的毒性以中低微毒为主，详见表 11-20。

表 11-20　市场主体农药毒性分布

毒性分类	检出品种	占比(%)	检出频次	占比(%)
剧毒农药	1	2.8	3	0.8
高毒农药	1	2.8	2	0.5
中毒农药	14	38.9	177	45.4
低毒农药	15	41.7	122	31.3
微毒农药	5	13.9	86	22.1
中低微毒农药，品种占比 94.4%，频次占比 98.7%				

11.4.3　检出剧毒、高毒和禁用农药现象应该警醒

　　在此次侦测的 107 例样品中有 2 种茶叶的 15 例样品检出了 4 种 21 频次的剧毒和高毒或禁用农药，占样品总量的 14.0%。其中剧毒农药涕灭威以及高毒农药克百威检出频次较高。

　　按 MRL 中国国家标准衡量，剧毒农药和高毒农药按超标程度比较均未超标。

　　剧毒、高毒或禁用农药的检出情况及按照 MRL 中国国家标准衡量的超标情况见表 11-21。

表 11-21　剧毒、高毒或禁用农药的检出及超标明细

序号	农药名称	样品名称	检出频次	超标频次	最大超标倍数	超标率
1.1	涕灭威*▲	绿茶	2	0	0	0.0%
1.2	涕灭威*▲	红茶	1	0	0	0.0%
2.1	克百威◇▲	红茶	1	0	0	0.0%
2.2	克百威◇▲	绿茶	1	0	0	0.0%
3.1	毒死蜱▲	绿茶	4	0	0	0.0%
3.2	毒死蜱▲	红茶	1	0	0	0.0%
4.1	氯磺隆▲	绿茶	11	0	0	0.0%
合计			21	0		0.0%

注：表中*为剧毒农药；◇为高毒农药；▲为禁用农药；超标倍数参照 MRL 中国国家标准衡量

这些剧毒和高毒农药都是中国政府早有规定禁止在茶叶中使用的，为什么还屡次被检出，应该引起警惕。

11.4.4　残留限量标准与先进国家或地区差距较大

390 频次的检出结果与我国公布的《食品中农药最大残留限量》(GB 2763—2016)对比，有 61 频次能找到对应的 MRL 中国国家标准，占 15.6%；还有 329 频次的侦测数据无相关 MRL 标准供参考，占 84.4%。

与国际上现行 MRL 对比发现：

有 390 频次能找到对应的 MRL 欧盟标准，占 100.0%；

有 390 频次能找到对应的 MRL 日本标准，占 100.0%；

有 60 频次能找到对应的 MRL 中国香港标准，占 15.4%；

有 55 频次能找到对应的 MRL 美国标准，占 14.1%；

有 59 频次能找到对应的 MRL CAC 标准，占 15.1%。

由上可见，MRL 中国国家标准与先进国家或地区标准还有很大差距，我们无标准，境外有标准，这就会导致我们在国际贸易中，处于受制于人的被动地位。

11.4.5　茶叶单种样品检出 5~34 种农药残留，拷问农药使用的科学性

通过此次监测发现，绿茶、红茶和乌龙茶是检出农药品种最多的 3 种茶叶，从中检出农药品种及频次详见表 11-22。

表 11-22　单种样品检出农药品种及频次

样品名称	样品总数	检出农药样品数	检出率	检出农药品种数	检出农药(频次)
绿茶	80	73	91.2%	34	烯虫炔酯(33)，三唑酮(31)，呋草黄(29)，联苯菊酯(29)，异丙威(24)，烯虫酯(23)，猛杀威(22)，三唑醇(20)，甲醚菊酯(11)，氯磺隆(11)，氟丁酰草胺(10)，二苯胺(9)，氟唑菌酰胺(9)，炔丙菊酯(9)，噻嗪酮(9)，棉铃威(7)，甲氧苄氟菊酯(6)，甲氰菊酯(5)，威杀灵(5)，仲丁威(5)，毒死蜱(4)，甲萘威(4)，扑灭通(4)，西玛通(4)，莠去通(4)，戊草丹(3)，氯氟氰菊酯(2)，涕灭威(2)，吲唑磺菌胺(2)，哒螨灵(1)，呋嘧醇(1)，克百威(1)，五氯苯胺(1)，五氯硝基苯(1)
红茶	11	11	100.0%	13	联苯菊酯(7)，仲丁威(7)，烯虫炔酯(5)，呋草黄(2)，三唑酮(2)，异丙威(2)，毒死蜱(1)，氟丁酰草胺(1)，克百威(1)，氯氟氰菊酯(1)，噻嗪酮(1)，涕灭威(1)，新燕灵(1)
乌龙茶	11	10	90.9%	5	仲丁威(6)，联苯菊酯(4)，异丙威(2)，三唑酮(1)，速灭威(1)

上述 3 种茶叶，检出农药 5~34 种，是多种农药综合防治，还是未严格实施农业良好管理规范(GAP)，抑或根本就是乱施药，值得我们思考。

第12章 GC-Q-TOF/MS 侦测杭州市市售茶叶农药残留膳食暴露风险与预警风险评估

12.1 农药残留风险评估方法

12.1.1 杭州市农药残留侦测数据分析与统计

庞国芳院士科研团队建立的农药残留高通量侦测技术以高分辨精确质量数（0.0001 *m/z* 为基准）为识别标准，采用 GC-Q-TOF/MS 技术对 684 种农药化学污染物进行侦测。

科研团队于 2019 年 1 月期间在杭州市 8 个采样点，随机采集了 107 例茶叶样品，具体位置如图 12-1 所示。

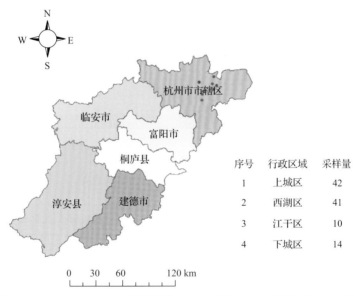

序号	行政区域	采样量
1	上城区	42
2	西湖区	41
3	江干区	10
4	下城区	14

图 12-1　LC-Q-TOF/MS 侦测杭州市 8 个采样点 107 例样品分布示意图

利用 GC-Q-TOF/MS 技术对 107 例样品中的农药进行侦测，侦测出残留农药 36 种，390 频次。侦测出农药残留水平如表 12-1 和图 12-2 所示。检出频次最高的前 10 种农药如表 12-2 所示。从检测结果中可以看出，在茶叶中农药残留普遍存在，且有些茶叶存在高浓度的农药残留，这些可能存在膳食暴露风险，对人体健康产生危害，因此，为了定量地评价茶叶中农药残留的风险程度，有必要对其进行风险评价。

表 12-1　侦测出农药的不同残留水平及其所占比例列表

残留水平(μg/kg)	检出频次	占比(%)
1~5(含)	100	25.6
5~10(含)	103	26.4
10~100(含)	181	46.4
100~1000	6	1.6
合计	390	99.9

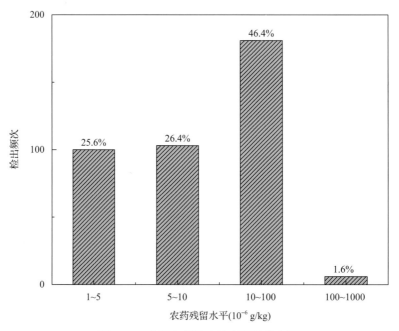

图 12-2　残留农药检出浓度频数分布图

表 12-2　检出频次最高的前 10 种农药列表

序号	农药	检出频次
1	联苯菊酯	40
2	烯虫炔酯	40
3	三唑酮	35
4	呋草黄	31
5	异丙威	28
6	烯虫酯	23
7	猛杀威	22
8	三唑醇	20
9	仲丁威	18
10	氟丁酰草胺	11

12.1.2　农药残留风险评价模型

对杭州市茶叶中农药残留分别开展暴露风险评估和预警风险评估。膳食暴露风险评估利用食品安全指数模型对茶叶中的残留农药对人体可能产生的危害程度进行评价,该模型结合残留监测和膳食暴露评估评价化学污染物的危害;预警风险评价模型运用风险系数(risk index,R),风险系数综合考虑了危害物的超标率、施检频率及其本身敏感性的影响,能直观而全面地反映出危害物在一段时间内的风险程度。

12.1.2.1　食品安全指数模型

为了加强食品安全管理,《中华人民共和国食品安全法》第二章第十七条规定"国家建立食品安全风险评估制度,运用科学方法,根据食品安全风险监测信息、科学数据以及有关信息,对食品、食品添加剂、食品相关产品中生物性、化学性和物理性危害因素进行风险评估"[1],膳食暴露评估是食品危险度评估的重要组成部分,也是膳食安全性的衡量标准[2]。国际上最早研究膳食暴露风险评估的机构主要是 JMPR(FAO、WHO农药残留联合会议),该组织自 1995 年就已制定了急性毒性物质的风险评估急性毒性农药残留摄入量的预测。1960 年美国规定食品中不得加入致癌物质进而提出零阈值理论,渐渐零阈值理论发展成在一定概率条件下可接受风险的概念[3],后衍变为食品中每日允许最大摄入量(ADI),而国际食品农药残留法典委员会(CCPR)认为 ADI 不是独立风险评估的唯一标准[4],1995 年 JMPR 开始研究农药急性膳食暴露风险评估,并对食品国际短期摄入量的计算方法进行了修正,亦对膳食暴露评估准则及评估方法进行了修正[5],2002 年,在对世界上现行的食品安全评价方法,尤其是国际公认的 CAC 评价方法、全球环境监测系统/食品污染监测和评估规划(WHO GEMS/Food)及 FAO、WHO 食品添加剂联合专家委员会(JECFA)和 JMPR 对食品安全风险评估工作研究的基础之上,检验检疫食品安全管理的研究人员提出了结合残留监控和膳食暴露评估,以食品安全指数 IFS计算食品中各种化学污染物对消费者的健康危害程度[6]。IFS 是表示食品安全状态的新方法,可有效地评价某种农药的安全性,进而评价食品中各种农药化学污染物对消费者健康的整体危害程度[7, 8]。从理论上分析,IFS_c 可指出食品中的污染物 c 对消费者健康是否存在危害及危害的程度[9]。其优点在于操作简单且结果容易被接受和理解,不需要大量的数据来对结果进行验证,使用默认的标准假设或者模型即可[10, 11]。

1)IFS_c 的计算

IFS_c 计算公式如下:

$$IFS_c = \frac{EDI_c \times f}{SI_c \times bw} \tag{12-1}$$

式中,c 为所研究的农药;EDI_c 为农药 c 的实际日摄入量估算值,等于 $\sum(R_i \times F_i \times E_i \times P_i)$($i$ 为食品种类;R_i 为食品 i 中农药 c 的残留水平,mg/kg;F_i 为食品 i 的估计日消费量,g/(人·天);E_i 为食品 i 的可食用部分因子;P_i 为食品 i 的加工处理因子);SI_c 为安全摄入量,可采用每日允许最大摄入量 ADI;bw 为人平均体重,kg;f 为校正因子,如果安全摄入量采用 ADI，则 f 取 1。

IFS$_c$≪1，农药 c 对食品安全没有影响；IFS$_c$≤1，农药 c 对食品安全的影响可以接受；IFS$_c$>1，农药 c 对食品安全的影响不可接受。

本次评价中：

IFS$_c$≤0.1，农药 c 对茶叶安全没有影响；

0.1<IFS$_c$≤1，农药 c 对茶叶安全的影响可以接受；

IFS$_c$>1，农药 c 对茶叶安全的影响不可接受。

本次评价中残留水平 R_i 取值为中国检验检疫科学研究院庞国芳院士课题组利用以高分辨精确质量数(0.0001 m/z)为基准的 GC-Q-TOF/MS 侦测技术于 2019 年 1 月期间对杭州市茶叶农药残留的侦测结果，估计日消费量 F_i 取值 0.0047 kg/(人·天)，E_i=1，P_i=1，f=1，SI$_c$ 采用《食品安全国家标　准食品中农药最大残留限量》(GB 2763—2016)中 ADI 值(具体数值见表 12-3)，人平均体重(bw)取值 60 kg。

表 12-3　杭州市茶叶中侦测出农药的 ADI 值

序号	农药	ADI	序号	农药	ADI	序号	农药	ADI
1	异丙威	0.002	13	仲丁威	0.06	25	棉铃威	—
2	涕灭威	0.003	14	哒螨灵	0.01	26	氟丁酰草胺	—
3	联苯菊酯	0.01	15	二苯胺	0.08	27	氟唑菌酰胺	—
4	三唑酮	0.03	16	氯磺隆	0.2	28	炔丙菊酯	—
5	克百威	0.001	17	五氯苯胺	—	29	烯虫炔酯	—
6	三唑醇	0.03	18	吲唑磺菌胺	—	30	烯虫酯	—
7	噻嗪酮	0.009	19	呋嘧醇	—	31	猛杀威	—
8	甲萘威	0.008	20	呋草黄	—	32	甲氧苄氟菊酯	—
9	甲氰菊酯	0.03	21	威杀灵	—	33	甲醚菊酯	—
10	毒死蜱	0.01	22	戊草丹	—	34	莠去通	—
11	氯氟氰菊酯	0.02	23	扑灭通	—	35	西玛通	—
12	五氯硝基苯	0.01	24	新燕灵	—	36	速灭威	—

注："—"表示为国家标准中无 ADI 值规定；ADI 值单位为 mg/kg bw

2)计算 IFS$_c$ 的平均值 $\overline{\text{IFS}}$，评价农药对食品安全的影响程度

以 $\overline{\text{IFS}}$ 评价各种农药对人体健康危害的总程度，评价模型见公式(12-2)。

$$\overline{\text{IFS}} = \frac{\sum_{i=1}^{n} \text{IFS}_c}{n} \tag{12-2}$$

$\overline{\text{IFS}}$≪1，所研究消费者人群的食品安全状态很好；$\overline{\text{IFS}}$≤1，所研究消费者人群的食品安全状态可以接受；$\overline{\text{IFS}}$>1，所研究消费者人群的食品安全状态不可接受。

本次评价中：

$\overline{\text{IFS}}$≤0.1，所研究消费者人群的茶叶安全状态很好；

0.1<$\overline{\text{IFS}}$≤1，所研究消费者人群的茶叶安全状态可以接受；

$\overline{\text{IFS}}$>1，所研究消费者人群的茶叶安全状态不可接受。

12.1.2.2　预警风险评估模型

2003 年，我国检验检疫食品安全管理的研究人员根据 WTO 的有关原则和我国的具体规定，结合危害物本身的敏感性、风险程度及其相应的施检频率，首次提出了食品中危害物风险系数 R 的概念[12]。R 是衡量一个危害物的风险程度大小最直观的参数，即在一定时期内其超标率或阳性检出率的高低，但受其施检频率的高低及其本身的敏感性(受关注程度)影响。该模型综合考察了农药在茶叶中的超标率、施检频率及其本身敏感性，能直观而全面地反映出农药在一段时间内的风险程度[13]。

1)R 计算方法

危害物的风险系数综合考虑了危害物的超标率或阳性检出率、施检频率和其本身的敏感性影响，并能直观而全面地反映出危害物在一段时间内的风险程度。风险系数 R 的计算公式如式(12-3)：

$$R = aP + \frac{b}{F} + S \tag{12-3}$$

式中，P 为该种危害物的超标率；F 为危害物的施检频率；S 为危害物的敏感因子；a, b 分别为相应的权重系数。

本次评价中 F=1；S=1；a=100；b=0.1，对参数 P 进行计算，计算时首先判断是否为禁用农药，如果为非禁用农药，P=超标的样品数(侦测出的含量高于食品最大残留限量标准值，即 MRL)除以总样品数(包括超标、不超标、未侦测出)；如果为禁用农药，则侦测出即为超标，P=能侦测出的样品数除以总样品数。判断杭州市茶叶农药残留是否超标的标准限值 MRL 分别以 MRL 中国国家标准[14]和 MRL 欧盟标准作为对照，具体值列于本报告附表一中。

2)评价风险程度

R≤1.5，受检农药处于低度风险；

1.5<R≤2.5，受检农药处于中度风险；

R>2.5，受检农药处于高度风险。

12.1.2.3　食品膳食暴露风险和预警风险评估应用程序的开发

1)应用程序开发的步骤

为成功开发膳食暴露风险和预警风险评估应用程序，与软件工程师多次沟通讨论，逐步提出并描述清楚计算需求，开发了初步应用程序。为明确出不同茶叶、不同农药、

不同地域的风险水平，向软件工程师提出不同的计算需求，软件工程师对计算需求进行逐一分析，经过反复的细节沟通，需求分析得到明确后，开始进行解决方案的设计，在保证需求的完整性、一致性的前提下，编写出程序代码，最后设计出满足需求的风险评估专用计算软件，并通过一系列的软件测试和改进，完成专用程序的开发。软件开发基本步骤见图 12-3。

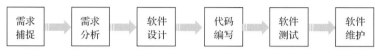

图 12-3　专用程序开发总体步骤

2) 膳食暴露风险评估专业程序开发的基本要求

首先直接利用公式 (12-1)，分别计算 LC-Q-TOF/MS 和 GC-Q-TOF/MS 仪器侦测出的各茶叶样品中每种农药 IFS_c，将结果列出。为考察超标农药和禁用农药的使用安全性，分别以我国《食品安全国家标准　食品中农药最大残留限量》(GB 2763—2016) 和欧盟食品中农药最大残留限量(以下简称 MRL 中国国家标准和 MRL 欧盟标准)为标准，对侦测出的禁用农药和超标的非禁用农药 IFS_c 单独进行评价；按 IFS_c 大小列表，并找出 IFS_c 值排名前 20 的样本重点关注。

对不同茶叶 i 中每一种侦测出的农药 c 的安全指数进行计算，多个样品时求平均值。按农药种类，计算整个监测时间段内每种农药的 IFS_c，不区分茶叶种类。

3) 预警风险评估专业程序开发的基本要求

分别以 MRL 中国国家标准和 MRL 欧盟标准，按公式 (12-3)逐个计算不同茶叶、不同农药的风险系数，禁用农药和非禁用农药分别列表。

为清楚了解各种农药的预警风险，不分时间，不分茶叶，按禁用农药和非禁用农药分类，分别计算各种侦测出农药全部检测时段内风险系数。由于有 MRL 中国国家标准的农药种类太少，无法计算超标数，非禁用农药的风险系数只以 MRL 欧盟标准为标准，进行计算。

4) 风险程度评价专业应用程序的开发方法

采用 Python 计算机程序设计语言，Python 是一个高层次地结合了解释性、编译性、互动性和面向对象的脚本语言。风险评价专用程序主要功能包括：分别读入每例样品 LC-Q-TOF/MS 和 GC-Q-TOF/MS 农药残留检测数据，根据风险评价工作要求，依次对不同农药、不同食品、不同时间、不同采样点的 IFS_c 值和 R 值分别进行数据计算，筛选出禁用农药、超标农药(分别与 MRL 中国国家标准、MRL 欧盟标准限值进行对比)单独重点分析，再分别对各农药、各茶叶种类分类处理，设计出计算和排序程序，编写计算机代码，最后将生成的膳食暴露风险评估和超标风险评估定量计算结果列入设计好的各个表格中，并定性判断风险对目标的影响程度，直接用文字描述风险发生的高低，如"不可接受"、"可以接受"、"没有影响"、"高度风险"、"中度风险"、"低度风险"。

12.2　LC-Q-TOF/MS 侦测杭州市市售茶叶农药残留膳食暴露风险评估

12.2.1　每例茶叶样品中农药残留安全指数分析

基于 2019 年 1 月的农药残留侦测数据，发现在 107 例样品中侦测出农药 390 频次，计算样品中每种残留农药的安全指数 IFS_c，并分析农药对样品安全的影响程度，结果详见附表二，农药残留对茶叶样品安全的影响程度频次分布情况如图 12-4 所示。

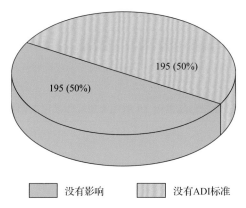

195 (50%)　　195 (50%)

没有影响　　没有ADI标准

图 12-4　农药残留对茶叶样品安全的影响程度频次分布图

由图 12-4 可以看出，农药残留对样品安全的没有影响的频次为 195，占 50%。

部分样品侦测出禁用农药 4 种 21 频次，为了明确残留的禁用农药对样品安全的影响，分析侦测出禁用农药残留的样品安全指数，禁用农药残留对茶叶样品安全的影响程度频次分布情况如图 12-5 所示，农药残留对样品安全没有影响的频次为 21，占 100%。

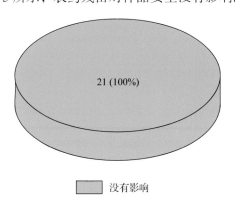

21 (100%)

没有影响

图 12-5　禁用农药对茶叶样品安全影响程度的频次分布图

此外，本次侦测发现部分样品中非禁用农药残留量超过了 MRL 欧盟标准，为了明确超标的非禁用农药对样品安全的影响，分析了非禁用农药残留超标的样品安全指数。

残留量超过 MRL 欧盟标准的非禁用农药对茶叶样品安全的影响程度频次分布情况如图 12-6 所示。可以看出超过 MRL 欧盟标准的非禁用农药共 117 频次，其中农药没有

ADI 的频次为 99，占 84.62%；农药残留对样品安全没有影响的频次为 18，占 15.38%。表 12-4 为茶叶样品中安全指数排名前 10 的残留超标非禁用农药列表。

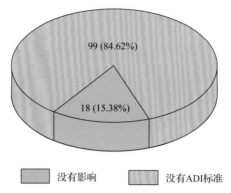

图 12-6　残留超标的非禁用农药对茶叶样品安全的影响程度频次分布图(MRL 欧盟标准)

表 12-4　茶叶样品中安全指数排名前 10 的残留超标非禁用农药列表(MRL 欧盟标准)

序号	样品编号	采样点	基质	农药	含量 (mg/kg)	欧盟标准	IFS$_c$	影响程度
1	20190120-330100-AHCIQ-GT-01F	***超市(上东城店)	绿茶	异丙威	0.0509	0.01	1.99×10^{-3}	没有影响
2	20190121-330100-AHCIQ-GT-05L	***超市(转塘店)	绿茶	异丙威	0.0369	0.01	1.45×10^{-3}	没有影响
3	20190121-330100-AHCIQ-BT-05A	***超市(转塘店)	红茶	三唑酮	0.3534	0.05	9.23×10^{-4}	没有影响
4	20190120-330100-AHCIQ-GT-04P	***超市(涌金店)	绿茶	异丙威	0.0186	0.01	7.29×10^{-4}	没有影响
5	20190121-330100-AHCIQ-GT-05Q	***超市(转塘店)	绿茶	异丙威	0.0173	0.01	6.78×10^{-4}	没有影响
6	20190120-330100-AHCIQ-GT-02D	***茶庄(丰家兜店)	绿茶	异丙威	0.0159	0.01	6.23×10^{-4}	没有影响
7	20190120-330100-AHCIQ-GT-03G	***超市(庆春店)	绿茶	异丙威	0.0143	0.01	5.60×10^{-4}	没有影响
8	20190120-330100-AHCIQ-GT-03C	***超市(庆春店)	绿茶	异丙威	0.0127	0.01	4.97×10^{-4}	没有影响
9	20190121-330100-AHCIQ-GT-06F	***超市(杭新店)	绿茶	三唑醇	0.18	0.05	4.70×10^{-4}	没有影响
10	20190120-330100-AHCIQ-GT-02B	***茶庄(丰家兜店)	绿茶	三唑酮	0.1727	0.05	4.51×10^{-4}	没有影响

12.2.2　单种茶叶中农药残留安全指数分析

本次 4 种茶叶侦测 36 种农药，检出频次为 390 次，其中 20 种农药没有 ADI，16 种农药存在 ADI 标准。4 种茶叶按不同种类分别计算侦测出的具有 ADI 标准的各种农药的 IFS$_c$ 值，农药残留对茶叶的安全指数分布图如图 12-7 所示。

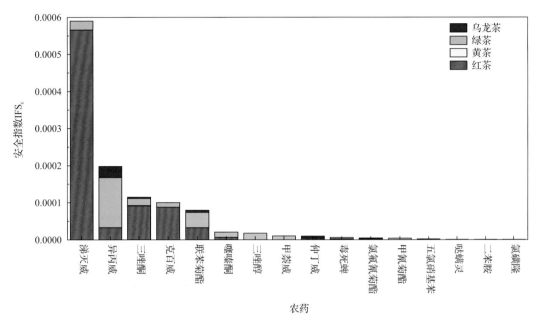

图 12-7　4 种茶叶中 16 种残留农药的安全指数分布图

本次侦测中，4 种茶叶和 36 种残留农药(包括没有 ADI)共涉及 54 个分析样本，农药对单种茶叶安全的影响程度分布情况如图 12-8 所示。可以看出，55.56%的样本中农药对茶叶安全没有影响。

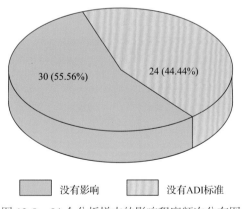

图 12-8　54 个分析样本的影响程度频次分布图

12.2.3　所有茶叶中农药残留安全指数分析

计算所有茶叶中 16 种农药的 IFS$_c$ 值，结果如图 12-9 及表 12-5 所示。

分析发现，所有农药对茶叶安全的影响程度均为没有影响，说明茶叶中残留的农药不会对茶叶安全造成影响。

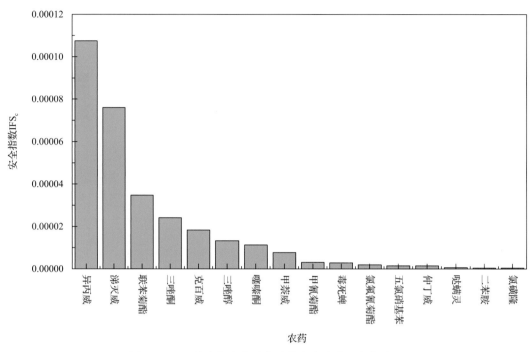

图 12-9　16 种残留农药对茶叶的安全影响程度统计图

表 12-5　茶叶中 16 种农药残留的安全指数表

序号	农药	检出频次	检出率(%)	IFS$_c$	影响程度	序号	农药	检出频次	检出率(%)	IFS$_c$	影响程度
1	异丙威	28	26.17	1.07×10^{-4}	没有影响	9	甲氰菊酯	5	4.67	3.08×10^{-6}	没有影响
2	涕灭威	3	2.80	7.61×10^{-5}	没有影响	10	毒死蜱	5	4.67	2.84×10^{-6}	没有影响
3	联苯菊酯	40	37.38	3.47×10^{-5}	没有影响	11	氯氟氰菊酯	3	2.80	1.93×10^{-6}	没有影响
4	三唑酮	35	32.71	2.42×10^{-5}	没有影响	12	五氯硝基苯	1	0.93	1.50×10^{-6}	没有影响
5	克百威	2	1.87	1.84×10^{-5}	没有影响	13	仲丁威	18	16.82	1.50×10^{-6}	没有影响
6	三唑醇	20	18.69	1.32×10^{-5}	没有影响	14	哒螨灵	1	0.93	6.30×10^{-7}	没有影响
7	噻嗪酮	10	9.35	1.12×10^{-5}	没有影响	15	二苯胺	9	8.41	4.00×10^{-7}	没有影响
8	甲萘威	4	3.74	7.68×10^{-6}	没有影响	16	氯磺隆	11	10.28	3.85×10^{-7}	没有影响

12.3　GC-Q-TOF/MS 侦测杭州市市售茶叶农药残留预警风险评估

　　基于杭州市茶叶样品中农药残留 GC-Q-TOF/MS 侦测数据,分析禁用农药的检出率,同时参照中华人民共和国国家标准 GB 2763—2016 和欧盟农药最大残留限量(MRL)标准分析非禁用农药残留的超标率,并计算农药残留风险系数。分析单种茶叶中农药残留以及所有茶叶中农药残留的风险程度。

12.3.1　单种茶叶中农药残留风险系数分析

12.3.1.1　单种茶叶中禁用农药残留风险系数分析

侦测出的 36 种残留农药中有 4 种为禁用农药，且它们分布在 2 种茶叶中，计算 2 种茶叶中禁用农药的检出率，根据检出率计算风险系数 R，进而分析茶叶中禁用农药的风险程度，结果如图 12-10 与表 12-6 所示。分析发现绿茶中的克百威残留处于中度风险，其余 6 个样本均处于高度风险。

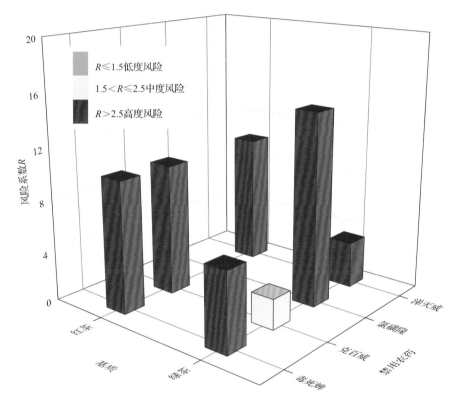

图 12-10　2 种茶叶中 4 种禁用农药残留的风险系数

表 12-6　2 种茶叶中 4 种禁用农药残留的风险系数表

序号	基质	农药	检出频次	检出率(%)	风险系数 R	风险程度
1	绿茶	氯磺隆	11	13.75	14.85	高度风险
2	红茶	克百威	1	9.09	10.19	高度风险
3	红茶	毒死蜱	1	9.09	10.19	高度风险
4	红茶	涕灭威	1	9.09	10.19	高度风险
5	绿茶	毒死蜱	4	5.00	6.10	高度风险
6	绿茶	涕灭威	2	2.50	3.60	高度风险
7	绿茶	克百威	1	1.25	2.35	中度风险

12.3.1.2 基于 MRL 中国国家标准的单种茶叶中非禁用农药残留风险 系数分析

参照中华人民共和国国家标准 GB2763—2016 中农药残留限量计算每种茶叶中每种非禁用农药的超标率，进而计算其风险系数，根据风险系数大小判断残留农药的预警风险程度，茶叶中非禁用农药残留风险程度分布情况如图 12-11 所示。

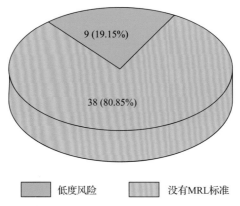

　　　　　■ 低度风险　　　　　▧ 没有MRL标准

图 12-11　茶叶中非禁用农药残留的风险程度分布图(MRL 中国国家标准)

本次分析中，发现在 4 种茶叶检出 32 种残留非禁用农药，涉及样本 47 个，在 47 个样本中，19.15%处于低度风险，此外发现有 38 个样本没有 MRL 中国国家标准值，无法判断其风险程度，有 MRL 中国国家标准值的 9 个样本涉及 3 种茶叶中的 5 种非禁用农药，其风险系数 R 值如图 12-12 所示。

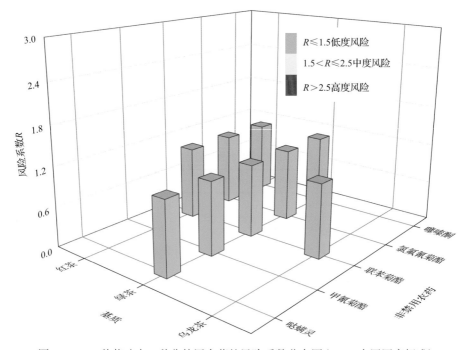

图 12-12　3 种茶叶中 5 种非禁用农药的风险系数分布图(MRL 中国国家标准)

12.3.1.3　基于 MRL 欧盟标准的单种茶叶中非禁用农药残留风险系数分析

参照 MRL 欧盟标准计算每种茶叶中每种非禁用农药的超标率，进而计算其风险系数，根据风险系数大小判断农药残留的预警风险程度，茶叶中非禁用农药残留风险程度分布情况如图 12-13 所示。

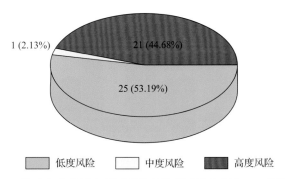

图 12-13　茶叶中非禁用农药残留的风险程度分布图（MRL 欧盟标准）

本次分析中，发现在 4 种茶叶中共侦测出 32 种非禁用农药，涉及样本 47 个，其中，44.68%处于高度风险，涉及 3 种茶叶和 17 种农药；2.13%处于中度风险，涉及 1 种茶叶和 1 种农药；53.19%处于低度风险，涉及 4 种茶叶和 19 种农药。单种茶叶中的非禁用农药风险系数分布图如图 12-14 所示。单种茶叶中处于高度风险的非禁用农药风险系数如图 12-15 和表 12-7 所示。

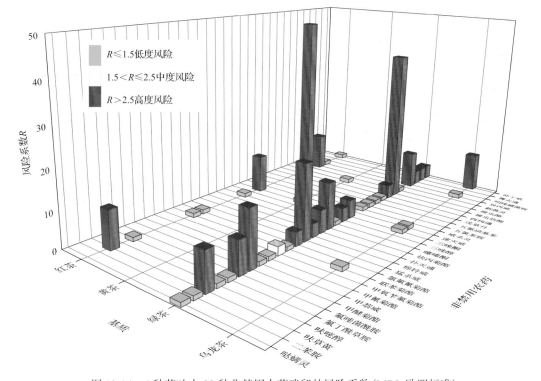

图 12-14　4 种茶叶中 32 种非禁用农药残留的风险系数（MRL 欧盟标准）

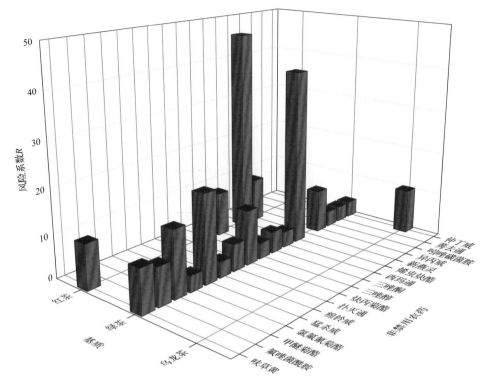

图 12-15　单种茶叶中处于高度风险的非禁用农药的风险系数(MRL 欧盟标准)

表 12-7　单种茶叶中处于高度风险的非禁用农药残留的风险系数表(**MRL** 欧盟标准)

序号	基质	农药	超标频次	超标率 $P(\%)$	风险系数 R
1	红茶	烯虫炔酯	5	45.45	46.55
2	绿茶	烯虫炔酯	31	38.75	39.85
3	绿茶	猛杀威	15	18.75	19.85
4	绿茶	甲醚菊酯	11	13.75	14.85
5	绿茶	炔丙菊酯	9	11.25	12.35
6	乌龙茶	仲丁威	1	9.09	10.19
7	红茶	三唑酮	1	9.09	10.19
8	红茶	呋草黄	1	9.09	10.19
9	红茶	新燕灵	1	9.09	10.19
10	绿茶	呋草黄	7	8.75	9.85
11	绿茶	异丙威	7	8.75	9.85
12	绿茶	氟唑菌酰胺	6	7.50	8.60
13	绿茶	扑灭通	4	5.00	6.10
14	绿茶	三唑酮	3	3.75	4.85
15	绿茶	三唑醇	2	2.50	3.60
16	绿茶	仲丁威	2	2.50	3.60
17	绿茶	吲唑磺菌胺	2	2.50	3.60
18	绿茶	棉铃威	2	2.50	3.60

续表

序号	基质	农药	超标频次	超标率 P(%)	风险系数 R
19	绿茶	氯氟氰菊酯	2	2.50	3.60
20	绿茶	莠去通	2	2.50	3.60
21	绿茶	西玛通	2	2.50	3.60

12.3.2 所有茶叶中农药残留风险系数分析

12.3.2.1 所有茶叶中禁用农药残留风险系数分析

在侦测出的 36 种农药中有 4 种为禁用农药，计算所有茶叶中禁用农药的风险系数，结果如表 12-8 所示。在 4 种禁用农药中，4 种农药残留处于高度风险。

表 12-8　茶叶中 4 种禁用农药的风险系数表

序号	农药	检出频次	检出率(%)	风险系数 R	风险程度
1	氯磺隆	11	10.28	11.38	高度风险
2	毒死蜱	5	4.67	5.77	高度风险
3	涕灭威	3	2.80	3.90	高度风险
4	克百威	2	1.87	2.97	高度风险

12.3.2.2 所有茶叶中非禁用农药残留风险系数分析

参照 MRL 欧盟标准计算所有茶叶中每种非禁用农药残留的风险系数，如图 12-16 与表 12-9 所示。在侦测出的 32 种非禁用农药中，16 种农药(50.00%)残留处于高度风险，2 种农药(6.25%)残留处于中度风险，14 种农药(43.75%)残留处于低度风险。

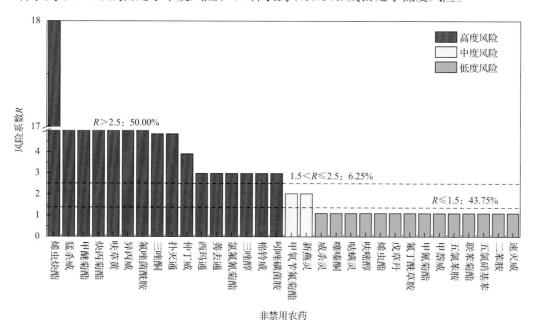

图 12-16　茶叶中 32 种非禁用农药的风险程度统计图

表 12-9　茶叶中 32 种非禁用农药的风险系数表

序号	农药	超标频次	超标率 P(%)	风险系数 R	风险程度
1	烯虫炔酯	36	33.64	34.74	高度风险
2	猛杀威	15	14.02	15.12	高度风险
3	甲醚菊酯	11	10.28	11.38	高度风险
4	炔丙菊酯	9	8.41	9.51	高度风险
5	呋草黄	8	7.48	8.58	高度风险
6	异丙威	7	6.54	7.64	高度风险
7	氟唑菌酰胺	6	5.61	6.71	高度风险
8	三唑酮	4	3.74	4.84	高度风险
9	扑灭通	4	3.74	4.84	高度风险
10	仲丁威	3	2.80	3.90	高度风险
11	西玛通	2	1.87	2.97	高度风险
12	莠去通	2	1.87	2.97	高度风险
13	氯氟氰菊酯	2	1.87	2.97	高度风险
14	三唑醇	2	1.87	2.97	高度风险
15	棉铃威	2	1.87	2.97	高度风险
16	吲唑磺菌胺	2	1.87	2.97	高度风险
17	甲氧苄氟菊酯	1	0.93	2.03	中度风险
18	新燕灵	1	0.93	2.03	中度风险
19	威杀灵	0	0	1.10	低度风险
20	噻嗪酮	0	0	1.10	低度风险
21	哒螨灵	0	0	1.10	低度风险
22	呋嘧醇	0	0	1.10	低度风险
23	烯虫酯	0	0	1.10	低度风险
24	戊草丹	0	0	1.10	低度风险
25	氟丁酰草胺	0	0	1.10	低度风险
26	甲氰菊酯	0	0	1.10	低度风险
27	甲萘威	0	0	1.10	低度风险
28	五氯苯胺	0	0	1.10	低度风险
29	联苯菊酯	0	0	1.10	低度风险
30	五氯硝基苯	0	0	1.10	低度风险
31	二苯胺	0	0	1.10	低度风险
32	速灭威	0	0	1.10	低度风险

12.4　GC-Q-TOF/MS 侦测杭州市市售茶叶农药残留风险评估结论与建议

农药残留是影响茶叶安全和质量的主要因素，也是我国食品安全领域备受关注的敏感话题和亟待解决的重大问题之一[15,16]。各种茶叶均存在不同程度的农药残留现象，本研究主要针对杭州市各类茶叶存在的农药残留问题，基于 2019 年 1 月对杭州市 107 例茶叶样品中农药残留侦测得出的 390 个侦测结果，分别采用食品安全指数模型和风险系数模型，开展茶叶中农药残留的膳食暴露风险和预警风险评估。茶叶样品取自超市和茶叶专营店，符合大众的膳食来源，风险评价时更具有代表性和可信度。

本研究力求通用简单地反映食品安全中的主要问题，且为管理部门和大众容易接受，为政府及相关管理机构建立科学的食品安全信息发布和预警体系提供科学的规律与方法，加强对农药残留的预警和食品安全重大事件的预防，控制食品风险。

12.4.1　杭州市茶叶中农药残留膳食暴露风险评价结论

1) 茶叶样品中农药残留安全状态评价结论

采用食品安全指数模型，对 2019 年 1 月期间杭州市茶叶食品农药残留膳食暴露风险进行评价，根据 IFS_c 的计算结果发现，茶叶中农药的 $\overline{IFS}$ 为 1.91×10^{-5}，说明杭州市茶叶总体处于可以接受的安全状态，但部分禁用农药、高残留农药在茶叶中仍有侦测出，导致膳食暴露风险的存在，成为不安全因素。

2) 禁用农药膳食暴露风险评价

本次检测发现部分茶叶样品中有禁用农药侦测出，侦测出禁用农药 4 种，侦测出频次为 21，茶叶样品中的禁用农药 IFS_c 计算结果表明，禁用农药残留膳食暴露风险没有影响的频次为 21，占 100%。

12.4.2　杭州市茶叶中农药残留预警风险评价结论

1) 单种茶叶中禁用农药残留的预警风险评价结论

本次检测过程中，在 2 种茶叶中检测出 4 种禁用农药，禁用农药为：氯磺隆、克百威、毒死蜱、涕灭威，茶叶为：绿茶、红茶，茶叶中禁用农药的风险系数分析结果显示，绿茶中的克百威残留处于中度风险，其余 6 个样本均处于高度风险，说明在单种茶叶中禁用农药的残留会导致较高的预警风险。

2) 单种茶叶中非禁用农药残留的预警风险评价结论

以 MRL 中国国家标准为标准，计算茶叶中非禁用农药风险系数情况下，47 个样本中，9 个处于低度风险(19.15%)，38 个样本没有 MRL 中国国家标准(80.85%)。以 MRL 欧盟标准为标准，计算茶叶中非禁用农药风险系数情况下，发现有 21 个处于高度风险

(44.68%)，1 个处于中度风险 (2.13%)，25 个处于低度风险 (53.19%)。基于两种 MRL 标准，评价的结果差异显著，可以看出 MRL 欧盟标准比中国国家标准更加严格和完善，过于宽松的 MRL 中国国家标准值能否有效保障人体的健康有待研究。

12.4.3　加强杭州市茶叶食品安全建议

我国食品安全风险评价体系仍不够健全，相关制度不够完善，多年来，由于农药用药次数多、用药量大或用药间隔时间短，产品残留量大，农药残留所造成的食品安全问题日益严峻，给人体健康带来了直接或间接的危害。据估计，美国与农药有关的癌症患者数约占全国癌症患者总数的 50%，中国更高。同样，农药对其他生物也会形成直接杀伤和慢性危害，植物中的农药可经过食物链逐级传递并不断蓄积，对人和动物构成潜在威胁，并影响生态系统。

基于本次农药残留侦测数据的风险评价结果，提出以下几点建议：

1) 加快食品安全标准制定步伐

我国食品标准中对农药每日允许最大摄入量 ADI 的数据严重缺乏，在本次评价所涉及的 36 种农药中，仅有 44.44% 的农药具有 ADI 值，而 55.56% 的农药中国尚未规定相应的 ADI 值，亟待完善。

我国食品中农药最大残留限量值的规定严重缺乏，对评估涉及的不同茶叶中不同农药 54 个 MRL 限值进行统计来看，我国仅制定出 11 个标准，我国标准完整率仅为 20.37%，欧盟的完整率达到 100%(表 12-10)。因此，中国更应加快 MRL 的制定步伐。

表 12-10　我国国家食品标准农药的 ADI、MRL 值与欧盟标准的数量差异

分类		中国 ADI	MRL 中国国家标准	MRL 欧盟标准
标准限值(个)	有	16	11	54
	无	20	43	0
总数(个)		36	54	54
无标准限值比例(%)		44.44	79.63	0

此外，MRL 中国国家标准限值普遍高于欧盟标准限值，这些标准中共有 6 个高于欧盟。过高的 MRL 值难以保障人体健康，建议继续加强对限值基准和标准的科学研究，将农产品中的危险性减少到尽可能低的水平。

2) 加强农药的源头控制和分类监管

在杭州市某些茶叶中仍有禁用农药残留，利用 GC-Q-TOF/MS 技术侦测出 4 种禁用农药，检出频次为 21 次，残留禁用农药均存在较大的膳食暴露风险和预警风险。早已列入黑名单的禁用农药在我国并未真正退出，有些药物由于价格便宜、工艺简单，此类高毒农药一直生产和使用。建议在我国采取严格有效的控制措施，从源头控制禁用农药。

对于非禁用农药，在我国作为"田间地头"最典型单位的县级茶叶产地中，农药残留的检测几乎缺失。建议根据农药的毒性，对高毒、剧毒、中毒农药实现分类管理，减少使用高毒和剧毒高残留农药，进行分类监管。

3) 加强农药生物基准和降解技术研究

市售茶叶中残留农药的品种多、频次高、禁用农药多次检出这一现状，说明了我国的田间土壤和水体因农药长期、频繁、不合理的使用而遭到严重污染。为此，建议中国相关部门出台相关政策，鼓励高校及科研院所积极开展分子生物学、酶学等研究，加强土壤、水体中残留农药的生物修复及降解新技术研究，切实加大农药监管力度，以控制农药的面源污染问题。

综上所述，在本工作基础上，根据茶叶残留危害，可进一步针对其成因提出和采取严格管理、大力推广无公害茶叶种植与生产、健全食品安全控制技术体系、加强茶叶质量检测体系建设和积极推行茶叶质量追溯制度等相应对策。建立和完善食品安全综合评价指数与风险监测预警系统，对食品安全进行实时、全面的监控与分析，为我国的食品安全科学监管与决策提供新的技术支持，可实现各类检验数据的信息化系统管理，降低食品安全事故的发生。

合　肥　市

第 13 章 LC-Q-TOF/MS 侦测合肥市 120 例市售茶叶样品农药残留报告

从合肥市所属 3 个区，随机采集了 120 例茶叶样品，使用液相色谱-四极杆飞行时间质谱(LC-Q-TOF/MS)对 825 种农药化学污染物示范侦测(7 种负离子模式 ESI⁻未涉及)。

13.1 样品种类、数量与来源

13.1.1 样品采集与检测

为了真实反映百姓日常饮用的茶叶中农药残留污染状况，本次所有检测样品均由检验人员于 2018 年 12 月至 2019 年 1 月期间，从合肥市所属 16 个采样点，包括 8 个茶叶专营店、7 个超市和 1 个实验室，以随机购买方式采集，总计 16 批 120 例样品，从中检出农药 68 种，358 频次。采样及监测概况见图 13-1 及表 13-1(样品及采样点明细见表 13-2 及表 13-3，侦测原始数据见附表 1)。

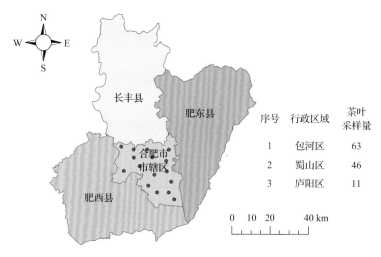

序号	行政区域	茶叶采样量
1	包河区	63
2	蜀山区	46
3	庐阳区	11

图 13-1 合肥市所属 16 个采样点 120 例样品分布图

表 13-1 农药残留监测总体概况

采样地区	合肥市所属 3 个区
采样点(茶叶专营店+超市+实验室)	16
样本总数	120
检出农药品种/频次	68/358
各采样点样本农药残留检出率范围	50.0%~100.0%

表 13-2　样品分类及数量

样品分类	样品名称(数量)	数量小计
1. 茶叶		120
1)发酵类茶叶	红茶(11)，黄茶(19)，乌龙茶(11)	41
2)未发酵类茶叶	绿茶(79)	79
合计	1. 茶叶 4 种	120

表 13-3　合肥市采样点信息

采样点序号	行政区域	采样点
茶叶专营店(8)		
1	包河区	***有限公司
2	包河区	***茶叶店
3	包河区	***有限公司
4	包河区	***茶叶店
5	蜀山区	***茶庄(政务区店)
6	蜀山区	***茶庄
7	蜀山区	***茶庄
8	蜀山区	***有限公司
超市(7)		
1	包河区	***超市(马鞍山路店)
2	包河区	***超市(马鞍山路店)
3	包河区	***超市(***生活广场店)
4	庐阳区	***超市(沿河路店)
5	蜀山区	***超市(长江西路店)
6	蜀山区	***超市(长江路店)
7	蜀山区	***超市(潜山路店)
实验室(1)		
1	包河区	***样品室

13.1.2　检测结果

这次使用的检测方法是庞国芳院士团队最新研发的不需使用标准品对照，而以高分辨精确质量数(0.0001 m/z)为基准的 LC-Q-TOF/MS 检测技术，对于 120 例样品，每个样品均侦测了 825 种农药化学污染物的残留现状。通过本次侦测，在 120 例样品中共计检出农药化学污染物 68 种，检出 358 频次。

13.1.2.1　各采样点样品检出情况

统计分析发现 16 个采样点中，被测样品的农药检出率范围为 50.0%~100.0%。其中，有 5 个采样点样品的检出率最高，达到了 100.0%，分别是：***样品室、***超市(马鞍山路店)、***有限公司、***超市(***生活广场店)和***超市(潜山路店)。***商贸有限公司和***超市(长江西路店)的检出率最低，均为 50.0%，见图 13-2。

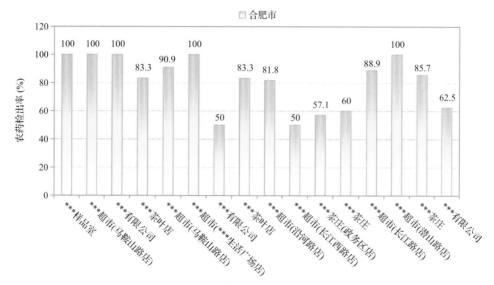

图 13-2　各采样点样品中的农药检出率

13.1.2.2　检出农药的品种总数与频次

统计分析发现，对于 120 例样品中 825 种农药化学污染物的侦测，共检出农药 358 频次，涉及农药 68 种，结果如图 13-3 所示。其中唑虫酰胺检出频次最高，共检出 43 次。

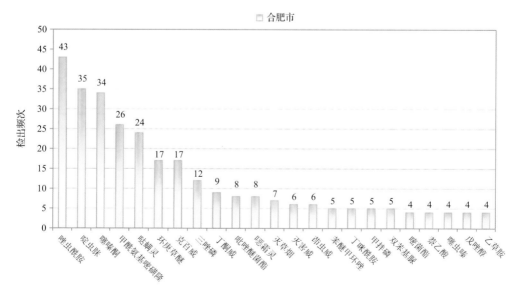

图 13-3　检出农药品种及频次(仅列出 4 频次及以上的数据)

检出频次排名前 10 的农药如下：①唑虫酰胺(43)，②啶虫脒(35)，③噻嗪酮(34)，④甲酰氨基嘧磺隆(26)，⑤哒螨灵(24)，⑥环庚草醚(17)，⑦克百威(17)，⑧三唑磷(12)，⑨丁酮威(9)，⑩吡唑醚菌酯(8)。

由图 13-4 可见，绿茶、黄茶和乌龙茶这 3 种茶叶样品中检出的农药品种数较高，均超过 20 种，其中，绿茶检出农药品种最多，为 46 种。由图 13-5 可见，绿茶、乌龙茶和黄茶这 3 种茶叶样品中的农药检出频次较高，均超过 60 次，其中，绿茶检出农药频次最高，为 187 次。

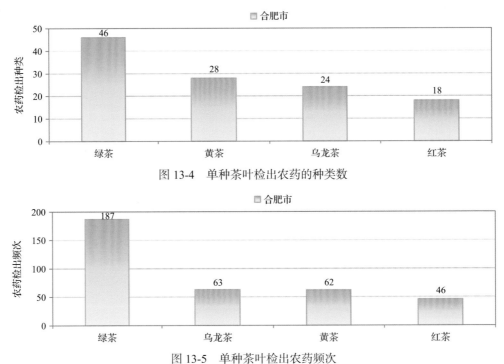

图 13-4　单种茶叶检出农药的种类数

图 13-5　单种茶叶检出农药频次

13.1.2.3　单例样品农药检出种类与占比

对单例样品检出农药种类和频次进行统计发现，未检出农药的样品占总样品数的 15.8%，检出 1 种农药的样品占总样品数的 15.0%，检出 2~5 种农药的样品占总样品数的 56.7%，检出 6~10 种农药的样品占总样品数的 10.8%，检出大于 10 种农药的样品占总样品数的 1.7%。每例样品中平均检出农药为 3.0 种，数据见表 13-4 及图 13-6。

表 13-4　单例样品检出农药品种占比

检出农药品种数	样品数量/占比(%)
未检出	19/15.8
1 种	18/15.0
2~5 种	68/56.7
6~10 种	13/10.8
大于 10 种	2/1.7
单例样品平均检出农药品种	3.0 种

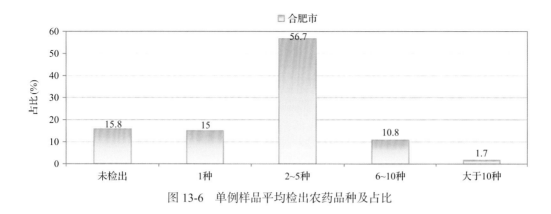

图 13-6　单例样品平均检出农药品种及占比

13.1.2.4　检出农药类别与占比

所有检出农药按功能分类，包括杀虫剂、杀菌剂、除草剂、植物生长调节剂、杀螨剂共 5 类。其中杀虫剂与杀菌剂为主要检出的农药类别，分别占总数的 32.4% 和 29.4%，见表 13-5 及图 13-7。

表 13-5　检出农药所属类别/占比

农药类别	数量/占比(%)
杀虫剂	22/32.4
杀菌剂	20/29.4
除草剂	19/27.9
植物生长调节剂	4/5.9
杀螨剂	3/4.4

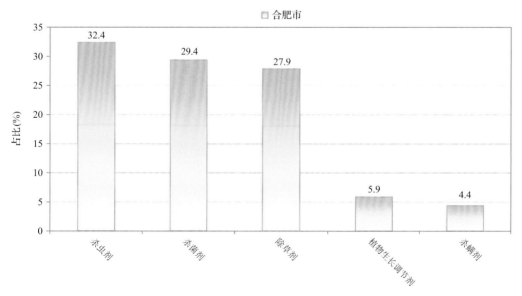

图 13-7　检出农药所属类别和占比

13.1.2.5　检出农药的残留水平

按检出农药残留水平进行统计，残留水平在 1~5 μg/kg(含)的农药占总数的 33.2%，在 5~10 μg/kg(含)的农药占总数的 20.7%，在 10~100 μg/kg(含)的农药占总数的 31.3%，在 100~1000 μg/kg 的农药占总数的 14.8%。

由此可见，这次检测的 16 批 120 例茶叶样品中农药多数处于较低残留水平。结果见表 13-6 及图 13-8，数据见附表 2。

表 13-6　农药残留水平/占比

残留水平(μg/kg)	检出频次数/占比(%)
1~5(含)	119/33.2
5~10(含)	74/20.7
10~100(含)	112/31.3
100~1000	53/14.8

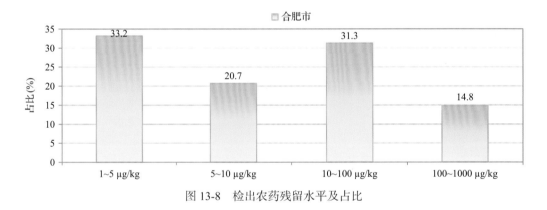

图 13-8　检出农药残留水平及占比

13.1.2.6　检出农药的毒性类别、检出频次和超标频次及占比

对这次检出的 68 种 358 频次的农药，按剧毒、高毒、中毒、低毒和微毒这五个毒性类别进行分类，从中可以看出，合肥市目前普遍使用的农药为中低微毒农药，品种占86.8%，频次占 84.6%。结果见表 13-7 及图 13-9。

表 13-7　检出农药毒性类别/占比

毒性分类	农药品种/占比(%)	检出频次/占比(%)	超标频次/超标率(%)
剧毒农药	2/2.9	6/1.7	0/0.0
高毒农药	7/10.3	49/13.7	4/8.2
中毒农药	27/39.7	163/45.5	0/0.0
低毒农药	20/29.4	113/31.6	0/0.0
微毒农药	12/17.6	27/7.5	0/0.0

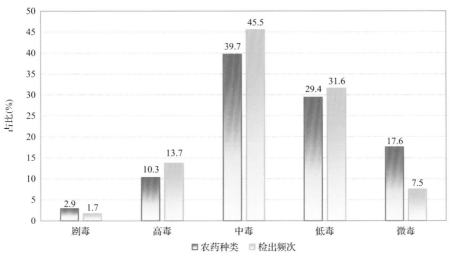

图 13-9　检出农药的毒性分类和占比

13.1.2.7　检出剧毒/高毒类农药的品种和频次

值得特别关注的是，在此次侦测的 120 例样品中有 4 种茶叶的 41 例样品检出了 9
种 55 频次的剧毒和高毒农药，占样品总量的 34.2%，详见图 13-10、表 13-8 及表 13-9。

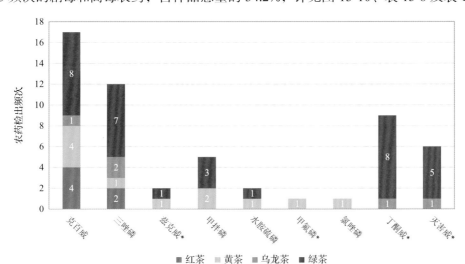

图 13-10　检出剧毒/高毒农药的样品情况

＊表示允许在茶叶上使用的农药

表 13-8　剧毒农药检出情况

序号	农药名称	检出频次	超标频次	超标率
从 2 种茶叶中检出 2 种剧毒农药，共计检出 6 次			
1	甲拌磷＊	5	0	0.0%
2	甲氟磷＊	1	0	0.0%
	合计	6	0	超标率：0.0%

表 13-9　高毒农药检出情况

序号	农药名称	检出频次	超标频次	超标率
从 4 种茶叶中检出 7 种高毒农药,共计检出 49 次			
1	克百威	17	3	17.6%
2	三唑磷	12	0	0.0%
3	丁酮威	9	0	0.0%
4	灭害威	6	0	0.0%
5	水胺硫磷	2	1	50.0%
6	兹克威	2	0	0.0%
7	氯唑磷	1	0	0.0%
合计		49	4	超标率: 8.2%

在检出的剧毒和高毒农药中,有 5 种是我国早已禁止在茶叶上使用的,分别是:克百威、氯唑磷、三唑磷、水胺硫磷和甲拌磷。禁用农药的检出情况见表 13-10。

表 13-10　禁用农药检出情况

序号	农药名称	检出频次	超标频次	超标率
从 4 种茶叶中检出 5 种禁用农药,共计检出 37 次			
1	克百威	17	3	17.6%
2	三唑磷	12	0	0.0%
3	甲拌磷[*]	5	0	0.0%
4	水胺硫磷	2	1	50.0%
5	氯唑磷	1	0	0.0%
合计		37	4	超标率: 10.8%

注:超标结果参考 MRL 中国国家标准计算

此次抽检的茶叶样品中,有 2 种茶叶检出了剧毒农药,分别是:黄茶中检出甲氟磷 1 次,检出甲拌磷 2 次;绿茶中检出甲拌磷 3 次。

样品中检出剧毒和高毒农药残留水平超过 MRL 中国国家标准的频次为 4 次,其中:红茶检出克百威超标 3 次;黄茶检出水胺硫磷超标 1 次。本次检出结果表明,高毒、剧毒农药的使用现象依旧存在,详见表 13-11。

表 13-11　各样本中检出剧毒/高毒农药情况

样品名称	农药名称	检出频次	超标频次	检出浓度(μg/kg)
茶叶 4 种				
红茶	克百威▲	4	3	55.1[a], 178.6[a], 44.5, 498.5[a]
红茶	三唑磷▲	2	0	1.8, 2.4
红茶	兹克威	1	0	32.1

续表

样品名称	农药名称	检出频次	超标频次	检出浓度(μg/kg)
黄茶	甲拌磷[*▲]	2	0	3.5, 1.7
黄茶	甲氟磷[*]	1	0	139.1
黄茶	克百威[▲]	4	0	2.8, 16.3, 2.7, 5.1
黄茶	水胺硫磷[▲]	1	1	51.5[a]
黄茶	氯唑磷[▲]	1	0	8.0
黄茶	三唑磷[▲]	1	0	3.9
绿茶	甲拌磷[*▲]	3	0	4.4, 3.6, 4.7
绿茶	丁酮威	8	0	67.6, 157.1, 58.1, 63.8, 6.9, 435.4, 164.3, 56.8
绿茶	克百威[▲]	8	0	10.1, 9.8, 4.5, 4.4, 3.5, 8.5, 5.8, 23.2
绿茶	三唑磷[▲]	7	0	259.1, 337.7, 49.8, 32.1, 35.6, 29.4, 49.6
绿茶	灭害威	5	0	4.4, 5.2, 5.4, 4.9, 70.9
绿茶	水胺硫磷[▲]	1	0	4.8
绿茶	兹克威	1	0	32.9
乌龙茶	三唑磷[▲]	2	0	1.2, 2.2
乌龙茶	丁酮威	1	0	7.3
乌龙茶	克百威[▲]	1	0	12.0
乌龙茶	灭害威	1	0	10.2
合计		55	4	超标率: 7.3%

13.2　农药残留检出水平与最大残留限量标准对比分析

我国于 2016 年 12 月 18 日正式颁布并于 2017 年 6 月 18 日正式实施食品农药残留限量国家标准《食品中农药最大残留限量》(GB 2763—2016)。该标准包括 417 个农药条目，涉及最大残留限量(MRL)标准 4140 项。将 358 频次检出农药的浓度水平与 4140 项 MRL 中国国家标准进行核对，其中只有 136 频次的结果找到了对应的 MRL，占 38.0%，还有 222 频次的结果则无相关 MRL 标准供参考，占 62.0%。

将此次侦测结果与国际上现行 MRL 对比发现，在 358 频次的检出结果中有 358 频次的结果找到了对应的 MRL 欧盟标准，占 100.0%，其中，243 频次的结果有明确对应的 MRL，占 67.9%，其余 115 频次按照欧盟一律标准判定，占 32.1%；有 358 频次的结果找到了对应的 MRL 日本标准，占 100.0%，其中，206 频次的结果有明确对应的 MRL，占 57.5%，其余 152 频次按照日本一律标准判定，占 42.5%；有 95 频次的结果找到了对应的 MRL 中国香港标准，占 26.5%；有 129 频次的结果找到了对应的 MRL 美国标准，占 36.0%；有 48 频次的结果找到了对应的 MRL CAC 标准，占 13.4%，见图 13-11 和图 13-12，数据见附表 3 至附表 8。

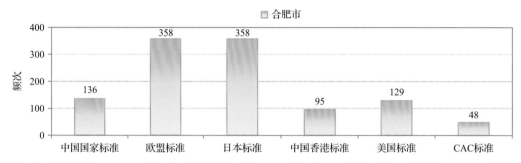

图 13-11　358 频次检出农药可用 MRL 中国国家标准、欧盟标准、日本标准、中国香港标准、美国标准、CAC 标准判定衡量的数量

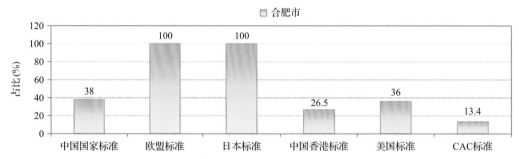

图 13-12　358 频次检出农药可用 MRL 中国国家标准、欧盟标准、日本标准、中国香港标准、美国标准、CAC 标准衡量的占比

13.2.1　超标农药样品分析

本次侦测的 120 例样品中，19 例样品未检出任何残留农药，占样品总量的 15.8%，101 例样品检出不同水平、不同种类的残留农药，占样品总量的 84.2%。在此，我们将本次侦测的农残检出情况与 MRL 中国国家标准、欧盟标准、日本标准、中国香港标准、美国标准、CAC 标准这 6 大国际主流 MRL 标准进行对比分析，样品农残检出与超标情况见表 13-12、图 13-13 和图 13-14，详细数据见附表 9 至附表 14。

表 13-12　各 MRL 标准下样本农残检出与超标数量及占比

	中国国家标准 数量/占比(%)	欧盟标准 数量/占比(%)	日本标准 数量/占比(%)	中国香港标准 数量/占比(%)	美国标准 数量/占比(%)	CAC 标准 数量/占比(%)
未检出	19/15.8	19/15.8	19/15.8	19/15.8	19/15.8	19/15.8
检出未超标	97/80.8	33/27.5	49/40.8	101/84.2	101/84.2	101/84.2
检出超标	4/3.3	68/56.7	52/43.3	0/0.0	0/0.0	0/0.0

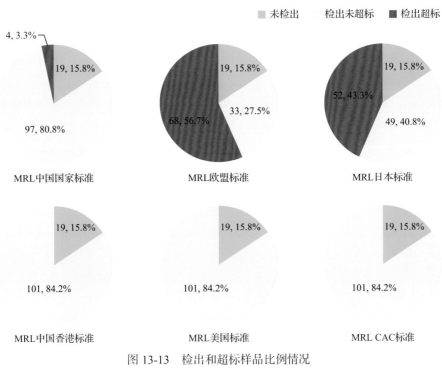

图 13-13　检出和超标样品比例情况

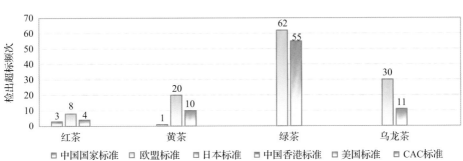

图 13-14　超过 MRL 中国国家标准、欧盟标准、日本标准、中国香港标准、
美国标准、CAC 标准结果在茶叶中的分布

13.2.2　超标农药种类分析

按照 MRL 中国国家标准、欧盟标准、日本标准、中国香港标准、美国标准和 CAC 标准这 6 大国际主流 MRL 标准衡量,本次侦测检出的农药超标品种及频次情况见表 13-13。

表 13-13　各 MRL 标准下超标农药品种及频次

	中国国家标准	欧盟标准	日本标准	中国香港标准	美国标准	CAC 标准
超标农药品种	2	24	22	0	0	0
超标农药频次	4	120	80	0	0	0

13.2.2.1　按 MRL 中国国家标准衡量

按 MRL 中国国家标准衡量，共有 2 种农药超标，检出 4 频次，分别为高毒农药克百威和水胺硫磷。

按超标程度比较，红茶中克百威超标 9.0 倍，黄茶中水胺硫磷含量与 MRL 中国国家标准相当。检测结果见图 13-15 和附表 15。

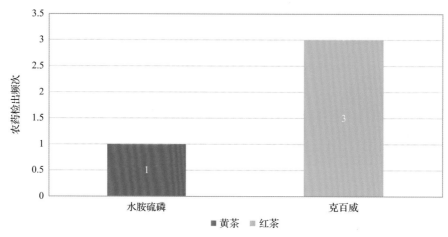

图 13-15　超过 MRL 中国国家标准农药品种及频次

13.2.2.2　按 MRL 欧盟标准衡量

按 MRL 欧盟标准衡量，共有 24 种农药超标，检出 120 频次，分别为剧毒农药甲氟磷，高毒农药三唑磷、灭害威、兹克威、丁酮威、克百威和水胺硫磷，中毒农药异丙隆、吡唑醚菌酯、双苯基脲、苯嗪草酮、噁霜灵、啶虫脒、三环唑、唑虫酰胺和哒螨灵，低毒农药乙草胺、甲酰氨基嘧磺隆、噻嗪酮、环庚草醚、去乙基另丁津和丁咪酰胺，微毒农药灭草烟和嘧菌酯。

按超标程度比较，绿茶中丁酮威超标 42.5 倍，乌龙茶中环庚草醚超标 33.2 倍，红茶中唑虫酰胺超标 32.1 倍，黄茶中唑虫酰胺超标 22.8 倍，绿茶中唑虫酰胺超标 16.0 倍。检测结果见图 13-16 和附表 16。

13.2.2.3　按 MRL 日本标准衡量

按 MRL 日本标准衡量，共有 22 种农药超标，检出 80 频次，分别为剧毒农药甲氟磷，高毒农药灭害威、三唑磷、兹克威、丁酮威、克百威和水胺硫磷，中毒农药异丙隆、双苯基脲、噁霜灵、苯嗪草酮、三环唑和茚虫威，低毒农药乙草胺、甲酰氨基嘧磺隆、异丙甲草胺、萘乙酸、环庚草醚、去乙基另丁津、氯吡脲和丁咪酰胺，微毒农药灭草烟。

按超标程度比较，绿茶中甲酰氨基嘧磺隆超标 53.8 倍，绿茶中丁酮威超标 42.5 倍，乌龙茶中环庚草醚超标 33.2 倍，绿茶中三唑磷超标 32.8 倍，红茶中噁霜灵超标 16.5 倍。检测结果见图 13-17 和附表 17。

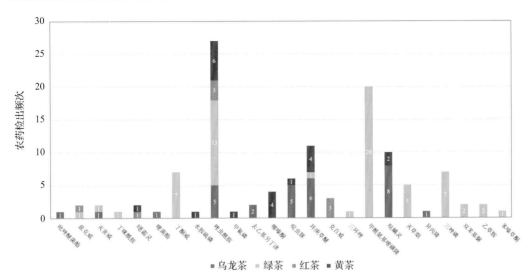

图 13-16　超过 MRL 欧盟标准农药品种及频次

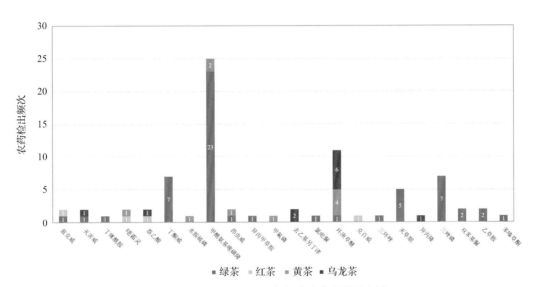

图 13-17　超过 MRL 日本标准农药品种及频次

13.2.2.4　按 MRL 中国香港标准衡量

按 MRL 中国香港标准衡量，无样品检出超标农药残留。

13.2.2.5　按 MRL 美国标准衡量

按 MRL 美国标准衡量，无样品检出超标农药残留。

13.2.2.6　按 MRL CAC 标准衡量

按 MRL CAC 标准衡量，无样品检出超标农药残留。

13.2.3　16 个采样点超标情况分析

13.2.3.1　按 MRL 中国国家标准衡量

按 MRL 中国国家标准衡量，有 4 个采样点的样品存在不同程度的超标农药检出，其中***大茶庄的超标率最高，为 20.0%，如表 13-14 和图 13-18 所示。

表 13-14　超过 MRL 中国国家标准茶叶在不同采样点分布

序号	采样点	样品总数	超标数量	超标率(%)	行政区域
1	***超市(沿河路店)	11	1	9.1	庐阳区
2	***超市(马鞍山路店)	11	1	9.1	包河区
3	***超市(***生活广场店)	8	1	12.5	包河区
4	***茶庄	5	1	20.0	蜀山区

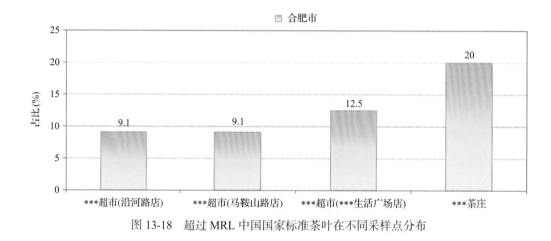

图 13-18　超过 MRL 中国国家标准茶叶在不同采样点分布

13.2.3.2　按 MRL 欧盟标准衡量

按 MRL 欧盟标准衡量，有 15 个采样点的样品存在不同程度的超标农药检出，其中***样品室的超标率最高，为 95.0%，如表 13-15 和图 13-19 所示。

表 13-15　超过 MRL 欧盟标准茶叶在不同采样点分布

序号	采样点	样品总数	超标数量	超标率(%)	行政区域
1	***样品室	20	19	95.0	包河区
2	***超市(沿河路店)	11	6	54.5	庐阳区
3	***超市(马鞍山路店)	11	7	63.6	包河区
4	***超市(长江路店)	9	2	22.2	蜀山区
5	***有限公司	8	3	37.5	蜀山区
6	***超市(***生活广场店)	8	6	75.0	包河区
7	***茶庄	7	5	71.4	蜀山区

续表

序号	采样点	样品总数	超标数量	超标率(%)	行政区域
8	***茶庄(政务区店)	7	2	28.6	蜀山区
9	***有限公司	7	5	71.4	包河区
10	***茶叶店	6	3	50.0	包河区
11	***茶叶店	6	2	33.3	包河区
12	***超市(长江西路店)	6	1	16.7	蜀山区
13	***茶庄	5	3	60.0	蜀山区
14	***超市(潜山路店)	4	2	50.0	蜀山区
15	***超市(马鞍山路店)	3	2	66.7	包河区

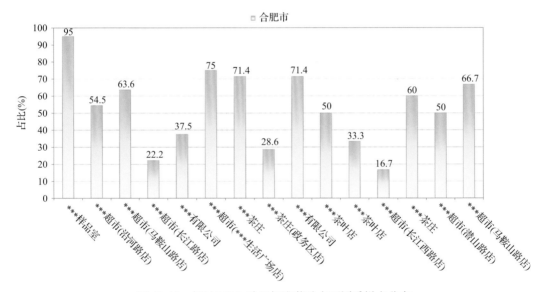

图 13-19　超过 MRL 欧盟标准茶叶在不同采样点分布

13.2.3.3　按 MRL 日本标准衡量

按 MRL 日本标准衡量，有 14 个采样点的样品存在不同程度的超标农药检出，其中 ***样品室的超标率最高，为 95.0%，如表 13-16 和图 13-20 所示。

表 13-16　超过 MRL 日本标准茶叶在不同采样点分布

序号	采样点	样品总数	超标数量	超标率(%)	行政区域
1	***样品室	20	19	95.0	包河区
2	***超市(沿河路店)	11	5	45.5	庐阳区
3	***超市(马鞍山路店)	11	5	45.5	包河区
4	***超市(长江路店)	9	2	22.2	蜀山区

序号	采样点	样品总数	超标数量	超标率(%)	行政区域
5	***有限公司	8	4	50.0	蜀山区
6	***超市(***生活广场店)	8	2	25.0	包河区
7	***茶庄	7	4	57.1	蜀山区
8	***茶庄(政务区店)	7	1	14.3	蜀山区
9	***有限公司	7	2	28.6	包河区
10	***茶叶店	6	2	33.3	包河区
11	***茶叶店	6	2	33.3	包河区
12	***超市(长江西路店)	6	1	16.7	蜀山区
13	***茶庄	5	2	40.0	蜀山区
14	***超市(马鞍山路店)	3	1	33.3	包河区

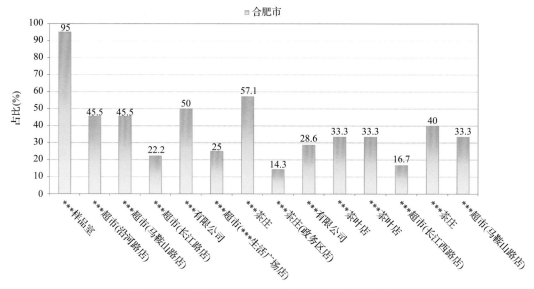

图 13-20　超过 MRL 日本标准茶叶在不同采样点分布

13.2.3.4　按 MRL 中国香港标准衡量

按 MRL 中国香港标准衡量,所有采样点的样品均未检出超标农药残留。

13.2.3.5　按 MRL 美国标准衡量

按 MRL 美国标准衡量,所有采样点的样品均未检出超标农药残留。

13.2.3.6　按 MRL CAC 标准衡量

按 MRL CAC 标准衡量,所有采样点的样品均未检出超标农药残留。

13.3　茶叶中农药残留分布

13.3.1　茶叶按检出农药品种和频次排名

本次残留侦测的茶叶共 4 种，包括红茶、黄茶、乌龙茶和绿茶。

根据检出农药品种及频次进行排名，将各项排名茶叶样品检出情况列表说明，详见表 13-17。

表 13-17　茶叶按检出农药品种和频次排名

按检出农药品种排名(品种)	①绿茶(46)，②黄茶(28)，③乌龙茶(24)，④红茶(18)
按检出农药频次排名(频次)	①绿茶(187)，②乌龙茶(63)，③黄茶(62)，④红茶(46)
按检出禁用、高毒及剧毒农药品种排名(品种)	①绿茶(7)，②黄茶(6)，③乌龙茶(4)，④红茶(3)
按检出禁用、高毒及剧毒农药频次排名(频次)	①绿茶(33)，②黄茶(10)，③红茶(7)，④乌龙茶(5)

13.3.2　茶叶按超标农药品种和频次排名

鉴于 MRL 欧盟标准和 MRL 日本标准制定比较全面且覆盖率较高，我们参照 MRL 中国国家标准、欧盟标准和日本标准衡量茶叶样品中农残检出情况，将茶叶按超标农药品种及频次排名列表说明，详见表 13-18。

表 13-18　茶叶按超标农药品种和频次排名

按超标农药品种排名(农药品种数)	MRL 中国国家标准	①红茶(1)，②黄茶(1)
	MRL 欧盟标准	①绿茶(13)，②乌龙茶(9)，③黄茶(8)，④红茶(4)
	MRL 日本标准	①绿茶(15)，②黄茶(6)，③乌龙茶(5)，④红茶(4)
按超标农药频次排名(农药频次数)	MRL 中国国家标准	①红茶(3)，②黄茶(1)
	MRL 欧盟标准	①绿茶(62)，②乌龙茶(30)，③黄茶(20)，④红茶(8)
	MRL 日本标准	①绿茶(55)，②乌龙茶(11)，③黄茶(10)，④红茶(4)

通过对各品种茶叶样本总数及检出率进行综合分析发现，绿茶、黄茶和乌龙茶的残留污染最为严重，在此，我们参照 MRL 中国国家标准、欧盟标准和日本标准对这 3 种茶叶的农残检出情况进行进一步分析。

13.3.3　农药残留检出率较高的茶叶样品分析

13.3.3.1　绿茶

这次共检测 79 例绿茶样品，63 例样品中检出了农药残留，检出率为 79.7%，检出农药共计 46 种。其中甲酰氨基嘧磺隆、唑虫酰胺、啶虫脒、噻嗪酮和丁酮威检出频次较高，分别检出了 24、22、15、12 和 8 次。绿茶中农药检出品种和频次见图 13-21，超标农药见图 13-22 和表 13-19。

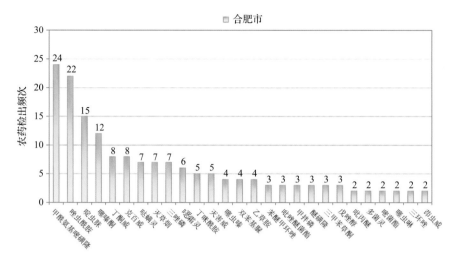

图 13-21　绿茶样品检出农药品种和频次分析(仅列出 2 频次及以上的数据)

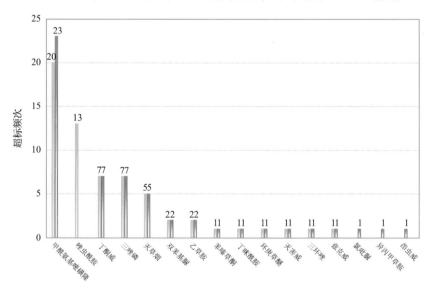

- ■ MRL中国国家标准衡量　　■ MRL欧盟标准衡量　　■ MRL日本标准衡量
- ■ MRL中国香港标准衡量　　■ MRL美国标准衡量　　■ MRL CAC标准衡量

图 13-22　绿茶样品中超标农药分析

表 13-19　绿茶中农药残留超标情况明细表

样品总数		检出农药样品数	样品检出率(%)	检出农药品种总数
79		63	79.7	46
	超标农药品种	超标农药频次	按照 MRL 中国国家标准、欧盟标准和日本标准衡量超标农药名称及频次	
中国国家标准	0	0		
欧盟标准	13	62	甲酰氨基嘧磺隆(20)、唑虫酰胺(13)、丁酮威(7)、三唑磷(7)、灭草烟(5)、双苯基脲(2)、乙草胺(2)、苯嗪草酮(1)、丁咪酰胺(1)、环庚草醚(1)、灭害威(1)、三环唑(1)、兹克威(1)	
日本标准	15	55	甲酰氨基嘧磺隆(23)、丁酮威(7)、三唑磷(7)、灭草烟(5)、双苯基脲(2)、乙草胺(2)、苯嗪草酮(1)、丁咪酰胺(1)、环庚草醚(1)、氯吡脲(1)、灭害威(1)、三环唑(1)、异丙甲草胺(1)、茚虫威(1)、兹克威(1)	

13.3.3.2　黄茶

这次共检测 19 例黄茶样品，16 例样品中检出了农药残留，检出率为 84.2%，检出农药共计 28 种。其中啶虫脒、唑虫酰胺、噻嗪酮、环庚草醚和哒螨灵检出频次较高，分别检出了 8、8、7、5 和 4 次。黄茶中农药检出品种和频次见图 13-23，超标农药见图 13-24 和表 13-20。

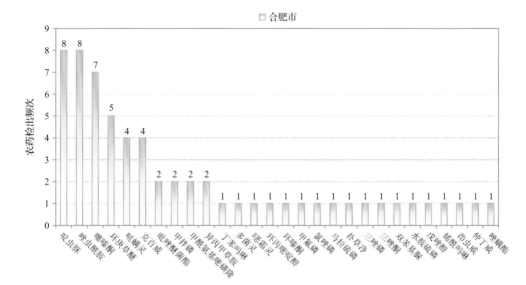

图 13-23　黄茶样品检出农药品种和频次分析

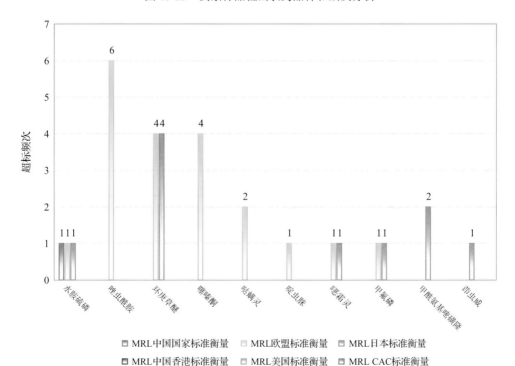

图 13-24　黄茶样品中超标农药分析

表 13-20　黄茶中农药残留超标情况明细表

样品总数		检出农药样品数	样品检出率(%)	检出农药品种总数
19		16	84.2	28
	超标农药品种	超标农药频次	按照 MRL 中国国家标准、欧盟标准和日本标准衡量超标农药名称及频次	
中国国家标准	1	1	水胺硫磷(1)	
欧盟标准	8	20	唑虫酰胺(6)、环庚草醚(4)、噻嗪酮(4)、哒螨灵(2)、啶虫脒(1)、噁霜灵(1)、甲氟磷(1)、水胺硫磷(1)	
日本标准	6	10	环庚草醚(4)、甲酰氨基嘧磺隆(2)、噁霜灵(1)、甲氟磷(1)、水胺硫磷(1)、茚虫威(1)	

13.3.3.3　乌龙茶

　　这次共检测 11 例乌龙茶样品，全部检出了农药残留，检出率为 100.0%，检出农药共计 24 种。其中哒螨灵、唑虫酰胺、啶虫脒、环庚草醚和噻嗪酮检出频次较高，分别检出了 10、8、7、6 和 5 次。乌龙茶中农药检出品种和频次见图 13-25，超标农药见表 13-21 和图 13-26。

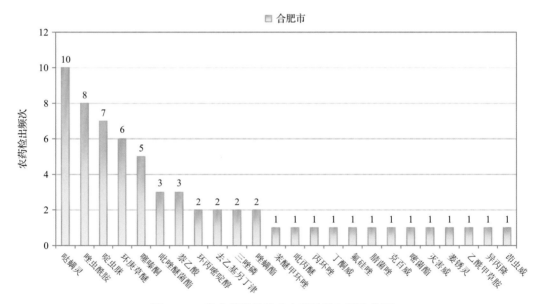

图 13-25　乌龙茶样品检出农药品种和频次分析

表 13-21　乌龙茶中农药残留超标情况明细表

样品总数		检出农药样品数	样品检出率(%)	检出农药品种总数
11		11	100	24
	超标农药品种	超标农药频次	按照 MRL 中国国家标准、欧盟标准和日本标准衡量超标农药名称及频次	
中国国家标准	0	0		
欧盟标准	9	30	哒螨灵(8)、环庚草醚(6)、啶虫脒(5)、唑虫酰胺(5)、去乙基另丁津(2)、吡唑醚菌酯(1)、嘧菌酯(1)、灭害威(1)、异丙隆(1)	
日本标准	5	11	环庚草醚(6)、去乙基另丁津(2)、灭害威(1)、萘乙酸(1)、异丙隆(1)	

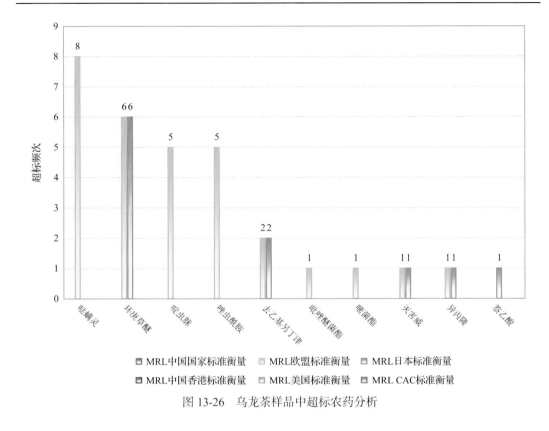

图 13-26　乌龙茶样品中超标农药分析

13.4　初步结论

13.4.1　合肥市市售茶叶按 MRL 中国国家标准和国际主要 MRL 标准衡量的合格率

本次侦测的 120 例样品中，19 例样品未检出任何残留农药，占样品总量的 15.8%，101 例样品检出不同水平、不同种类的残留农药，占样品总量的 84.2%。在这 101 例检出农药残留的样品中：

按照 MRL 中国国家标准衡量，有 97 例样品检出残留农药但含量没有超标，占样品总数的 80.8%，有 4 例样品检出了超标农药，占样品总数的 3.3%。

按照 MRL 欧盟标准衡量，有 33 例样品检出残留农药但含量没有超标，占样品总数的 27.5%，有 68 例样品检出了超标农药，占样品总数的 56.7%。

按照 MRL 日本标准衡量，有 49 例样品检出残留农药但含量没有超标，占样品总数的 40.8%，有 52 例样品检出了超标农药，占样品总数的 43.3%。

按照 MRL 中国香港标准衡量，有 101 例样品检出残留农药但含量没有超标，占样品总数的 84.2%，无检出残留农药超标的样品，见图 13-29。

按照 MRL 美国标准衡量，有 101 例样品检出残留农药但含量没有超标，占样品总数的 84.2%，无检出残留农药超标的样品。

按照 MRL CAC 标准衡量，有 101 例样品检出残留农药但含量没有超标，占样品总数的 84.2%，无检出残留农药超标的样品。

13.4.2　合肥市市售茶叶中检出农药以中低微毒农药为主，占市场主体的 86.8%

这次侦测的 120 例茶叶样品共检出了 68 种农药，检出农药的毒性以中低微毒为主，详见表 13-22。

表 13-22　市场主体农药毒性分布

毒性分类	检出品种	占比(%)	检出频次	占比(%)
剧毒农药	2	2.9	6	1.7
高毒农药	7	10.3	49	13.7
中毒农药	27	39.7	163	45.5
低毒农药	20	29.4	113	31.6
微毒农药	12	17.6	27	7.5

中低微毒农药，品种占比 86.8%，频次占比 84.6%

13.4.3　检出剧毒、高毒和禁用农药现象应该警醒

在此次侦测的 120 例样品中有 4 种茶叶的 41 例样品检出了 9 种 55 频次的剧毒和高毒或禁用农药，占样品总量的 34.2%。其中剧毒农药甲拌磷和甲氟磷以及高毒农药克百威、三唑磷和丁酮威检出频次较高。

按 MRL 中国国家标准衡量，高毒农药克百威，检出 17 次，超标 3 次；按超标程度比较，红茶中克百威超标 9.0 倍，黄茶中水胺硫磷超标 0.03 倍。

剧毒、高毒或禁用农药的检出情况及按照 MRL 中国国家标准衡量的超标情况见表 13-23。

表 13-23　剧毒、高毒或禁用农药的检出及超标明细

序号	农药名称	样品名称	检出频次	超标频次	最大超标倍数	超标率
1.1	甲拌磷*▲	绿茶	3	0	0	0.0%
1.2	甲拌磷*▲	黄茶	2	0	0	0.0%
2.1	甲氟磷*	黄茶	1	0	0	0.0%
3.1	丁酮威◇	绿茶	8	0	0	0.0%
3.2	丁酮威◇	乌龙茶	1	0	0	0.0%
4.1	克百威◇▲	绿茶	8	0	0	0.0%
4.2	克百威◇▲	红茶	4	3	9.0	75.0%
4.3	克百威◇▲	黄茶	4	0	0	0.0%
4.4	克百威◇▲	乌龙茶	1	0	0	0.0%

续表

序号	农药名称	样品名称	检出频次	超标频次	最大超标倍数	超标率
5.1	氯唑磷◇▲	黄茶	1	0	0	0.0%
6.1	灭害威◇	绿茶	5	0	0	0.0%
6.2	灭害威◇	乌龙茶	1	0	0	0.0%
7.1	三唑磷◇▲	绿茶	7	0	0	0.0%
7.2	三唑磷◇▲	红茶	2	0	0	0.0%
7.3	三唑磷◇▲	乌龙茶	2	0	0	0.0%
7.4	三唑磷◇▲	黄茶	1	0	0	0.0%
8.1	水胺硫磷◇▲	黄茶	1	1	0.03	100.0%
8.2	水胺硫磷◇▲	绿茶	1	0	0	0.0%
9.1	兹克威◇	红茶	1	0	0	0.0%
9.2	兹克威◇	绿茶	1	0	0	0.0%
合计			55	4		7.3%

注：超标倍数参照 MRL 中国国家标准衡量

这些剧毒和高毒农药都是中国政府早有规定禁止在茶叶中使用的，为什么还屡次被检出，应该引起警惕。

13.4.4　残留限量标准与先进国家或地区差距较大

358 频次的检出结果与我国公布的《食品中农药最大残留限量》（GB 2763—2016）对比，有 136 频次能找到对应的 MRL 中国国家标准，占 38.0%；还有 222 频次的侦测数据无相关 MRL 标准供参考，占 62.0%。

与国际上现行 MRL 对比发现：

有 358 频次能找到对应的 MRL 欧盟标准，占 100.0%；

有 358 频次能找到对应的 MRL 日本标准，占 100.0%；

有 95 频次能找到对应的 MRL 中国香港标准，占 26.5%；

有 129 频次能找到对应的 MRL 美国标准，占 36.0%；

有 48 频次能找到对应的 MRL CAC 标准，占 13.4%；

由上可见，MRL 中国国家标准与先进国家或地区准还有很大差距，我们无标准，境外有标准，这就会导致我们在国际贸易中，处于受制于人的被动地位。

13.4.5　茶叶单种样品检出 24~46 种农药残留，拷问农药使用的科学性

通过此次监测发现，绿茶、黄茶和乌龙茶是检出农药品种最多的 3 种茶叶，从中检出农药品种及频次详见表 13-24。

表 13-24　单种样品检出农药品种及频次

样品名称	样品总数	检出农药样品数	检出率	检出农药品种数	检出农药(频次)
绿茶	79	63	79.7%	46	甲酰氨基嘧磺隆(24)、唑虫酰胺(22)、啶虫脒(15)、噻嗪酮(12)、丁酮威(8)、克百威(8)、哒螨灵(7)、灭草烟(7)、三唑磷(7)、噁霜灵(6)、丁咪酰胺(5)、灭害威(5)、噻虫嗪(4)、双苯基脲(4)、乙草胺(4)、苯醚甲环唑(3)、吡唑醚菌酯(3)、甲拌磷(3)、醚磺隆(3)、三甲苯草酮(3)、戊唑醇(3)、吡丙醚(2)、多菌灵(2)、嘧菌酯(2)、噻虫啉(2)、三环唑(2)、茚虫威(2)、苯嗪草酮(1)、丙硫多菌灵(1)、残杀威(1)、稻瘟灵(1)、环庚草醚(1)、抗蚜威(1)、氯吡脲(1)、咪鲜胺(1)、咪唑乙烟酸(1)、嘧霉胺(1)、水胺硫磷(1)、烯酰吗啉(1)、缬霉威(1)、乙螨唑(1)、异丙甲草胺(1)、异噁酰草胺(1)、异戊乙净(1)、鱼藤酮(1)、兹克威(1)
黄茶	19	16	84.2%	28	啶虫脒(8)、唑虫酰胺(8)、噻嗪酮(7)、环庚草醚(5)、哒螨灵(4)、克百威(4)、吡唑醚菌酯(2)、甲拌磷(2)、甲酰氨基嘧磺隆(2)、异丙甲草胺(2)、丁苯吗啉(1)、多菌灵(1)、噁霜灵(1)、环丙嘧啶醇(1)、环嗪酮(1)、甲氟磷(1)、氯唑磷(1)、马拉硫磷(1)、扑草净(1)、三唑磷(1)、三唑酮(1)、双苯基脲(1)、水胺硫磷(1)、戊唑醇(1)、烯酰吗啉(1)、茚虫威(1)、仲丁威(1)、唑螨酯(1)
乌龙茶	11	11	100.0%	24	哒螨灵(10)、唑虫酰胺(8)、啶虫脒(7)、环庚草醚(6)、噻嗪酮(5)、吡唑醚菌酯(3)、萘乙酸(3)、环丙嘧啶醇(2)、去乙基另丁津(2)、三唑磷(2)、唑螨酯(2)、苯醚甲环唑(1)、吡丙醚(1)、丙环唑(1)、丁酮威(1)、氟硅唑(1)、腈菌唑(1)、克百威(1)、嘧菌酯(1)、灭害威(1)、萎锈灵(1)、乙酰甲草胺(1)、异丙隆(1)、茚虫威(1)

　　上述 3 种茶叶，检出农药 24~46 种，是多种农药综合防治，还是未严格实施农业良好管理规范(GAP)，抑或根本就是乱施药，值得我们思考。

第14章 LC-Q-TOF/MS 侦测合肥市市售茶叶农药残留膳食暴露风险与预警风险评估

14.1 农药残留风险评估方法

14.1.1 合肥市农药残留侦测数据分析与统计

庞国芳院士科研团队建立的农药残留高通量侦测技术以高分辨精确质量数(0.0001 *m/z* 为基准)为识别标准,采用 LC-Q-TOF/MS 技术对 825 种农药化学污染物进行侦测。

科研团队于 2018 年 12 月至 2019 年 1 月期间在合肥市 16 个采样点,随机采集了 120 例茶叶样品,具体位置如图 14-1 所示。

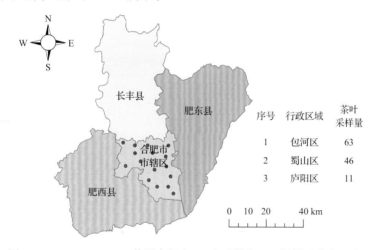

图 14-1 LC-Q-TOF/MS 侦测合肥市 16 个采样点 120 例样品分布示意图

利用 LC-Q-TOF/MS 技术对 120 例样品中的农药进行侦测,侦测出残留农药 68 种,358 频次。侦测出农药残留水平如表 14-1 和图 14-2 所示。检出频次最高的前 10 种农药如表 14-2 所示。从检测结果中可以看出,在茶叶中农药残留普遍存在,且有些茶叶存在高浓度的农药残留,这些可能存在膳食暴露风险,对人体健康产生危害,因此,为了定量地评价茶叶中农药残留的风险程度,有必要对其进行风险评价。

表 14-1 侦测出农药的不同残留水平及其所占比例列表

残留水平(μg/kg)	检出频次	占比(%)
1~5(含)	119	33.2
5~10(含)	74	20.7
10~100(含)	112	31.3
100~1000	53	14.8
合计	358	100

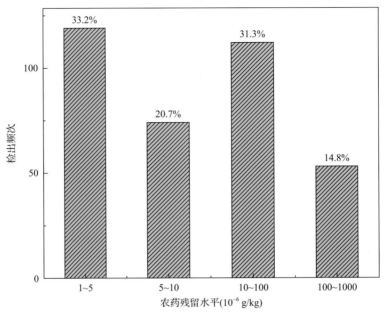

图 14-2　残留农药检出浓度频数分布图

表 14-2　检出频次最高的前 10 种农药列表

序号	农药	检出频次(次)
1	唑虫酰胺	43
2	啶虫脒	35
3	噻嗪酮	34
4	甲酰氨基嘧磺隆	26
5	哒螨灵	24
6	环庚草醚	17
7	克百威	17
8	三唑磷	12
9	丁酮威	9
10	吡唑醚菌酯	8

14.1.2　农药残留风险评价模型

　　对合肥市茶叶中农药残留分别开展暴露风险评估和预警风险评估。膳食暴露风险评估利用食品安全指数模型对茶叶中的残留农药对人体可能产生的危害程度进行评价，该模型结合残留监测和膳食暴露评估评价化学污染物的危害；预警风险评价模型运用风险系数(risk index，R)，风险系数综合考虑了危害物的超标率、施检频率及其本身敏感性的影响，能直观而全面地反映出危害物在一段时间内的风险程度。

14.1.2.1　食品安全指数模型

为了加强食品安全管理,《中华人民共和国食品安全法》第二章第十七条规定"国家建立食品安全风险评估制度,运用科学方法,根据食品安全风险监测信息、科学数据以及有关信息,对食品、食品添加剂、食品相关产品中生物性、化学性和物理性危害因素进行风险评估"[1],膳食暴露评估是食品危险度评估的重要组成部分,也是膳食安全性的衡量标准[2]。国际上最早研究膳食暴露风险评估的机构主要是 JMPR(FAO、WHO 农药残留联合会议),该组织自 1995 年就已制定了急性毒性物质的风险评估急性毒性农药残留摄入量的预测。1960 年美国规定食品中不得加入致癌物质进而提出零阈值理论,渐渐零阈值理论发展成在一定概率条件下可接受风险的概念[3],后衍变为食品中每日允许最大摄入量(ADI),而国际食品农药残留法典委员会(CCPR)认为 ADI 不是独立风险评估的唯一标准[4],1995 年 JMPR 开始研究农药急性膳食暴露风险评估,并对食品国际短期摄入量的计算方法进行了修正,亦对膳食暴露评估准则及评估方法进行了修正[5],2002 年,在对世界上现行的食品安全评价方法,尤其是国际公认的 CAC 评价方法、全球环境监测系统/食品污染监测和评估规划(WHO GEMS/Food)及 FAO、WHO 食品添加剂联合专家委员会(JECFA)和 JMPR 对食品安全风险评估工作研究的基础之上,检验检疫食品安全管理的研究人员提出了结合残留监控和膳食暴露评估,以食品安全指数 IFS 计算食品中各种化学污染物对消费者的健康危害程度[6]。IFS 是表示食品安全状态的新方法,可有效地评价某种农药的安全性,进而评价食品中各种农药化学污染物对消费者健康的整体危害程度[7, 8]。从理论上分析,IFS_c 可指出食品中的污染物 c 对消费者健康是否存在危害及危害的程度[9]。其优点在于操作简单且结果容易被接受和理解,不需要大量的数据来对结果进行验证,使用默认的标准假设或者模型即可[10, 11]。

　　1)IFS_c 的计算

IFS_c 计算公式如下:

$$IFS_c = \frac{EDI_c \times f}{SI_c \times bw} \tag{14-1}$$

式中, c 为所研究的农药; EDI_c 为农药 c 的实际日摄入量估算值, 等于 $\sum (R_i \times F_i \times E_i \times P_i)$ (i 为食品种类; R_i 为食品 i 中农药 c 的残留水平, mg/kg; F_i 为食品 i 的估计日消费量, g/(人·天); E_i 为食品 i 的可食用部分因子; P_i 为食品 i 的加工处理因子); SI_c 为安全摄入量, 可采用每日允许最大摄入量 ADI; bw 为人平均体重, kg; f 为校正因子, 如果安全摄入量采用 ADI, 则 f 取 1。

$IFS_c \ll 1$, 农药 c 对食品安全没有影响; $IFS_c \leqslant 1$, 农药 c 对食品安全的影响可以接受; $IFS_c > 1$, 农药 c 对食品安全的影响不可接受。

本次评价中:

$IFS_c \leqslant 0.1$, 农药 c 对茶叶安全没有影响;

$0.1 < IFS_c \leqslant 1$, 农药 c 对茶叶安全的影响可以接受;

$IFS_c > 1$, 农药 c 对茶叶安全的影响不可接受。

　　本次评价中残留水平 R_i 取值为中国检验检疫科学研究院庞国芳院士课题组利用以高分辨精确质量数 (0.0001 m/z) 为基准的 LC-Q-TOF/MS 侦测技术于 2018 年 12 月到 2019 年 1 月期间对合肥市茶叶农药残留的侦测结果, 估计日消费量 F_i 取值 0.0047 kg/(人·天), E_i=1, P_i=1, f=1, SI_c 采用《食品安全国家标准　食品中农药最大残留限量》(GB 2763—2016) 中 ADI 值 (具体数值见表 14-3), 人平均体重 (bw) 取值 60 kg。

表 14-3　合肥市茶叶中侦测出农药的 ADI 值

序号	农药	ADI	序号	农药	ADI	序号	农药	ADI
1	苯醚甲环唑	0.01	24	咪唑乙烟酸	2.5	47	唑虫酰胺	0.006
2	苯嗪草酮	0.03	25	醚磺隆	0.077	48	唑螨酯	0.01
3	吡丙醚	0.1	26	嘧菌酯	0.2	49	吡咪唑	—
4	吡唑醚菌酯	0.03	27	嘧霉胺	0.2	50	残杀威	—
5	丙环唑	0.07	28	萘乙酸	0.15	51	丁咪酰胺	—
6	丙硫多菌灵	0.05	29	扑草净	0.04	52	丁酮威	—
7	哒螨灵	0.01	30	噻虫啉	0.01	53	环丙嘧啶醇	—
8	稻瘟灵	0.016	31	噻虫嗪	0.08	54	环庚草醚	—
9	丁苯吗啉	0.003	32	噻嗪酮	0.009	55	甲氟磷	—
10	啶虫脒	0.07	33	三环唑	0.04	56	甲酰氨基嘧磺隆	—
11	多菌灵	0.03	34	三唑磷	0.001	57	嘧硫磷	—
12	噁霜灵	0.01	35	三唑酮	0.03	58	灭草烟	—
13	氟硅唑	0.007	36	水胺硫磷	0.003	59	灭害威	—
14	环嗪酮	0.05	37	萎锈灵	0.008	60	去乙基另丁津	—
15	甲拌磷	0.0007	38	戊唑醇	0.03	61	三甲苯草酮	—
16	腈菌唑	0.03	39	烯酰吗啉	0.2	62	双苯基脲	—
17	抗蚜威	0.02	40	乙草胺	0.02	63	双酰草胺	—
18	克百威	0.001	41	乙螨唑	0.05	64	缬霉威	—
19	氯吡脲	0.07	42	异丙甲草胺	0.1	65	乙酰甲草胺	—
20	氯唑磷	0.00005	43	异丙隆	0.015	66	异噁酰草胺	—
21	马拉硫磷	0.3	44	茚虫威	0.01	67	异戊乙净	—
22	咪鲜胺	0.01	45	鱼藤酮	0.0004	68	兹克威	—
23	咪唑喹啉酸	0.25	46	仲丁威	0.06			

　　注: "—" 表示为国家标准中无 ADI 值规定; ADI 值单位为 mg/kg bw

　　2) 计算 IFS_c 的平均值 $\overline{IFS}$, 评价农药对食品安全的影响程度

　　以 $\overline{IFS}$ 评价各种农药对人体健康危害的总程度, 评价模型见公式 (14-2)。

$$\overline{IFS} = \frac{\sum_{i=1}^{n} IFS_c}{n} \tag{14-2}$$

$\overline{\text{IFS}} \ll 1$，所研究消费者人群的食品安全状态很好；$\overline{\text{IFS}} \leqslant 1$，所研究消费者人群的食品安全状态可以接受；$\overline{\text{IFS}} > 1$，所研究消费者人群的食品安全状态不可接受。

本次评价中：

$\overline{\text{IFS}} \leqslant 0.1$，所研究消费者人群的茶叶安全状态很好；

$0.1 < \overline{\text{IFS}} \leqslant 1$，所研究消费者人群的茶叶安全状态可以接受；

$\overline{\text{IFS}} > 1$，所研究消费者人群的茶叶安全状态不可接受。

14.1.2.2　预警风险评估模型

2003 年，我国检验检疫食品安全管理的研究人员根据 WTO 的有关原则和我国的具体规定，结合危害物本身的敏感性、风险程度及其相应的施检频率，首次提出了食品中危害物风险系数 R 的概念[12]。R 是衡量一个危害物的风险程度大小最直观的参数，即在一定时期内其超标率或阳性检出率的高低，但受其施检频率的高低及其本身的敏感性(受关注程度)影响。该模型综合考察了农药在茶叶中的超标率、施检频率及其本身敏感性，能直观而全面地反映出农药在一段时间内的风险程度[13]。

1) R 计算方法

危害物的风险系数综合考虑了危害物的超标率或阳性检出率、施检频率和其本身的敏感性影响，并能直观而全面地反映出危害物在一段时间内的风险程度。风险系数 R 的计算公式如式(14-3)：

$$R = aP + \frac{b}{F} + S \tag{14-3}$$

式中，P 为该种危害物的超标率；F 为危害物的施检频率；S 为危害物的敏感因子；a, b 分别为相应的权重系数。

本次评价中 F = 1；S = 1；a = 100；b = 0.1，对参数 P 进行计算，计算时首先判断是否为禁用农药，如果为非禁用农药，P=超标的样品数(侦测出的含量高于食品最大残留限量标准值，即 MRL)除以总样品数(包括超标、不超标、未侦测出)；如果为禁用农药，则侦测出即为超标，P=能侦测出的样品数除以总样品数。判断合肥市茶叶农药残留是否超标的标准限值 MRL 分别以 MRL 中国国家标准[14]和 MRL 欧盟标准作为对照，具体值列于本报告附表一中。

2) 评价风险程度

$R \leqslant 1.5$，受检农药处于低度风险；

$1.5 < R \leqslant 2.5$，受检农药处于中度风险；

$R > 2.5$，受检农药处于高度风险。

14.1.2.3　食品膳食暴露风险和预警风险评估应用程序的开发

1) 应用程序开发的步骤

为成功开发膳食暴露风险和预警风险评估应用程序，与软件工程师多次沟通讨论，逐步提出并描述清楚计算需求，开发了初步应用程序。为明确出不同茶叶、不同农药、不同地域的风险水平，向软件工程师提出不同的计算需求，软件工程师对计算需求进行逐一分析，经过反复的细节沟通，需求分析得到明确后，开始进行解决方案的设计，在保证需求的完整性、一致性的前提下，编写出程序代码，最后设计出满足需求的风险评估专用计算软件，并通过一系列的软件测试和改进，完成专用程序的开发。软件开发基本步骤见图 14-3。

图 14-3　专用程序开发总体步骤

2) 膳食暴露风险评估专业程序开发的基本要求

首先直接利用公式 (14-1)，分别计算 LC-Q-TOF/MS 和 GC-Q-TOF/MS 仪器侦测出的各茶叶样品中每种农药 IFS_c，将结果列出。为考察超标农药和禁用农药的使用安全性，分别以我国《食品安全国家标准　食品中农药最大残留限量》(GB 2763—2016) 和欧盟食品中农药最大残留限量 (以下简称 MRL 中国国家标准和 MRL 欧盟标准) 为标准，对侦测出的禁用农药和超标的非禁用农药 IFS_c 单独进行评价；按 IFS_c 大小列表，并找出 IFS_c 值排名前 20 的样本重点关注。

对不同茶叶 i 中每一种侦测出的农药 c 的安全指数进行计算，多个样品时求平均值。按农药种类，计算整个监测时间段内每种农药的 IFS_c，不区分茶叶。

3) 预警风险评估专业程序开发的基本要求

分别以 MRL 中国国家标准和 MRL 欧盟标准，按公式 (14-3) 逐个计算不同茶叶、不同农药的风险系数，禁用农药和非禁用农药分别列表。

为清楚了解各种农药的预警风险，不分时间，不分茶叶，按禁用农药和非禁用农药分类，分别计算各种侦测出农药全部检测时段内风险系数。由于有 MRL 中国国家标准的农药种类太少，无法计算超标数，非禁用农药的风险系数只以 MRL 欧盟标准为标准，进行计算。

4) 风险程度评价专业应用程序的开发方法

采用 Python 计算机程序设计语言，Python 是一个高层次地结合了解释性、编译性、互动性和面向对象的脚本语言。风险评价专用程序主要功能包括：分别读入每例样品 LC-Q-TOF/MS 和 GC-Q-TOF/MS 农药残留检测数据，根据风险评价工作要求，依次对不同农药、不同食品、不同时间、不同采样点的 IFS_c 值和 R 值分别进行数据计算，筛选出禁用农药、超标农药 (分别与 MRL 中国国家标准、MRL 欧盟标准限值进行对比) 单独重点分析，再分别对各农药、各茶叶种类分类处理，设计出计算和排序程序，编写计算机代码，最后将生成的膳食暴露风险评估和超标风险评估定量计算结果列入设计好的各个表格中，并定性判断风险对目标的影响程度，直接用文字描述风险发生的高低，如"不可接受"、"可以接受"、"没有影响"、"高度风险"、"中度风险"、"低度风险"。

14.2　LC-Q-TOF/MS 侦测合肥市市售茶叶农药残留膳食暴露风险评估

14.2.1　每例茶叶样品中农药残留安全指数分析

基于 2018 年 12 月到 2019 年 1 月的农药残留侦测数据，发现在 120 例样品中侦测出农药 358 频次，计算样品中每种残留农药的安全指数 IFS_c，并分析农药对样品安全的影响程度，结果详见附表二，农药残留对茶叶样品安全的影响程度频次分布情况如图 14-4 所示。

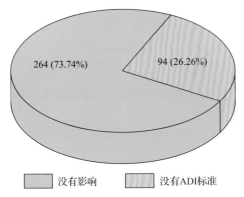

图 14-4　农药残留对茶叶样品安全的影响程度频次分布图

由图 14-4 可以看出，农药残留对样品安全的没有影响的频次为 264，占 73.74%。

部分样品侦测出禁用农药 4 种 37 频次，为了明确残留的禁用农药对样品安全的影响，分析侦测出禁用农药残留的样品安全指数，禁用农药残留对茶叶样品安全的影响程度频次分布情况如图 14-5 所示，农药残留对样品安全没有影响的频次为 37，占 100%。

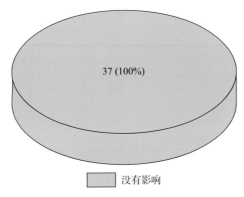

图 14-5　禁用农药对茶叶样品安全影响程度的频次分布图

此外，本次侦测发现部分样品中非禁用农药残留量超过了 MRL 欧盟标准，为了明确超标的非禁用农药对样品安全的影响，分析了非禁用农药残留超标的样品安全指数。

残留量超过 MRL 欧盟标准的非禁用农药对茶叶样品安全的影响程度频次分布情况如图 14-6 所示。可以看出超过 MRL 欧盟标准的非禁用农药共 109 频次，其中农药没有 ADI 的频次为 53，占 48.62%；农药残留对样品安全没有影响的频次为 58，占 51.38%。表 14-4 为茶叶样品中安全指数排名前 10 的残留超标非禁用农药列表。

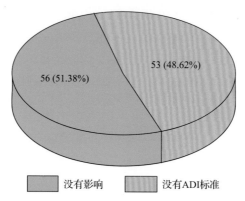

图 14-6　残留超标的非禁用农药对茶叶样品安全的影响程度频次分布图(MRL 欧盟标准)

表 14-4　茶叶样品中安全指数排名前 10 的残留超标非禁用农药列表(MRL 欧盟标准)

序号	样品编号	采样点	基质	农药	含量 (mg/kg)	欧盟标准	IFS_c	影响程度
1	20190106-340100-AHCIQ-BT-12A	***超市(沿河路店)	红茶	唑虫酰胺	0.3308	0.01	4.32×10^{-3}	没有影响
2	20190114-340100-AHCIQ-HT-15A	***茶庄	黄茶	唑虫酰胺	0.2381	0.01	3.11×10^{-3}	没有影响
3	20190104-340100-AHCIQ-GT-05B	***超市(***生活广场店)	绿茶	唑虫酰胺	0.1703	0.01	2.22×10^{-3}	没有影响
4	20190106-340100-AHCIQ-HT-12B	***样品室	黄茶	噻嗪酮	0.2519	0.05	2.19×10^{-3}	没有影响
5	20190114-340100-AHCIQ-OT-15B	***超市(***生活广场店)	乌龙茶	哒螨灵	0.2404	0.05	1.88×10^{-3}	没有影响
6	20190104-340100-AHCIQ-GT-04C	***有限公司	绿茶	唑虫酰胺	0.1303	0.01	1.70×10^{-3}	没有影响
7	20190106-340100-AHCIQ-OT-10A	***样品室	乌龙茶	哒螨灵	0.2063	0.05	1.62×10^{-3}	没有影响
8	20190106-340100-AHCIQ-HT-09A	***样品室	黄茶	噻嗪酮	0.1853	0.05	1.61×10^{-3}	没有影响
9	20190106-340100-AHCIQ-HT-09C	***超市(马鞍山路店)	黄茶	噻嗪酮	0.1848	0.05	1.61×10^{-3}	没有影响
10	20190104-340100-AHCIQ-OT-01A	***茶庄	乌龙茶	哒螨灵	0.1756	0.05	1.38×10^{-3}	没有影响

14.2.2　单种茶叶中农药残留安全指数分析

本次 4 种茶叶侦测 68 种农药，检出频次为 358 次，其中 20 种农药没有 ADI，48 种农药存在 ADI 标准。4 种茶叶按不同种类分别计算侦测出的具有 ADI 标准的各种农药的 IFS_c 值，农药残留对茶叶的安全指数分布图如图 14-7 所示。

本次侦测中，4 种茶叶和 68 种残留农药（包括没有 ADI）共涉及 116 个分析样本，农药对单种茶叶安全的影响程度分布情况如图 14-8 所示。可以看出，75% 的样本中农药对茶叶安全没有影响。

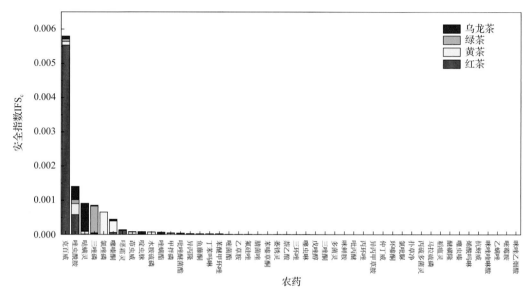

图 14-7　4 种茶叶中 48 种残留农药的安全指数分布图

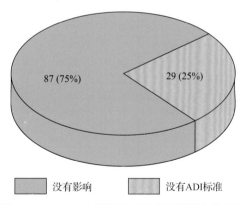

图 14-8　116 个分析样本的影响程度频次分布图

14.2.3　所有茶叶中农药残留安全指数分析

计算所有茶叶中 48 种农药的 IFS_c 值，结果如图 14-9 及表 14-5 所示。

分析发现，所有农药对茶叶安全的影响程度均为没有影响。说明茶叶中残留的农药不会对茶叶安全造成影响。

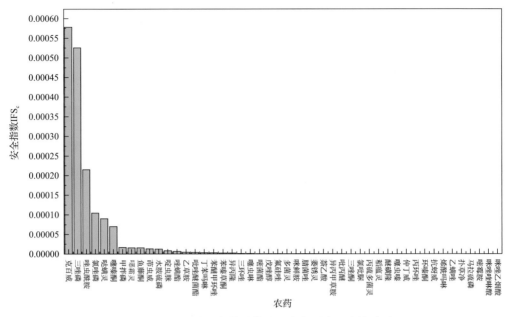

图 14-9　48 种残留农药对茶叶的安全影响程度统计图

表 14-5　茶叶中 48 种农药残留的安全指数表

序号	农药	检出频次	检出率(%)	IFS$_c$	影响程度	序号	农药	检出频次	检出率(%)	IFS$_c$	影响程度
1	克百威	17	14.17	5.78×10^{-4}	没有影响	25	多菌灵	3	2.50	4.85×10^{-7}	没有影响
2	三唑磷	12	10.00	5.25×10^{-4}	没有影响	26	咪鲜胺	1	0.83	4.50×10^{-7}	没有影响
3	唑虫酰胺	43	35.83	2.15×10^{-4}	没有影响	27	腈菌唑	1	0.83	3.16×10^{-7}	没有影响
4	氯唑磷	1	0.83	1.04×10^{-4}	没有影响	28	萎锈灵	1	0.83	2.86×10^{-7}	没有影响
5	哒螨灵	24	20.00	9.04×10^{-5}	没有影响	29	萘乙酸	4	3.33	2.64×10^{-7}	没有影响
6	噻嗪酮	34	28.33	7.05×10^{-5}	没有影响	30	异丙甲草胺	3	2.50	2.53×10^{-7}	没有影响
7	甲拌磷	5	4.17	1.67×10^{-5}	没有影响	31	吡丙醚	3	2.50	2.06×10^{-7}	没有影响
8	噁霜灵	8	6.67	1.55×10^{-5}	没有影响	32	三唑酮	1	0.83	1.44×10^{-7}	没有影响
9	鱼藤酮	1	0.83	1.55×10^{-5}	没有影响	33	氯吡脲	1	0.83	1.09×10^{-7}	没有影响
10	茚虫威	6	5.00	1.30×10^{-5}	没有影响	34	丙硫多菌灵	1	0.83	8.36×10^{-8}	没有影响
11	水胺硫磷	2	1.67	1.23×10^{-5}	没有影响	35	稻瘟灵	1	0.83	7.34×10^{-8}	没有影响
12	啶虫脒	35	29.17	8.46×10^{-6}	没有影响	36	醚磺隆	3	2.50	6.95×10^{-8}	没有影响
13	唑螨酯	3	2.50	6.50×10^{-6}	没有影响	37	噻虫嗪	4	3.33	6.45×10^{-8}	没有影响
14	乙草胺	4	3.33	4.52×10^{-6}	没有影响	38	仲丁威	1	0.83	5.98×10^{-8}	没有影响
15	吡唑醚菌酯	8	6.67	4.18×10^{-6}	没有影响	39	丙环唑	2	1.67	5.88×10^{-8}	没有影响
16	丁苯吗啉	1	0.83	3.46×10^{-6}	没有影响	40	环嗪酮	1	0.83	4.83×10^{-8}	没有影响
17	苯醚甲环唑	5	4.17	2.90×10^{-6}	没有影响	41	抗蚜威	1	0.83	4.57×10^{-8}	没有影响
18	苯嗪草酮	1	0.83	2.22×10^{-6}	没有影响	42	烯酰吗啉	2	1.67	3.49×10^{-8}	没有影响
19	异丙隆	1	0.83	2.21×10^{-6}	没有影响	43	乙螨唑	1	0.83	3.26×10^{-8}	没有影响
20	三环唑	2	1.67	9.76×10^{-7}	没有影响	44	扑草净	1	0.83	2.12×10^{-8}	没有影响
21	噻虫啉	2	1.67	9.73×10^{-7}	没有影响	45	马拉硫磷	1	0.83	1.98×10^{-8}	没有影响
22	嘧菌酯	4	3.33	7.34×10^{-7}	没有影响	46	嘧霉胺	1	0.83	9.47×10^{-9}	没有影响
23	戊唑醇	4	3.33	5.81×10^{-7}	没有影响	47	咪唑喹啉酸	1	0.83	5.48×10^{-9}	没有影响
24	氟硅唑	1	0.83	5.69×10^{-7}	没有影响	48	咪唑乙烟酸	1	0.83	1.46×10^{-9}	没有影响

14.3　LC-Q-TOF/MS 侦测合肥市市售茶叶农药残留预警风险评估

基于合肥市茶叶样品中农药残留 LC-Q-TOF/MS 侦测数据，分析禁用农药的检出率，同时参照中华人民共和国国家标准 GB 2763—2016 和欧盟农药最大残留限量(MRL)标准分析非禁用农药残留的超标率，并计算农药残留风险系数。分析单种茶叶中农药残留以及所有茶叶中农药残留的风险程度。

14.3.1　单种茶叶中农药残留风险系数分析

14.3.1.1　单种茶叶中禁用农药残留风险系数分析

侦测出的 68 种残留农药中有 5 种为禁用农药，且它们分布在 4 种茶叶中，计算 4 种茶叶中禁用农药的检出率，根据检出率计算风险系数 R，进而分析茶叶中禁用农药的风险程度，结果如图 14-10 与表 14-6 所示。分析发现除去绿茶中残留的水胺硫磷是中度风险，其余禁用农药在 4 种不同茶叶中的残留均处于高度风险。

14.3.1.2　基于 MRL 中国国家标准的单种茶叶中非禁用农药残留风险系数分析

参照中华人民共和国国家标准 GB 2763—2016 中农药残留限量计算每种茶叶中每种非禁用农药的超标率，进而计算其风险系数，根据风险系数大小判断残留农药的预警风险程度，茶叶中非禁用农药残留风险程度分布情况如图 14-11 所示。

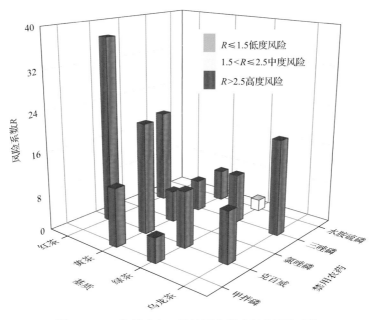

图 14-10　4 种茶叶中 5 种禁用农药残留的风险系数

表 14-6　4 种茶叶中 5 种禁用农药残留的风险系数表

序号	基质	农药	检出频次	检出率(%)	风险系数 R	风险程度
1	红茶	克百威	4	36.36	37.46	高度风险
2	黄茶	克百威	4	21.05	22.15	高度风险
3	乌龙茶	三唑磷	2	18.18	19.28	高度风险
4	红茶	三唑磷	2	18.18	19.28	高度风险
5	黄茶	甲拌磷	2	10.53	11.63	高度风险
6	绿茶	克百威	8	10.13	11.23	高度风险
7	乌龙茶	克百威	1	9.09	10.19	高度风险
8	绿茶	三唑磷	7	8.86	9.96	高度风险
9	黄茶	氯唑磷	1	5.26	6.36	高度风险
10	黄茶	水胺硫磷	1	5.26	6.36	高度风险
11	黄茶	三唑磷	1	5.26	6.36	高度风险
12	绿茶	甲拌磷	3	3.80	4.90	高度风险
13	绿茶	水胺硫磷	1	1.27	2.37	中度风险

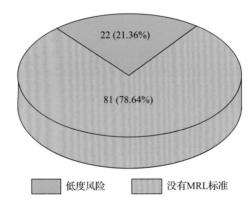

图 14-11　茶叶中非禁用农药残留的风险程度分布图(MRL 中国国家标准)

　　本次分析中，发现在 4 种茶叶检出 63 种残留非禁用农药，涉及样本 103 个，在 103 个样本中，21.36%处于低度风险，此外发现有 81 个样本没有 MRL 中国国家标准值，无法判断其风险程度，有 MRL 中国国家标准值的 22 个样本涉及 4 种茶叶中的 7 种非禁用农药，其风险系数 R 值如图 14-12 所示。

14.3.1.3　基于 MRL 欧盟标准的单种茶叶中非禁用农药残留风险系数分析

　　参照 MRL 欧盟标准计算每种茶叶中每种非禁用农药的超标率，进而计算其风险系数，根据风险系数大小判断农药残留的预警风险程度，茶叶中非禁用农药残留风险程度分布情况如图 14-13 所示。

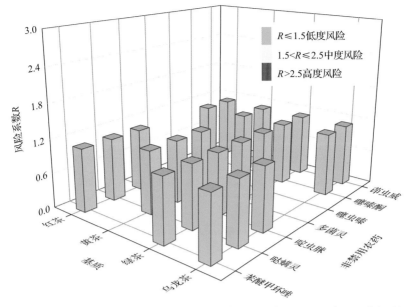

图 14-12　4 种茶叶中 7 种非禁用农药的风险系数分布图（MRL 中国国家标准）

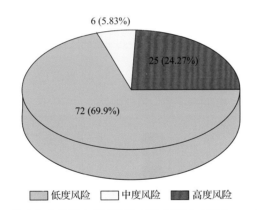

图 14-13　茶叶中非禁用农药残留的风险程度分布图（MRL 欧盟标准）

本次分析中，发现在 4 种茶叶中共侦测出 63 种非禁用农药，涉及样本 103 个，其中，24.27%处于高度风险，涉及 4 种茶叶和 18 种农药；5.83%处于中度风险，涉及 1 种茶叶和 6 种农药；69.9%处于低度风险，涉及 4 种茶叶和 52 种农药。单种茶叶中的非禁用农药风险系数分布图如图 14-14 所示。单种茶叶中处于高度风险的非禁用农药风险系数如图 14-15 和表 14-7 所示。

14.3.2　所有茶叶中农药残留风险系数分析

14.3.2.1　所有茶叶中禁用农药残留风险系数分析

在侦测出的 68 种农药中有 5 种为禁用农药，计算所有茶叶中禁用农药的风险系数，结果如表 14-8 所示。在 5 种禁用农药中，克百威、三唑磷、甲拌磷、水胺硫磷 4 种农药残留处于高度风险，1 种农药氯唑磷残留处于中度风险。

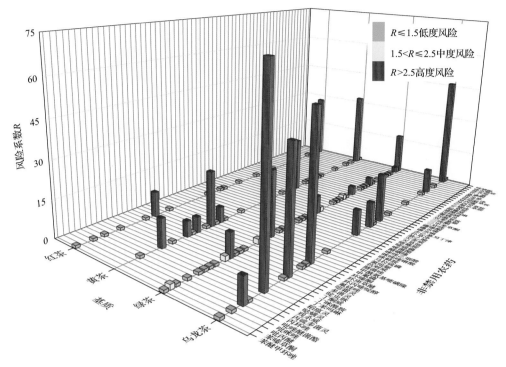

图 14-14　4 种茶叶中 63 种非禁用农药残留的风险系数(MRL 欧盟标准)

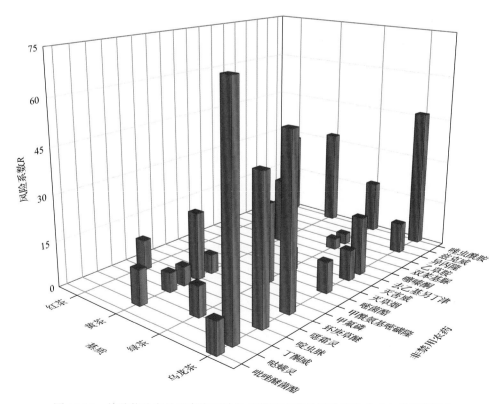

图 14-15　单种茶叶中处于高度风险的非禁用农药的风险系数(MRL 欧盟标准)

表 14-7　单种茶叶中处于高度风险的非禁用农药残留的风险系数表（MRL 欧盟标准）

序号	基质	农药	超标频次	超标率 P(%)	风险系数 R
1	乌龙茶	哒螨灵	8	72.73	73.83
2	乌龙茶	环庚草醚	6	54.55	55.65
3	乌龙茶	唑虫酰胺	5	45.45	46.55
4	乌龙茶	啶虫脒	5	45.45	46.55
5	黄茶	唑虫酰胺	6	31.58	32.68
6	红茶	唑虫酰胺	3	27.27	28.37
7	绿茶	甲酰氨基嘧磺隆	20	25.32	26.42
8	黄茶	噻嗪酮	4	21.05	22.15
9	黄茶	环庚草醚	4	21.05	22.15
10	乌龙茶	去乙基另丁津	2	18.18	19.28
11	绿茶	唑虫酰胺	13	16.46	17.56
12	黄茶	哒螨灵	2	10.53	11.63
13	乌龙茶	吡唑醚菌酯	1	9.09	10.19
14	乌龙茶	嘧菌酯	1	9.09	10.19
15	乌龙茶	异丙隆	1	9.09	10.19
16	乌龙茶	灭害威	1	9.09	10.19
17	红茶	兹克威	1	9.09	10.19
18	红茶	噁霜灵	1	9.09	10.19
19	绿茶	丁酮威	7	8.86	9.96
20	绿茶	灭草烟	5	6.33	7.43
21	黄茶	啶虫脒	1	5.26	6.36
22	黄茶	噁霜灵	1	5.26	6.36
23	黄茶	甲氟磷	1	5.26	6.36
24	绿茶	乙草胺	2	2.53	3.63
25	绿茶	双苯基脲	2	2.53	3.63

表 14-8　茶叶中 5 种禁用农药的风险系数表

序号	农药	检出频次	检出率(%)	风险系数 R	风险程度
1	克百威	17	14.17	15.27	高度风险
2	三唑磷	12	10.00	11.10	高度风险
3	甲拌磷	5	4.17	5.27	高度风险
4	水胺硫磷	2	1.67	2.77	高度风险
5	氯唑磷	1	0.83	1.93	中度风险

14.3.2.2　所有茶叶中非禁用农药残留风险系数分析

参照 MRL 欧盟标准计算所有茶叶中每种非禁用农药残留的风险系数，如图 14-16 与表 14-9 所示。在侦测出的 63 种非禁用农药中，14 种农药(22.22%)残留处于高度风险，7 种农药(11.11%)残留处于中度风险，42 种农药(66.67%)残留处于低度风险。

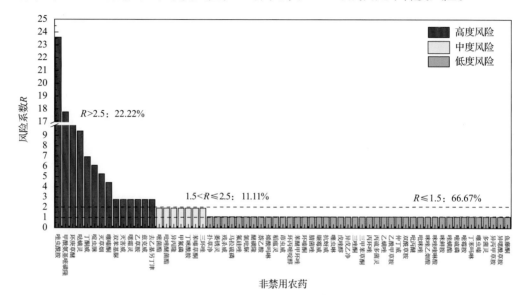

图 14-16　茶叶中 63 种非禁用农药的风险程度统计图

表 14-9　茶叶中 63 种非禁用农药的风险系数表

序号	农药	超标频次	超标率 P(%)	风险系数 R	风险程度
1	唑虫酰胺	27	22.50	23.60	高度风险
2	甲酰氨基嘧磺隆	20	16.67	17.77	高度风险
3	环庚草醚	11	9.17	10.27	高度风险
4	哒螨灵	10	8.33	9.43	高度风险
5	丁酮威	7	5.83	6.93	高度风险
6	啶虫脒	6	5.00	6.10	高度风险
7	灭草烟	5	4.17	5.27	高度风险
8	噻嗪酮	4	3.33	4.43	高度风险
9	双苯基脲	2	1.67	2.77	高度风险
10	灭害威	2	1.67	2.77	高度风险
11	噁霜灵	2	1.67	2.77	高度风险
12	乙草胺	2	1.67	2.77	高度风险
13	兹克威	2	1.67	2.77	高度风险
14	去乙基另丁津	2	1.67	2.77	高度风险
15	嘧菌酯	1	0.83	1.93	中度风险
16	吡唑醚菌酯	1	0.83	1.93	中度风险

续表

序号	农药	超标频次	超标率 $P(\%)$	风险系数 R	风险程度
17	异丙隆	1	0.83	1.93	中度风险
18	甲氟磷	1	0.83	1.93	中度风险
19	丁咪酰胺	1	0.83	1.93	中度风险
20	苯嗪草酮	1	0.83	1.93	中度风险
21	三环唑	1	0.83	1.93	中度风险
22	扑草净	0	0	1.10	低度风险
23	萎锈灵	0	0	1.10	低度风险
24	残杀威	0	0	1.10	低度风险
25	马拉硫磷	0	0	1.10	低度风险
26	氟硅唑	0	0	1.10	低度风险
27	氯吡脲	0	0	1.10	低度风险
28	醚磺隆	0	0	1.10	低度风险
29	萘乙酸	0	0	1.10	低度风险
30	烯酰吗啉	0	0	1.10	低度风险
31	稻瘟灵	0	0	1.10	低度风险
32	茚虫威	0	0	1.10	低度风险
33	环丙嘧啶醇	0	0	1.10	低度风险
34	苯醚甲环唑	0	0	1.10	低度风险
35	环嗪酮	0	0	1.10	低度风险
36	腈菌唑	0	0	1.10	低度风险
37	缬霉威	0	0	1.10	低度风险
38	抗蚜威	0	0	1.10	低度风险
39	噻虫啉	0	0	1.10	低度风险
40	戊唑醇	0	0	1.10	低度风险
41	异戊乙净	0	0	1.10	低度风险
42	三唑酮	0	0	1.10	低度风险
43	三甲苯草酮	0	0	1.10	低度风险
44	丙环唑	0	0	1.10	低度风险
45	丙硫多菌灵	0	0	1.10	低度风险
46	乙螨唑	0	0	1.10	低度风险
47	乙酰甲草胺	0	0	1.10	低度风险
48	仲丁威	0	0	1.10	低度风险
49	双酰草胺	0	0	1.10	低度风险
50	吡丙醚	0	0	1.10	低度风险
51	吡咪唑	0	0	1.10	低度风险
52	咪唑乙烟酸	0	0	1.10	低度风险
53	咪唑喹啉酸	0	0	1.10	低度风险

续表

序号	农药	超标频次	超标率 $P(\%)$	风险系数 R	风险程度
54	咪鲜胺	0	0	1.10	低度风险
55	唑螨酯	0	0	1.10	低度风险
56	嘧硫磷	0	0	1.10	低度风险
57	嘧霉胺	0	0	1.10	低度风险
58	丁苯吗啉	0	0	1.10	低度风险
59	噻虫嗪	0	0	1.10	低度风险
60	多菌灵	0	0	1.10	低度风险
61	异丙甲草胺	0	0	1.10	低度风险
62	异噁酰草胺	0	0	1.10	低度风险
63	鱼藤酮	0	0	1.10	低度风险

14.4 LC-Q-TOF/MS 侦测合肥市市售茶叶农药残留风险评估结论与建议

农药残留是影响茶叶安全和质量的主要因素，也是我国食品安全领域备受关注的敏感话题和亟待解决的重大问题之一[15,16]。各种茶叶均存在不同程度的农药残留现象，本研究主要针对合肥市各类茶叶存在的农药残留问题，基于 2018 年 12 月至 2019 年 1 月对合肥市 120 例茶叶样品中农药残留侦测得出的 358 个侦测结果，分别采用食品安全指数模型和风险系数模型，开展茶叶中农药残留的膳食暴露风险和预警风险评估。茶叶样品取自超市和茶叶专营店，符合大众的膳食来源，风险评价时更具有代表性和可信度。

本研究力求通用简单地反映食品安全中的主要问题，且为管理部门和大众容易接受，为政府及相关管理机构建立科学的食品安全信息发布和预警体系提供科学的规律与方法，加强对农药残留的预警和食品安全重大事件的预防，控制食品风险。

14.4.1 合肥市茶叶中农药残留膳食暴露风险评价结论

1) 茶叶样品中农药残留安全状态评价结论

采用食品安全指数模型，对 2018 年 12 月至 2019 年 1 月期间合肥市茶叶食品农药残留膳食暴露风险进行评价，根据 $\mathrm{IFS_c}$ 的计算结果发现，茶叶中农药的 $\overline{\mathrm{IFS}}$ 为 3.54×10^{-5}，说明合肥市茶叶总体处于可以接受的安全状态，但部分禁用农药、高残留农药在茶叶中仍有侦测出，导致膳食暴露风险的存在，成为不安全因素。

2) 禁用农药膳食暴露风险评价

本次检测发现部分茶叶样品中有禁用农药侦测出，侦测出禁用农药 4 种，侦测出频次为 37，茶叶样品中的禁用农药 $\mathrm{IFS_c}$ 计算结果表明，禁用农药残留膳食暴露风险没有影响的频次为 37，占 100%。

14.4.2　合肥市茶叶中农药残留预警风险评价结论

1) 单种茶叶中禁用农药残留的预警风险评价结论

本次检测过程中，在 4 种茶叶中检测出 5 种禁用农药，禁用农药为：克百威、三唑磷、水胺硫磷、甲拌磷、氯唑磷，茶叶为：乌龙茶、绿茶、红茶、黄茶，茶叶中禁用农药的风险系数分析结果显示，除绿茶中的水胺硫磷处于中度风险外，其他禁用农药在其他茶叶中的残留均处于高度风险。

2) 单种茶叶中非禁用农药残留的预警风险评价结论

以 MRL 中国国家标准为标准，计算茶叶中非禁用农药风险系数情况下，103 个样本中，22 个处于低度风险 (21.36%)，81 个样本没有 MRL 中国国家标准 (78.64%)。以 MRL 欧盟标准为标准，计算茶叶中非禁用农药风险系数情况下，发现有 25 个处于高度风险 (24.27%)，6 个处于中度风险 (5.83%)，72 个处于低度风险 (69.9%)。基于两种 MRL 标准，评价的结果差异显著，可以看出 MRL 欧盟标准比中国国家标准更加严格和完善，过于宽松的 MRL 中国国家标准值能否有效保障人体的健康有待研究。

14.4.3　加强合肥市茶叶食品安全建议

我国食品安全风险评价体系仍不够健全，相关制度不够完善，多年来，由于农药用药次数多、用药量大或用药间隔时间短，产品残留量大，农药残留所造成的食品安全问题日益严峻，给人体健康带来了直接或间接的危害。据估计，美国与农药有关的癌症患者数约占全国癌症患者总数的 50%，中国更高。同样，农药对其他生物也会形成直接杀伤和慢性危害，植物中的农药可经过食物链逐级传递并不断蓄积，对人和动物构成潜在威胁，并影响生态系统。

基于本次农药残留侦测数据的风险评价结果，提出以下几点建议：

1) 加快食品安全标准制定步伐

我国食品标准中对农药每日允许最大摄入量 ADI 的数据严重缺乏，在本次评价所涉及的 68 种农药中，仅有 70.59%的农药具有 ADI 值，而 29.41%的农药中国尚未规定相应的 ADI 值，亟待完善。

我国食品中农药最大残留限量值的规定严重缺乏，对评估涉及的不同茶叶中不同农药 116 个 MRL 限值进行统计来看，我国仅制定出 31 个标准，我国标准完整率仅为 26.72%，欧盟的完整率达到 100%（表 14-10）。因此，中国更应加快 MRL 的制定步伐。

表 14-10　我国国家食品标准农药的 ADI、MRL 值与欧盟标准的数量差异

分类		中国 ADI	MRL 中国国家标准	MRL 欧盟标准
标准限值(个)	有	48	31	116
	无	20	85	0
总数(个)		68	116	116
无标准限值比例(%)		29.41	73.27	0

此外，MRL 中国国家标准限值普遍高于欧盟标准限值，这些标准中共有 19 个高于欧盟。过高的 MRL 值难以保障人体健康，建议继续加强对限值基准和标准的科学研究，将农产品中的危险性减少到尽可能低的水平。

2）加强农药的源头控制和分类监管

在合肥市某些茶叶中仍有禁用农药残留，利用 LC-Q-TOF/MS 技术侦测出 4 种禁用农药，检出频次为 37 次，残留禁用农药均存在较大的膳食暴露风险和预警风险。早已列入黑名单的禁用农药在我国并未真正退出，有些药物由于价格便宜、工艺简单，此类高毒农药一直生产和使用。建议在我国采取严格有效的控制措施，从源头控制禁用农药。

对于非禁用农药，在我国作为"田间地头"最典型单位的县级茶叶产地中，农药残留的检测几乎缺失。建议根据农药的毒性，对高毒、剧毒、中毒农药实现分类管理，减少使用高毒和剧毒高残留农药，进行分类监管。

3）加强农药生物基准和降解技术研究

市售茶叶中残留农药的品种多、频次高、禁用农药多次检出这一现状，说明了我国的田间土壤和水体因农药长期、频繁、不合理的使用而遭到严重污染。为此，建议中国相关部门出台相关政策，鼓励高校及科研院所积极开展分子生物学、酶学等研究，加强土壤、水体中残留农药的生物修复及降解新技术研究，切实加大农药监管力度，以控制农药的面源污染问题。

综上所述，在本工作基础上，根据茶叶残留危害，可进一步针对其成因提出和采取严格管理、大力推广无公害茶叶种植与生产、健全食品安全控制技术体系、加强茶叶质量检测体系建设和积极推行茶叶质量追溯制度等相应对策。建立和完善食品安全综合评价指数与风险监测预警系统，对食品安全进行实时、全面的监控与分析，为我国的食品安全科学监管与决策提供新的技术支持，可实现各类检验数据的信息化系统管理，降低食品安全事故的发生。

第 15 章 GC-Q-TOF/MS 侦测合肥市 120 例市售茶叶样品农药残留报告

从合肥市所属 3 个区，随机采集了 120 例茶叶样品，使用气相色谱-四极杆飞行时间质谱(GC-Q-TOF/MS)对 684 种农药化学污染物示范侦测。

15.1 样品种类、数量与来源

15.1.1 样品采集与检测

为了真实反映百姓日常饮用的茶叶中农药残留污染状况，本次所有检测样品均由检验人员于 2018 年 12 月至 2019 年 1 月期间，从合肥市所属 16 个采样点，包括 8 个茶叶专营店、7 个超市和 1 个实验室，以随机购买方式采集，总计 16 批 120 例样品，从中检出农药 58 种，450 频次。采样及监测概况见表 15-1 及图 15-1，样品及采样点明细见表 15-2 及表 15-3(侦测原始数据见附表 1)。

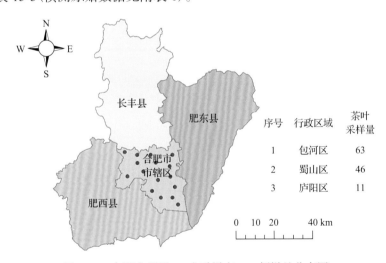

图 15-1 合肥市所属 16 个采样点 120 例样品分布图

表 15-1 农药残留监测总体概况

采样地区	合肥市所属 3 个区
采样点(茶叶专营店+超市+实验室)	16
样本总数	120
检出农药品种/频次	58/450
各采样点样本农药残留检出率范围	71.4%~100.0%

表 15-2　样品分类及数量

样品分类	样品名称(数量)	数量小计
1. 茶叶		120
1)发酵类茶叶	红茶(11), 黄茶(19),乌龙茶(11)	41
2)未发酵类茶叶	绿茶(79)	79
合计	1. 茶叶 4 种	120

表 15-3　合肥市采样点信息

采样点序号	行政区域	采样点
茶叶专营店(8)		
1	包河区	***有限公司
2	包河区	***茶叶店
3	包河区	***有限公司
4	包河区	***茶叶店
5	蜀山区	***茶庄(政务区店)
6	蜀山区	***茶庄
7	蜀山区	***茶庄
8	蜀山区	***有限公司
超市(7)		
1	包河区	***超市(马鞍山路店)
2	包河区	***超市(马鞍山路店)
3	包河区	***超市(***生活广场店)
4	庐阳区	***超市(沿河路店)
5	蜀山区	***超市(长江西路店)
6	蜀山区	***超市(长江路店)
7	蜀山区	***超市(潜山路店)
实验室(1)		
1	包河区	***样品室

15.1.2　检测结果

这次使用的检测方法是庞国芳院士团队最新研发的不需使用标准品对照,而以高分辨精确质量数(0.0001 *m/z*)为基准的 GC-Q-TOF/MS 检测技术,对于 120 例样品,每个样品均侦测了 684 种农药化学污染物的残留现状。通过本次侦测,在 120 例样品中共计检出农药化学污染物 58 种,检出 450 频次。

15.1.2.1　各采样点样品检出情况

统计分析发现 16 个采样点中，被测样品的农药检出率范围为 71.4%~100.0%。其中，有 8 个采样点样品的检出率最高，达到了 100.0%，分别是：***超市(马鞍山路店)、***茶叶店、***超市(马鞍山路店)、***有限公司、***超市(长江西路店)、***超市(长江路店)、***超市(潜山路店)和***有限公司。***有限公司的检出率最低，为 71.4%，见图 15-2。

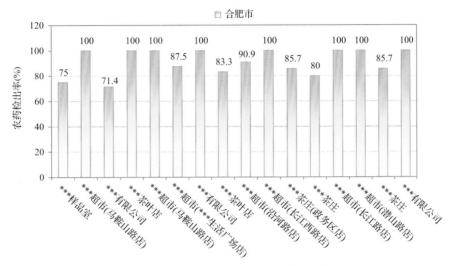

图 15-2　各采样点样品中的农药检出率

15.1.2.2　检出农药的品种总数与频次

统计分析发现，对于 120 例样品中 684 种农药化学污染物的侦测，共检出农药 450 频次，涉及农药 58 种，结果如图 15-3 所示。其中猛杀威检出频次最高，共检出 39 次。

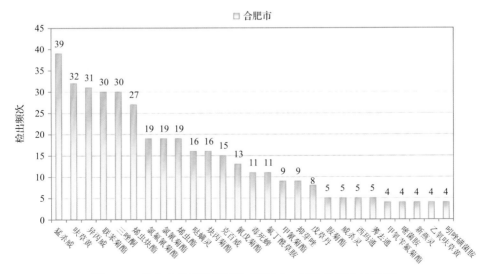

图 15-3　检出农药品种及频次(仅列出 4 频次及以上的数据)

检出频次排名前 10 的农药如下：①猛杀威(39)，②呋草黄(32)，③异丙威(31)，④联苯菊酯(30)，⑤三唑酮(30)，⑥烯虫炔酯(27)，⑦氯氟氰菊酯(19)，⑧氯氰菊酯(19)，⑨烯虫酯(19)，⑩哒螨灵(16)。

由图 15-4 可见，绿茶、红茶和乌龙茶这 3 种茶叶样品中检出的农药品种数较高，均超过 15 种，其中，绿茶检出农药品种最多，为 50 种。由图 15-5 可见，绿茶、红茶和乌龙茶这 3 种茶叶样品中的农药检出频次较高，均超过 20 次，其中，绿茶检出农药频次最高，为 371 次。

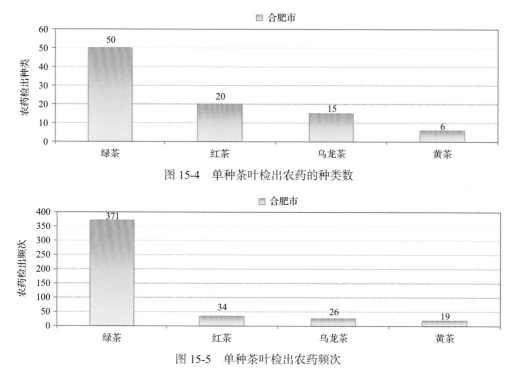

图 15-4　单种茶叶检出农药的种类数

图 15-5　单种茶叶检出农药频次

15.1.2.3　单例样品农药检出种类与占比

对单例样品检出农药种类和频次进行统计发现，未检出农药的样品占总样品数的 10.8%，检出 1 种农药的样品占总样品数的 14.2%，检出 2~5 种农药的样品占总样品数的 46.7%，检出 6~10 种农药的样品占总样品数的 25.8%，检出大于 10 种农药的样品占总样品数的 2.5%。每例样品中平均检出农药为 3.8 种，数据见表 15-4 及图 15-6。

表 15-4　单例样品检出农药品种占比

检出农药品种数	样品数量/占比(%)
未检出	13/10.8
1 种	17/14.2
2~5 种	56/46.7
6~10 种	31/25.8
大于 10 种	3/2.5
单例样品平均检出农药品种	3.8 种

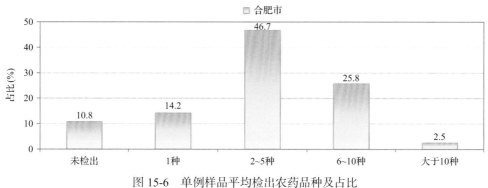

图 15-6　单例样品平均检出农药品种及占比

15.1.2.4　检出农药类别与占比

所有检出农药按功能分类，包括杀虫剂、除草剂、杀菌剂、杀螨剂、增效剂、植物生长调节剂和其他共 7 类。其中杀虫剂与除草剂为主要检出的农药类别，分别占总数的37.9%和 27.6%，见表 15-5 及图 15-7。

表 15-5　检出农药所属类别/占比

农药类别	数量/占比(%)
杀虫剂	22/37.9
除草剂	16/27.6
杀菌剂	10/17.2
杀螨剂	5/8.6
增效剂	1/1.7
植物生长调节剂	1/1.7
其他	3/5.2

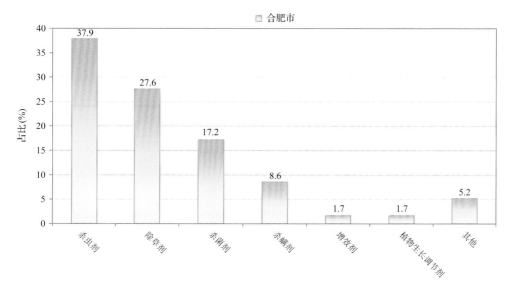

图 15-7　检出农药所属类别和占比

15.1.2.5 检出农药的残留水平

按检出农药残留水平进行统计，残留水平在 1~5 μg/kg(含)的农药占总数的 35.6%，在 5~10 μg/kg(含)的农药占总数的 22.9%，在 10~100 μg/kg(含)的农药占总数的 37.1%，在 100~1000 μg/kg 的农药占总数的 4.4%。

由此可见，这次检测的 16 批 120 例茶叶样品中农药多数处于较低残留水平。结果见表 15-6 及图 15-8，数据见附表 2。

表 15-6　农药残留水平/占比

残留水平(μg/kg)	检出频次数/占比(%)
1~5(含)	160/35.6
5~10(含)	103/22.9
10~100(含)	167/37.1
100~1000	20/4.4

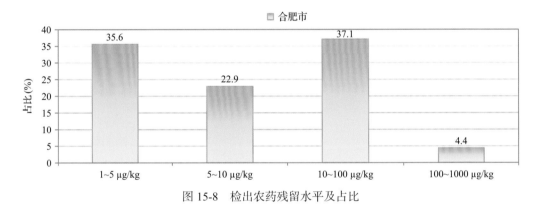

图 15-8　检出农药残留水平及占比

15.1.2.6 检出农药的毒性类别、检出频次和超标频次及占比

对这次检出的 58 种 450 频次的农药，按剧毒、高毒、中毒、低毒和微毒这五个毒性类别进行分类，从中可以看出，合肥市目前普遍使用的农药为中低微毒农药，品种占 93.1%，频次占 95.1%。结果见表 15-7 及图 15-9。

表 15-7　检出农药毒性类别/占比

毒性分类	农药品种/占比(%)	检出频次/占比(%)	超标频次/超标率(%)
剧毒农药	2/3.4	5/1.1	0/0.0
高毒农药	2/3.4	17/3.8	2/11.8
中毒农药	22/37.9	216/48.0	8/3.7
低毒农药	19/32.8	130/28.9	0/0.0
微毒农药	13/22.4	82/18.2	0/0.0

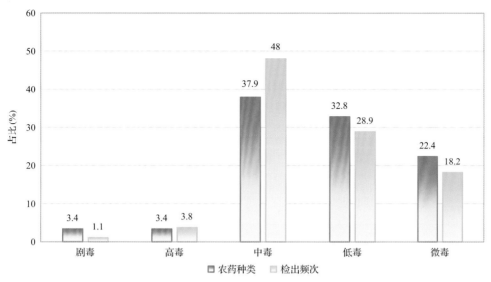

图 15-9　检出农药的毒性分类和占比

15.1.2.7　检出剧毒/高毒类农药的品种和频次

值得特别关注的是，在此次侦测的 120 例样品中有 2 种茶叶的 20 例样品检出了 4 种 22 频次的剧毒和高毒农药，占样品总量的 16.7%，详见图 15-10、表 15-8 及表 15-9。

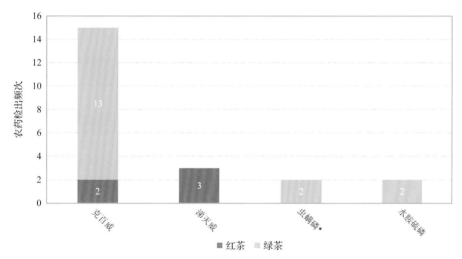

图 15-10　检出剧毒/高毒农药的样品情况

＊表示允许在茶叶上使用的农药

表 15-8　剧毒农药检出情况

序号	农药名称	检出频次	超标频次	超标率
从 2 种茶叶中检出 2 种剧毒农药，共计检出 5 次				
1	涕灭威*	3	0	0.0%
2	虫螨磷*	2	0	0.0%
	合计	5	0	超标率：0.0%

表 15-9 高毒农药检出情况

序号	农药名称	检出频次	超标频次	超标率
从 2 种茶叶中检出 2 种高毒农药, 共计检出 17 次				
1	克百威	15	1	6.7%
2	水胺硫磷	2	1	50.0%
	合计	17	2	超标率: 11.8%

在检出的剧毒和高毒农药中, 有 3 种是我国早已禁止在茶叶上使用的, 分别是: 克百威、水胺硫磷和涕灭威。禁用农药的检出情况见表 15-10。

表 15-10 禁用农药检出情况

序号	农药名称	检出频次	超标频次	超标率
从 3 种茶叶中检出 8 种禁用农药, 共计检出 48 次				
1	克百威	15	1	6.7%
2	氰戊菊酯	13	8	61.5%
3	毒死蜱	11	0	0.0%
4	涕灭威*	3	0	0.0%
5	杀虫脒	2	0	0.0%
6	水胺硫磷	2	1	50.0%
7	硫丹	1	0	0.0%
8	氯磺隆	1	0	0.0%
	合计	48	10	超标率: 20.8%

注: 超标结果参考 MRL 中国国家标准计算

此次抽检的茶叶样品中, 有 2 种茶叶检出了剧毒农药, 分别是: 红茶中检出涕灭威 3 次; 绿茶中检出虫螨磷 2 次。

样品中检出剧毒和高毒农药残留水平超过 MRL 中国国家标准的频次为 2 次, 其中: 绿茶检出克百威超标 1 次, 检出水胺硫磷超标 1 次。本次检出结果表明, 高毒、剧毒农药的使用现象依旧存在。详见表 15-11。

表 15-11 各样本中检出剧毒/高毒农药情况

样品名称	农药名称	检出频次	超标频次	检出浓度(μg/kg)
茶叶 2 种				
红茶	涕灭威*▲	3	0	3.4, 2.3, 1.4
红茶	克百威▲	2	0	10.4, 14.4
绿茶	虫螨磷*	2	0	3.3, 4.0
绿茶	克百威▲	13	1	22.6, 3.4, 19.4, 11.1, 89.9a, 35.5, 21.1, 2.5, 16.1, 5.1, 18.1, 22.8, 4.6
绿茶	水胺硫磷▲	2	1	107.2a, 1.1
	合计	22	2	超标率: 9.1%

15.2　农药残留检出水平与最大残留限量标准对比分析

我国于 2016 年 12 月 18 日正式颁布并于 2017 年 6 月 18 日正式实施食品农药残留限量国家标准《食品中农药最大残留限量》（GB 2763—2016）。该标准包括 417 个农药条目，涉及最大残留限量（MRL）标准 4140 项。将 450 频次检出农药的浓度水平与 4140 项 MRL 中国国家标准进行核对，其中只有 130 频次的结果找到了对应的 MRL，占 28.9%，还有 320 频次的结果则无相关 MRL 标准供参考，占 71.1%。

将此次侦测结果与国际上现行 MRL 对比发现，在 450 频次的检出结果中有 450 频次的结果找到了对应的 MRL 欧盟标准，占 100.0%；其中，228 频次的结果有明确对应的 MRL，占 50.7%，其余 222 频次按照欧盟一律标准判定，占 49.3%；有 450 频次的结果找到了对应的 MRL 日本标准，占 100.0%；其中，176 频次的结果有明确对应的 MRL，占 39.1%，其余 274 频次按照日本一律标准判定，占 60.9%；有 73 频次的结果找到了对应的 MRL 中国香港标准，占 16.2%；有 46 频次的结果找到了对应的 MRL 美国标准，占 10.2%；有 73 频次的结果找到了对应的 MRL CAC 标准，占 16.2%（见图 15-11 和图 15-12，数据见附表 3 至附表 8）。

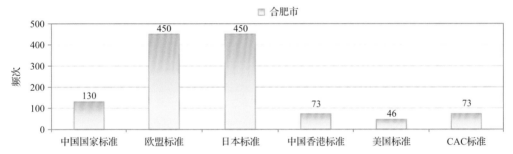

图 15-11　450 频次检出农药可用 MRL 中国国家标准、欧盟标准、日本标准、
中国香港标准、美国标准、CAC 标准判定衡量的数量

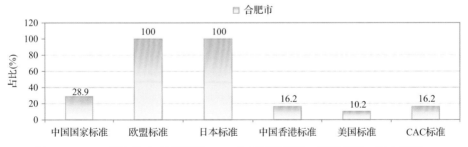

图 15-12　450 频次检出农药可用 MRL 中国国家标准、欧盟标准、日本标准、
中国香港标准、美国标准、CAC 标准衡量的占比

15.2.1　超标农药样品分析

本次侦测的 120 例样品中，13 例样品未检出任何残留农药，占样品总量的 10.8%，107 例样品检出不同水平、不同种类的残留农药，占样品总量的 89.2%。在此，我们将

本次侦测的农残检出情况与 MRL 中国国家标准、欧盟标准、日本标准、中国香港标准、美国标准、CAC 标准这 6 大国际主流 MRL 标准进行对比分析，样品农残检出与超标情况见表 15-12、图 15-13 和图 15-14，详细数据见附表 9 至附表 14。

表 15-12　各 MRL 标准下样本农残检出与超标数量及占比

	中国国家标准	欧盟标准	日本标准	中国香港标准	美国标准	CAC 标准
	数量/占比(%)	数量/占比(%)	数量/占比(%)	数量/占比(%)	数量/占比(%)	数量/占比(%)
未检出	13/10.8	13/10.8	13/10.8	13/10.8	13/10.8	13/10.8
检出未超标	97/80.8	47/39.2	51/42.5	107/89.2	107/89.2	107/89.2
检出超标	10/8.3	60/50.0	56/46.7	0/0.0	0/0.0	0/0.0

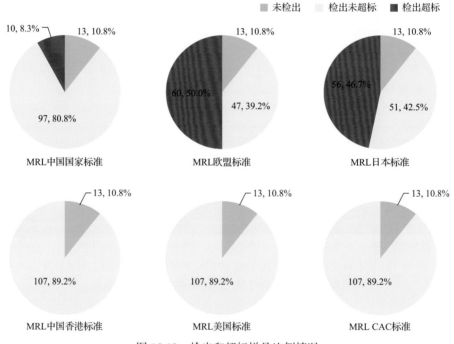

图 15-13　检出和超标样品比例情况

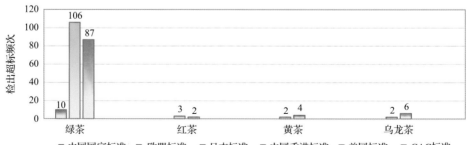

图 15-14　超过 MRL 中国国家标准、欧盟标准、日本标准、中国香港标准、美国标准、CAC 标准结果在茶叶中的分布

15.2.2　超标农药种类分析

按照 MRL 中国国家标准、欧盟标准、日本标准、中国香港标准、美国标准和 CAC 标准这 6 大国际主流 MRL 标准衡量,本次侦测检出的农药超标品种及频次情况见表 15-13。

表 15-13　各 MRL 标准下超标农药品种及频次

	中国国家标准	欧盟标准	日本标准	中国香港标准	美国标准	CAC 标准
超标农药品种	3	27	23	0	0	0
超标农药频次	10	113	99	0	0	0

15.2.2.1　按 MRL 中国国家标准衡量

按 MRL 中国国家标准衡量,共有 3 种农药超标,检出 10 频次,分别为高毒农药克百威和水胺硫磷,中毒农药氰戊菊酯。

按超标程度比较,绿茶中氰戊菊酯超标 3.7 倍,绿茶中水胺硫磷超标 1.1 倍,绿茶中克百威超标 0.8 倍。检测结果见图 15-15 和附表 15。

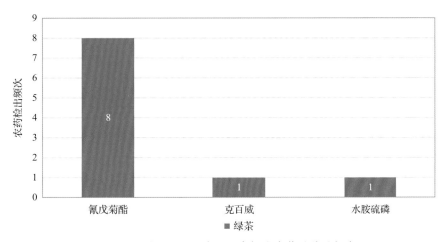

图 15-15　超过 MRL 中国国家标准农药品种及频次

15.2.2.2　按 MRL 欧盟标准衡量

按 MRL 欧盟标准衡量,共有 27 种农药超标,检出 113 频次,分别为高毒农药克百威和水胺硫磷,中毒农药甲霜灵、杀虫脒、氯氟氰菊酯、异丙威、三唑酮、氰戊菊酯、哒螨灵、炔丙菊酯和辛酰溴苯腈,低毒农药吲唑磺菌胺、呋草黄、特草灵、猛杀威、螺螨酯、新燕灵、苄呋菊酯、戊草丹、西玛通、抑芽唑和甲氧苄氟菊酯,微毒农药醚菊酯、烯虫炔酯、氟丁酰草胺、吡喃灵和胺菊酯。

按超标程度比较,绿茶中抑芽唑超标 35.1 倍,绿茶中胺菊酯超标 30.6 倍,绿茶中水胺硫磷超标 9.7 倍,绿茶中呋草黄超标 7.7 倍,绿茶中三唑酮超标 5.7 倍。检测结果见图 15-16 和附表 16。

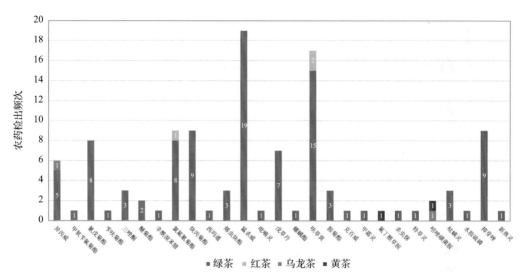

图 15-16　超过 MRL 欧盟标准农药品种及频次

15.2.2.3　按 MRL 日本标准衡量

按 MRL 日本标准衡量，共有 23 种农药超标，检出 99 频次，分别为高毒农药水胺硫磷，中毒农药杀虫脒、甲霜灵、异丙威、炔丙菊酯和辛酰溴苯腈，低毒农药吲唑磺菌胺、呋草黄、马拉硫磷、特草灵、猛杀威、新燕灵、戊草丹、西玛通、抑芽唑和甲氧苄氟菊酯，微毒农药腐霉利、烯虫酯、烯虫炔酯、氟丁酰草胺、吡喃灵、嘧菌胺和胺菊酯。

按超标程度比较，绿茶中马拉硫磷超标 42.9 倍，绿茶中抑芽唑超标 35.1 倍，绿茶中胺菊酯超标 30.6 倍，绿茶中甲霜灵超标 15.1 倍，黄茶中氟丁酰草胺超标 10.3 倍。检测结果见图 15-17 和附表 17。

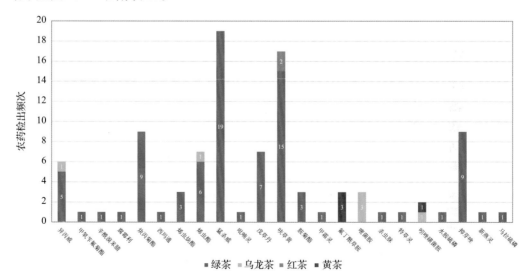

图 15-17　超过 MRL 日本标准农药品种及频次

15.2.2.4　按 MRL 中国香港标准衡量

按 MRL 中国香港标准衡量，无样品检出超标农药残留。

15.2.2.5　按 MRL 美国标准衡量

按 MRL 美国标准衡量，无样品检出超标农药残留。

15.2.2.6　按 MRL CAC 标准衡量

按 MRL CAC 标准衡量，无样品检出超标农药残留。

15.2.3　16 个采样点超标情况分析

15.2.3.1　按 MRL 中国国家标准衡量

按 MRL 中国国家标准衡量，有 3 个采样点的样品存在不同程度的超标农药检出，其中***样品室的超标率最高，为 40.0%，如表 15-14 和图 15-18 所示。

表 15-14　超过 MRL 中国国家标准茶叶在不同采样点分布

	采样点	样品总数	超标数量	超标率(%)	行政区域
1	***样品室	20	8	40.0	包河区
2	***超市(沿河路店)	11	1	9.1	庐阳区
3	***超市(潜山路店)	4	1	25.0	蜀山区

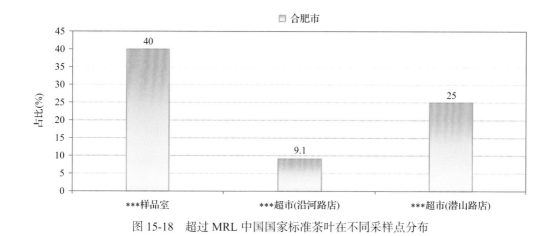

图 15-18　超过 MRL 中国国家标准茶叶在不同采样点分布

15.2.3.2　按 MRL 欧盟标准衡量

按 MRL 欧盟标准衡量，有 15 个采样点的样品存在不同程度的超标农药检出，其中***超市(潜山路店)和***有限公司的超标率最高，为 100.0%，如图 15-19 和表 15-15 所示。

表 15-15　超过 MRL 欧盟标准茶叶在不同采样点分布

	采样点	样品总数	超标数量	超标率(%)	行政区域
1	***样品室	20	9	45.0	包河区
2	***超市(沿河路店)	11	6	54.5	庐阳区
3	***超市(马鞍山路店)	11	7	63.6	包河区
4	***超市(长江路店)	9	6	66.7	蜀山区
5	***有限公司	8	2	25.0	蜀山区
6	***超市(***生活广场店)	8	5	62.5	包河区
7	***茶庄	7	2	28.6	蜀山区
8	***茶庄(政务区店)	7	3	42.9	蜀山区
9	***有限公司	7	2	28.6	包河区
10	***茶叶店	6	4	66.7	包河区
11	***茶叶店	6	2	33.3	包河区
12	***超市(长江西路店)	6	4	66.7	蜀山区
13	***茶庄	5	2	40.0	蜀山区
14	***超市(潜山路店)	4	4	100.0	蜀山区
15	***有限公司	2	2	100.0	包河区

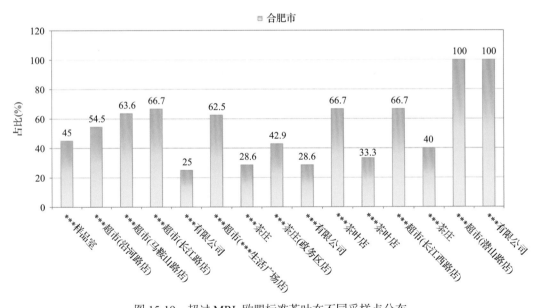

图 15-19　超过 MRL 欧盟标准茶叶在不同采样点分布

15.2.3.3　按 MRL 日本标准衡量

按 MRL 日本标准衡量，有 14 个采样点的样品存在不同程度的超标农药检出，其中 ***超市(潜山路店)和***有限公司的超标率最高，为 100.0%，如图 15-20 和表 15-16 所示。

表 15-16　超过 MRL 日本标准茶叶在不同采样点分布

	采样点	样品总数	超标数量	超标率(%)	行政区域
1	***超市(沿河路店)	11	7	63.6	庐阳区
2	***超市(马鞍山路店)	11	8	72.7	包河区
3	***超市(长江路店)	9	7	77.8	蜀山区
4	***有限公司	8	3	37.5	蜀山区
5	***超市(***生活广场店)	8	5	62.5	包河区
6	***茶庄	7	2	28.6	蜀山区
7	***茶庄(政务区店)	7	3	42.9	蜀山区
8	***有限公司	7	2	28.6	包河区
9	***茶叶店	6	4	66.7	包河区
10	***茶叶店	6	3	50.0	包河区
11	***超市(长江西路店)	6	4	66.7	蜀山区
12	***茶庄	5	2	40.0	蜀山区
13	***超市(潜山路店)	4	4	100.0	蜀山区
14	***有限公司	2	2	100.0	包河区

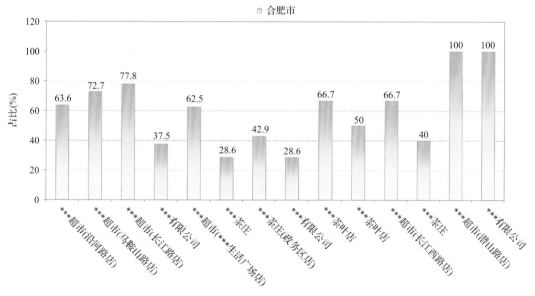

图 15-20　超过 MRL 日本标准茶叶在不同采样点分布

15.2.3.4　按 MRL 中国香港标准衡量

按 MRL 中国香港标准衡量，所有采样点的样品均未检出超标农药残留。

15.2.3.5　按 MRL 美国标准衡量

按 MRL 美国标准衡量，所有采样点的样品均未检出超标农药残留。

15.2.3.6　按 MRL CAC 标准衡量

按 MRL CAC 标准衡量，所有采样点的样品均未检出超标农药残留。

15.3　茶叶中农药残留分布

15.3.1　茶叶按检出农药品种和频次排名

本次残留侦测的茶叶共 4 种，包括红茶、黄茶、乌龙茶和绿茶。

根据检出农药品种及频次进行排名，将各项排名茶叶样品检出情况列表说明，详见表 15-17。

表 15-17　茶叶按检出农药品种和频次排名

按检出农药品种排名(品种)	①绿茶(50)，②红茶(20)，③乌龙茶(15)，④黄茶(6)
按检出农药频次排名(频次)	①绿茶(371)，②红茶(34)，③乌龙茶(26)，④黄茶(19)
按检出禁用、高毒及剧毒农药品种排名(品种)	①绿茶(7)，②红茶(3)，③乌龙茶(1)
按检出禁用、高毒及剧毒农药频次排名(频次)	①绿茶(43)，②红茶(6)，③乌龙茶(1)

15.3.2　茶叶按超标农药品种和频次排名

鉴于 MRL 欧盟标准和 MRL 日本标准制定比较全面且覆盖率较高，我们参照 MRL 中国国家标准、欧盟标准和日本标准衡量茶叶样品中农残检出情况，将茶叶按超标农药品种及频次排名列表说明，详见表 15-18。

表 15-18　茶叶按超标农药品种和频次排名

按超标农药品种排名 (农药品种数)	MRL 中国国家标准	①绿茶(3)
	MRL 欧盟标准	①绿茶(25)，②红茶(2)，③黄茶(2)，④乌龙茶(2)
	MRL 日本标准	①绿茶(20)，②乌龙茶(4)，③黄茶(2)，④红茶(1)
按超标农药频次排名 (农药频次数)	MRL 中国国家标准	①绿茶(10)
	MRL 欧盟标准	①绿茶(106)，②红茶(3)，③黄茶(2)，④乌龙茶(2)
	MRL 日本标准	①绿茶(87)，②乌龙茶(6)，③黄茶(4)，④红茶(2)

通过对各品种茶叶样本总数及检出率进行综合分析发现，绿茶、红茶和乌龙茶的残留污染最为严重，在此，我们参照 MRL 中国国家标准、欧盟标准和日本标准对这 3 种茶叶的农残检出情况进行进一步分析。

15.3.3　农药残留检出率较高的茶叶样品分析

15.3.3.1　绿茶

这次共检测 79 例绿茶样品，74 例样品中检出了农药残留，检出率为 93.7%，检出农药共计 50 种。其中猛杀威、呋草黄、异丙威、联苯菊酯和烯虫炔酯检出频次较高，分别检出了 36、28、27、24 和 21 次。绿茶中农药检出品种和频次见图 15-21，超标农药见图 15-22 和表 15-19。

15.3.3.2　红茶

这次共检测 11 例红茶样品，全部检出了农药残留，检出率为 100.0%，检出农药共计 20 种。其中烯虫炔酯、联苯菊酯、三唑酮、涕灭威和呋草黄检出频次较高，分别检出了 5、3、3、3 和 2 次。红茶中农药检出品种和频次见图 15-23，超标农药见表 15-20 和图 15-24。

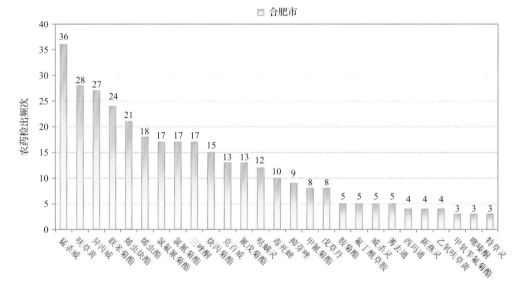

图 15-21　绿茶样品检出农药品种和频次分析(仅列出 3 频次及以上的数据)

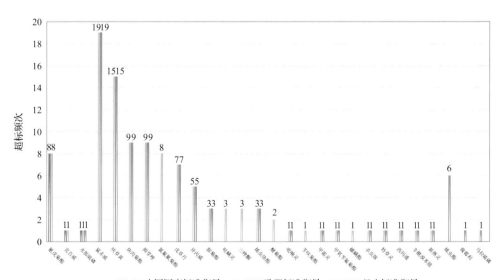

图 15-22　绿茶样品中超标农药分析

表 15-19　绿茶中农药残留超标情况明细表

样品总数		检出农药样品数	样品检出率(%)	检出农药品种总数
79		74	93.7	50
	超标农药品种	超标农药频次	按照 MRL 中国国家标准、欧盟标准和日本标准衡量超标农药名称及频次	
中国国家标准	3	10	氰戊菊酯(8)，克百威(1)，水胺硫磷(1)	
欧盟标准	25	106	猛杀威(19)，呋草黄(15)，炔丙菊酯(9)，抑芽唑(9)，氯氟氰菊酯(8)，氰戊菊酯(8)，戊草丹(7)，异丙威(5)，胺菊酯(3)，哒螨灵(3)，三唑酮(3)，烯虫炔酯(3)，醚菊酯(2)，吡嘧灵(1)，苄呋菊酯(1)，甲霜灵(1)，甲氧苄氟菊酯(1)，克百威(1)，螺螨酯(1)，杀虫脒(1)，水胺硫磷(1)，特草灵(1)，西玛通(1)，辛酰溴苯腈(1)，新燕灵(1)	
日本标准	20	87	猛杀威(19)，呋草黄(15)，炔丙菊酯(9)，抑芽唑(9)，戊草丹(7)，烯虫酯(6)，异丙威(5)，胺菊酯(3)，烯虫炔酯(3)，吡嘧灵(1)，腐霉利(1)，甲霜灵(1)，甲氧苄氟菊酯(1)，马拉硫磷(1)，杀虫脒(1)，水胺硫磷(1)，特草灵(1)，西玛通(1)，辛酰溴苯腈(1)，新燕灵(1)	

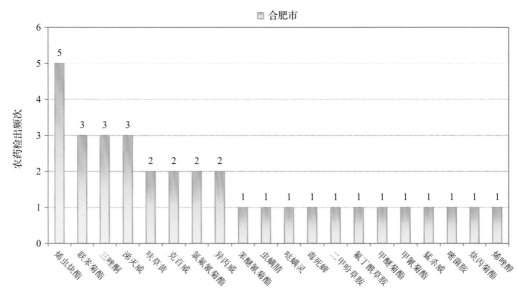

图 15-23　红茶样品检出农药品种和频次分析

表 15-20　红茶中农药残留超标情况明细表

样品总数		检出农药样品数	样品检出率(%)	检出农药品种总数
11		11	100	20
	超标农药品种	超标农药频次	按照 MRL 中国国家标准、欧盟标准和日本标准衡量超标农药名称及频次	
中国国家标准	0	0		
欧盟标准	2	3	呋草黄(2)，氯氟氰菊酯(1)	
日本标准	1	2	呋草黄(2)	

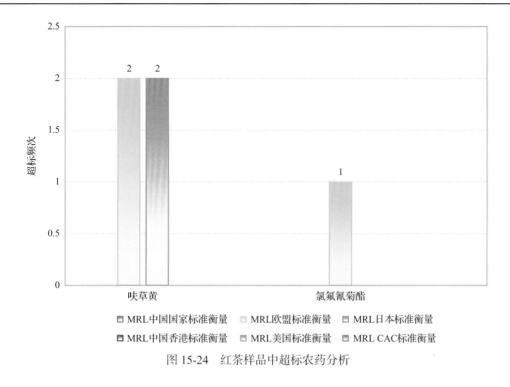

图 15-24　红茶样品中超标农药分析

15.3.3.3　乌龙茶

这次共检测 11 例乌龙茶样品，全部检出了农药残留，检出率为 100.0%，检出农药共计 15 种。其中哒螨灵、联苯菊酯、嘧菌胺、呋草黄和氯氰菊酯检出频次较高，分别检出了 3、3、3、2 和 2 次。乌龙茶中农药检出品种和频次见图 15-25，超标农药见图 15-26 和表 15-21。

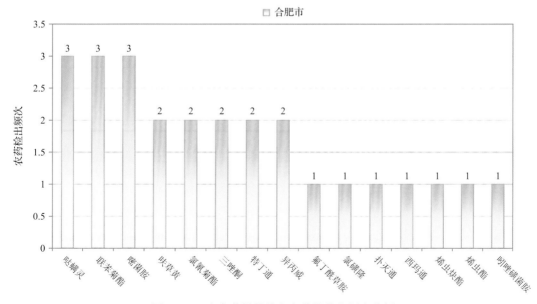

图 15-25　乌龙茶样品检出农药品种和频次分析

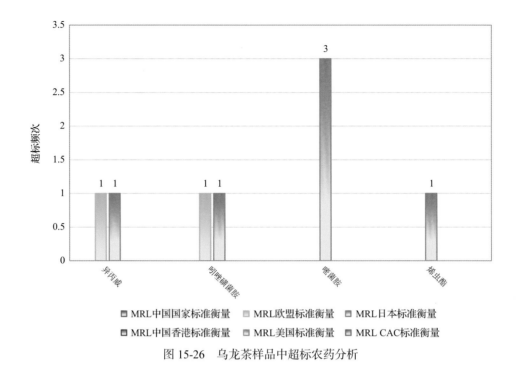

图 15-26　乌龙茶样品中超标农药分析

表 15-21　乌龙茶中农药残留超标情况明细表

样品总数		检出农药样品数	样品检出率(%)	检出农药品种总数
11		11	100	15

	超标农药品种	超标农药频次	按照 MRL 中国国家标准、欧盟标准和日本标准衡量超标农药名称及频次
中国国家标准	0	0	
欧盟标准	2	2	异丙威(1)、吲唑磺菌胺(1)
日本标准	4	6	嘧菌胺(3)、烯虫酯(1)、异丙威(1)、吲唑磺菌胺(1)

15.4　初 步 结 论

15.4.1　合肥市市售茶叶按 MRL 中国国家标准和国际主要 MRL 标准衡量的合格率

本次侦测的 120 例样品中，13 例样品未检出任何残留农药，占样品总量的 10.8%，107 例样品检出不同水平、不同种类的残留农药，占样品总量的 89.2%。在这 107 例检出农药残留的样品中：

按照 MRL 中国国家标准衡量，有 97 例样品检出残留农药但含量没有超标，占样品总数的 80.8%，有 10 例样品检出了超标农药，占样品总数的 8.3%。

按照 MRL 欧盟标准衡量，有 47 例样品检出残留农药但含量没有超标，占样品总数的 39.2%，有 60 例样品检出了超标农药，占样品总数的 50.0%。

按照 MRL 日本标准衡量，有 51 例样品检出残留农药但含量没有超标，占样品总数的 42.5%，有 56 例样品检出了超标农药，占样品总数的 46.7%。

按照 MRL 中国香港标准衡量，有 107 例样品检出残留农药但含量没有超标，占样品总数的 89.2%，无检出残留农药超标的样品。

按照 MRL 美国标准衡量，有 107 例样品检出残留农药但含量没有超标，占样品总数的 89.2%，无检出残留农药超标的样品。

按照 MRL CAC 标准衡量，有 107 例样品检出残留农药但含量没有超标，占样品总数的 89.2%，无检出残留农药超标的样品。

15.4.2　合肥市市售茶叶中检出农药以中低微毒农药为主，占市场主体的 93.1%

这次侦测的 120 例茶叶样品共检出了 58 种农药，检出农药的毒性以中低微毒为主，详见表 15-22。

表 15-22　市场主体农药毒性分布

毒性分类	检出品种	占比(%)	检出频次	占比(%)
剧毒农药	2	3.4	5	1.1
高毒农药	2	3.4	17	3.8
中毒农药	22	37.9	216	48.0
低毒农药	19	32.8	130	28.9
微毒农药	13	22.4	82	18.2

中低微毒农药，品种占比 93.1%，频次占比 95.1%

15.4.3　检出剧毒、高毒和禁用农药现象应该警醒

在此次侦测的 120 例样品中有 3 种茶叶的 44 例样品检出了 9 种 50 频次的剧毒和高毒或禁用农药，占样品总量的 36.7%。其中剧毒农药涕灭威和虫螨磷以及高毒农药克百威和水胺硫磷检出频次较高。

按 MRL 中国国家标准衡量，高毒农药克百威，检出 15 次，超标 1 次；水胺硫磷，检出 2 次，超标 1 次；按超标程度比较，绿茶中水胺硫磷超标 1.1 倍，绿茶中克百威超标 0.8 倍。

剧毒、高毒或禁用农药的检出情况及按照 MRL 中国国家标准衡量的超标情况见表 15-23。

这些剧毒和高毒农药都是中国政府早有规定禁止在茶叶中使用的，为什么还屡次被检出，应该引起警惕。

表 15-23　剧毒、高毒或禁用农药的检出及超标明细

序号	农药名称	样品名称	检出频次	超标频次	最大超标倍数	超标率
1.1	虫螨磷*	绿茶	2	0	0	0.0%
2.1	涕灭威*▲	红茶	3	0	0	0.0%
3.1	克百威◇▲	绿茶	13	1	0.8	7.7%
3.2	克百威◇▲	红茶	2	0	0	0.0%
4.1	水胺硫磷◇▲	绿茶	2	1	1.1	50.0%
5.1	毒死蜱▲	绿茶	10	0	0	0.0%
5.2	毒死蜱▲	红茶	1	0	0	0.0%
6.1	硫丹▲	绿茶	1	0	0	0.0%
7.1	氰戊菊酯▲	绿茶	13	8	3.7	61.5%
8.1	杀虫脒▲	绿茶	2	0	0	0.0%
9.1	氯磺隆▲	乌龙茶	1	0	0	0.0%
合计			50	10		20.0%

注：超标倍数参照 MRL 中国国家标准衡量

15.4.4　残留限量标准与先进国家或地区差距较大

450 频次的检出结果与我国公布的《食品中农药最大残留限量》(GB 2763—2016)对比，有 130 频次能找到对应的 MRL 中国国家标准，占 28.9%；还有 320 频次的侦测数据无相关 MRL 标准供参考，占 71.1%。

与国际上现行 MRL 对比发现：

有 450 频次能找到对应的 MRL 欧盟标准，占 100.0%；

有 450 频次能找到对应的 MRL 日本标准，占 100.0%；

有 73 频次能找到对应的 MRL 中国香港标准，占 16.2%；

有 46 频次能找到对应的 MRL 美国标准，占 10.2%；

有 73 频次能找到对应的 MRL CAC 标准，占 16.2%。

由上可见，MRL 中国国家标准与先进国家或地区标准还有很大差距，我们无标准，境外有标准，这就会导致我们在国际贸易中，处于受制于人的被动地位。

15.4.5　茶叶单种样品检出 15~50 种农药残留，拷问农药使用的科学性

通过此次监测发现，绿茶、红茶和乌龙茶是检出农药品种最多的 3 种茶叶，从中检出农药品种及频次详见表 15-24。

表 15-24　单种样品检出农药品种及频次

样品名称	样品总数	检出农药样品数	检出率	检出农药品种数	检出农药(频次)
绿茶	79	74	93.7%	50	猛杀威(36)，呋草黄(28)，异丙威(27)，联苯菊酯(24)，烯虫炔酯(21)，烯虫酯(18)，氯氟氰菊酯(17)，氯氰菊酯(17)，三唑酮(17)，炔丙菊酯(15)，克百威(13)，氰戊菊酯(13)，哒螨灵(12)，毒死蜱(10)，抑芽唑(9)，甲氰菊酯(8)，戊草丹(8)，胺菊酯(5)，氟丁酰草胺(5)，威杀灵(5)，莠去通(5)，西玛通(4)，新燕灵(4)，乙氧呋草黄(4)，甲氧苄氟菊酯(3)，噻嗪酮(3)，特草灵(3)，苯醚氰菊酯(2)，吡嗬灵(2)，虫螨腈(2)，虫螨磷(2)，腐霉利(2)，甲霜灵(2)，醚菊酯(2)，灭草敌(2)，扑灭通(2)，杀虫脒(2)，水胺硫磷(2)，辛酰溴苯腈(2)，增效醚(2)，唑草胺(2)，苄呋菊酯(1)，芬螨酯(1)，硫丹(1)，螺螨酯(1)，马拉硫磷(1)，嘧霉胺(1)，灭蚁灵(1)，三唑醇(1)，特丁通(1)
红茶	11	11	100.0%	20	烯虫炔酯(5)，联苯菊酯(3)，三唑酮(3)，涕灭威(3)，呋草黄(2)，克百威(2)，氯氟氰菊酯(2)，异丙威(2)，苯醚氰菊酯(1)，虫螨腈(1)，哒螨灵(1)，毒死蜱(1)，二甲吩草胺(1)，氟丁酰草胺(1)，甲醚菊酯(1)，甲氰菊酯(1)，猛杀威(1)，嘧菌胺(1)，炔丙菊酯(1)，烯唑醇(1)
乌龙茶	11	11	100.0%	15	哒螨灵(3)，联苯菊酯(3)，嘧菌胺(3)，呋草黄(2)，氯氰菊酯(2)，三唑酮(2)，特丁通(2)，异丙威(2)，氟丁酰草胺(1)，氯磺隆(1)，扑灭通(1)，西玛通(1)，烯虫炔酯(1)，烯虫酯(1)，吲唑磺菌胺(1)

　　上述 3 种茶叶，检出农药 15~50 种，是多种农药综合防治，还是未严格实施农业良好管理规范(GAP)，抑或根本就是乱施药，值得我们思考。

第 16 章 GC-Q-TOF/MS 侦测合肥市市售茶叶农药残留膳食暴露风险与预警风险评估

16.1 农药残留风险评估方法

16.1.1 合肥市农药残留侦测数据分析与统计

庞国芳院士科研团队建立的农药残留高通量侦测技术以高分辨精确质量数（0.0001 m/z 为基准）为识别标准，采用 GC-Q-TOF/MS 技术对 684 种农药化学污染物进行侦测。

科研团队于 2018 年 12 月至 2019 年 1 月期间在合肥市 16 个采样点，随机采集了 120 例茶叶样品，具体位置如图 16-1 所示。

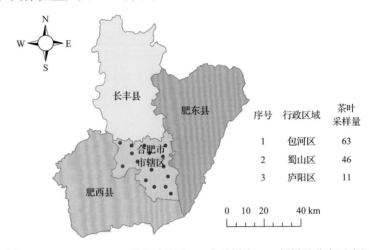

图 16-1　GC-Q-TOF/MS 侦测合肥市 16 个采样点 120 例样品分布示意图

利用 GC-Q-TOF/MS 技术对 120 例样品中的农药进行侦测，侦测出残留农药 58 种，450 频次。侦测出农药残留水平如表 16-1 和图 16-2 所示。检出频次最高的前 10 种农药如表 16-2 所示。从检测结果中可以看出，在茶叶中农药残留普遍存在，且有些茶叶存在高浓度的农药残留，这些可能存在膳食暴露风险，对人体健康产生危害，因此，为了定量地评价茶叶中农药残留的风险程度，有必要对其进行风险评价。

表 16-1　侦测出农药的不同残留水平及其所占比例列表

残留水平（μg/kg）	检出频次	占比（%）
1~5（含）	160	35.6
5~10（含）	103	22.9
10~100（含）	167	37.1
100~1000	20	4.4
合计	450	100

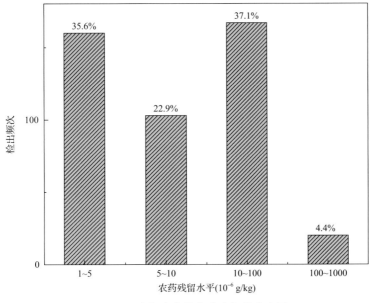

图 16-2　残留农药检出浓度频数分布图

表 16-2　检出频次最高的前 10 种农药列表

序号	农药	检出频次（次）
1	猛杀威	39
2	呋草黄	32
3	异丙威	31
4	联苯菊酯	30
5	三唑酮	30
6	烯虫炔酯	27
7	氯氟氰菊酯	19
8	氯氰菊酯	19
9	烯虫酯	19
10	哒螨灵	16

16.1.2　农药残留风险评价模型

对合肥市茶叶中农药残留分别开展暴露风险评估和预警风险评估。膳食暴露风险评估利用食品安全指数模型对茶叶中的残留农药对人体可能产生的危害程度进行评价，该模型结合残留监测和膳食暴露评估评价化学污染物的危害；预警风险评价模型运用风险系数（risk index，R），风险系数综合考虑了危害物的超标率、施检频率及其本身敏感性的影响，能直观而全面地反映出危害物在一段时间内的风险程度。

16.1.2.1　食品安全指数模型

为了加强食品安全管理，《中华人民共和国食品安全法》第二章第十七条规定"国家建立食品安全风险评估制度，运用科学方法，根据食品安全风险监测信息、科学数据以及有关信息，对食品、食品添加剂、食品相关产品中生物性、化学性和物理性危害因素进行风险评估"[1]，膳食暴露评估是食品危险度评估的重要组成部分，也是膳食安全性的衡量标准[2]。国际上最早研究膳食暴露风险评估的机构主要是 JMPR(FAO、WHO 农药残留联合会议)，该组织自 1995 年就已制定了急性毒性物质的风险评估急性毒性农药残留摄入量的预测。1960 年美国规定食品中不得加入致癌物质进而提出零阈值理论，渐渐零阈值理论发展成在一定概率条件下可接受风险的概念[3]，后衍变为食品中每日允许最大摄入量(ADI)，而国际食品农药残留法典委员会(CCPR)认为 ADI 不是独立风险评估的唯一标准[4]，1995 年 JMPR 开始研究农药急性膳食暴露风险评估，并对食品国际短期摄入量的计算方法进行了修正，亦对膳食暴露评估准则及评估方法进行了修正[5]，2002 年，在对世界上现行的食品安全评价方法，尤其是国际公认的 CAC 评价方法、全球环境监测系统/食品污染监测和评估规划(WHO GEMS/Food)及 FAO、WHO 食品添加剂联合专家委员会(JECFA)和 JMPR 对食品安全风险评估工作研究的基础之上，检验检疫食品安全管理的研究人员提出了结合残留监控和膳食暴露评估，以食品安全指数 IFS 计算食品中各种化学污染物对消费者的健康危害程度[6]。IFS 是表示食品安全状态的新方法，可有效地评价某种农药的安全性，进而评价食品中各种农药化学污染物对消费者健康的整体危害程度[7, 8]。从理论上分析，IFS_c 可指出食品中的污染物 c 对消费者健康是否存在危害及危害的程度[9]。其优点在于操作简单且结果容易被接受和理解，不需要大量的数据来对结果进行验证，使用默认的标准假设或者模型即可[10, 11]。

1) IFS_c 的计算

IFS_c 计算公式如下：

$$IFS_c = \frac{EDI_c \times f}{SI_c \times bw} \tag{16-1}$$

式中，c 为所研究的农药；EDI_c 为农药 c 的实际日摄入量估算值，等于 $\sum(R_i \times F_i \times E_i \times P_i)$ (i 为食品种类；R_i 为食品 i 中农药 c 的残留水平，mg/kg；F_i 为食品 i 的估计日消费量，g/(人·天)；E_i 为食品 i 的可食用部分因子；P_i 为食品 i 的加工处理因子)；SI_c 为安全摄入量，可采用每日允许最大摄入量 ADI；bw 为人平均体重，kg；f 为校正因子，如果安全摄入量采用 ADI，则 f 取 1。

$IFS_c \ll 1$，农药 c 对食品安全没有影响；$IFS_c \leqslant 1$，农药 c 对食品安全的影响可以接受；$IFS_c > 1$，农药 c 对食品安全的影响不可接受。

本次评价中：

$IFS_c \leqslant 0.1$，农药 c 对茶叶安全没有影响；

$0.1 < IFS_c \leqslant 1$，农药 c 对茶叶安全的影响可以接受；

$IFS_c > 1$，农药 c 对茶叶安全的影响不可接受。

本次评价中残留水平 R_i 取值为中国检验检疫科学研究院庞国芳院士课题组利用以高分辨精确质量数(0.0001 m/z)为基准的 GC-Q-TOF/MS 侦测技术于 2018 年 12 月到 2019 年 1 月期间对合肥市茶叶农药残留的侦测结果，估计日消费量 F_i 取值 0.0047kg/(人·天)，E_i=1，P_i=1，f=1，SI_c 采用《食品安全国家标准　食品中农药最大残留限量》(GB 2763—2016)中 ADI 值(具体数值见表 16-3)，人平均体重(bw)取值 60 kg。

表 16-3　合肥市茶叶中侦测出农药的 ADI 值

序号	农药	ADI	序号	农药	ADI	序号	农药	ADI
1	虫螨腈	0.03	21	三唑酮	0.03	41	猛杀威	—
2	哒螨灵	0.01	22	杀虫脒	0.001	42	嘧菌胺	—
3	毒死蜱	0.01	23	水胺硫磷	0.003	43	灭草敌	—
4	腐霉利	0.1	24	涕灭威	0.003	44	扑灭通	—
5	甲氰菊酯	0.03	25	烯唑醇	0.005	45	炔丙菊酯	—
6	甲霜灵	0.08	26	辛酰溴苯腈	0.015	46	特草灵	—
7	克百威	0.001	27	异丙威	0.002	47	特丁通	—
8	联苯菊酯	0.01	28	增效醚	0.2	48	威杀灵	—
9	硫丹	0.006	29	胺菊酯	—	49	戊草丹	—
10	螺螨酯	0.01	30	苯醚氰菊酯	—	50	西玛通	—
11	氯氟氰菊酯	0.02	31	吡喃灵	—	51	烯虫炔酯	—
12	氯磺隆	0.2	32	苄呋菊酯	—	52	烯虫酯	—
13	氯氰菊酯	0.02	33	虫螨磷	—	53	新燕灵	—
14	马拉硫磷	0.3	34	二甲吩草胺	—	54	乙氧呋草黄	—
15	醚菊酯	0.03	35	芬螨酯	—	55	抑芽唑	—
16	嘧霉胺	0.2	36	呋草黄	—	56	吲唑磺菌胺	—
17	灭蚁灵	0.0002	37	氟丁酰草胺	—	57	莠去通	—
18	氰戊菊酯	0.02	38	甲醚菊酯	—	58	唑草胺	—
19	噻嗪酮	0.009	39	甲氧苄氟菊酯	—			
20	三唑醇	0.03	40	解草腈	—			

注：“—”表示为国家标准中无 ADI 值规定；ADI 值单位为 mg/kg bw

2）计算 IFS_c 的平均值 $\overline{IFS}$，评价农药对食品安全的影响程度

以 $\overline{IFS}$ 评价各种农药对人体健康危害的总程度，评价模型见公式（16-2）。

$$\overline{IFS} = \frac{\sum_{i=1}^{n} IFS_c}{n} \tag{16-2}$$

$\overline{IFS} \ll 1$，所研究消费者人群的食品安全状态很好；$\overline{IFS} \leqslant 1$，所研究消费者人群的食品安全状态可以接受；$\overline{IFS} > 1$，所研究消费者人群的食品安全状态不可接受。

本次评价中：

$\overline{IFS} \leqslant 0.1$，所研究消费者人群的茶叶安全状态很好；

$0.1 < \overline{IFS} \leqslant 1$，所研究消费者人群的茶叶安全状态可以接受；

$\overline{IFS} > 1$，所研究消费者人群的茶叶安全状态不可接受。

16.1.2.2　预警风险评估模型

2003 年，我国检验检疫食品安全管理的研究人员根据 WTO 的有关原则和我国的具体规定，结合危害物本身的敏感性、风险程度及其相应的施检频率，首次提出了食品中

危害物风险系数 R 的概念[12]。R 是衡量一个危害物的风险程度大小最直观的参数,即在一定时期内其超标率或阳性检出率的高低,但受其施检频率的高低及其本身的敏感性(受关注程度)影响。该模型综合考察了农药在茶叶中的超标率、施检频率及其本身敏感性,能直观而全面地反映出农药在一段时间内的风险程度[13]。

1) R 计算方法

危害物的风险系数综合考虑了危害物的超标率或阳性检出率、施检频率和其本身的敏感性影响,并能直观而全面地反映出危害物在一段时间内的风险程度。风险系数 R 的计算公式如式(16-3):

$$R = aP + \frac{b}{F} + S \tag{16-3}$$

式中,P 为该种危害物的超标率;F 为危害物的施检频率;S 为危害物的敏感因子;a, b 分别为相应的权重系数。

本次评价中 $F = 1$;$S = 1$;$a = 100$;$b = 0.1$,对参数 P 进行计算,计算时首先判断是否为禁用农药,如果为非禁用农药,P=超标的样品数(侦测出的含量高于食品最大残留限量标准值,即 MRL)除以总样品数(包括超标、不超标、未侦测出);如果为禁用农药,则侦测出即为超标,P=能侦测出的样品数除以总样品数。判断合肥市茶叶农药残留是否超标的标准限值 MRL 分别以 MRL 中国国家标准[14]和 MRL 欧盟标准作为对照,具体值列于本报告附表一中。

2) 评价风险程度

$R \leq 1.5$,受检农药处于低度风险;

$1.5 < R \leq 2.5$,受检农药处于中度风险;

$R > 2.5$,受检农药处于高度风险。

16.1.2.3　食品膳食暴露风险和预警风险评估应用程序的开发

1) 应用程序开发的步骤

为成功开发膳食暴露风险和预警风险评估应用程序,与软件工程师多次沟通讨论,逐步提出并描述清楚计算需求,开发了初步应用程序。为明确出不同茶叶、不同农药、不同地域的风险水平,向软件工程师提出不同的计算需求,软件工程师对计算需求进行逐一分析,经过反复的细节沟通,需求分析得到明确后,开始进行解决方案的设计,在保证需求的完整性、一致性的前提下,编写出程序代码,最后设计出满足需求的风险评估专用计算软件,并通过一系列的软件测试和改进,完成专用程序的开发。软件开发基本步骤见图 16-3。

图 16-3　专用程序开发总体步骤

2) 膳食暴露风险评估专业程序开发的基本要求

首先直接利用公式(16-1)，分别计算 LC-Q-TOF/MS 和 GC-Q-TOF/MS 仪器侦测出的各茶叶样品中每种农药 IFS$_c$，将结果列出。为考察超标农药和禁用农药的使用安全性，分别以我国《食品安全国家标准　食品中农药最大残留限量》(GB 2763—2016)和欧盟食品中农药最大残留限量(以下简称 MRL 中国国家标准和 MRL 欧盟标准)为标准，对侦测出的禁用农药和超标的非禁用农药 IFS$_c$ 单独进行评价；按 IFS$_c$ 大小列表，并找出 IFS$_c$ 值排名前 20 的样本重点关注。

对不同茶叶 i 中每一种侦测出的农药 c 的安全指数进行计算，多个样品时求平均值。按农药种类，计算整个监测时间段内每种农药的 IFS$_c$，不区分茶叶种类。

3) 预警风险评估专业程序开发的基本要求

分别以 MRL 中国国家标准和 MRL 欧盟标准，按公式(16-3)逐个计算不同茶叶、不同农药的风险系数，禁用农药和非禁用农药分别列表。

为清楚了解各种农药的预警风险，不分时间，不分茶叶，按禁用农药和非禁用农药分类，分别计算各种侦测出农药全部检测时段内风险系数。由于有 MRL 中国国家标准的农药种类太少，无法计算超标数，非禁用农药的风险系数只以 MRL 欧盟标准为标准，进行计算。

4) 风险程度评价专业应用程序的开发方法

采用 Python 计算机程序设计语言，Python 是一个高层次地结合了解释性、编译性、互动性和面向对象的脚本语言。风险评价专用程序主要功能包括：分别读入每例样品 LC-Q-TOF/MS 和 GC-Q-TOF/MS 农药残留检测数据，根据风险评价工作要求，依次对不同农药、不同食品、不同时间、不同采样点的 IFS$_c$ 值和 R 值分别进行数据计算，筛选出禁用农药、超标农药(分别与 MRL 中国国家标准、MRL 欧盟标准限值进行对比)单独重点分析，再分别对各农药、各茶叶种类分类处理，设计出计算和排序程序，编写计算机代码，最后将生成的膳食暴露风险评估和超标风险评估定量计算结果列入设计好的各个表格中，并定性判断风险对目标的影响程度，直接用文字描述风险发生的高低，如"不可接受"、"可以接受"、"没有影响"、"高度风险"、"中度风险"、"低度风险"。

16.2　GC-Q-TOF/MS 侦测合肥市市售茶叶农药残留膳食暴露风险评估

16.2.1　每例茶叶样品中农药残留安全指数分析

基于 2018 年 12 月至 2019 年 1 月的农药残留侦测数据，发现在 120 例样品中侦测出农药 450 频次，计算样品中每种残留农药的安全指数 IFS$_c$，并分析农药对样品安全的影响程度，结果详见附表二，农药残留对茶叶样品安全的影响程度频次分布情况如图 16-4 所示。

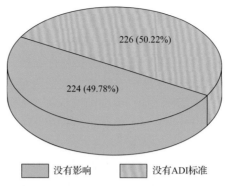

图 16-4　农药残留对茶叶样品安全的影响程度频次分布图

由图 16-4 可以看出，农药残留对样品安全的没有影响的频次为 224，占 49.78%。

部分样品侦测出禁用农药 8 种 48 频次，为了明确残留的禁用农药对样品安全的影响，分析侦测出禁用农药残留的样品安全指数，禁用农药残留对茶叶样品安全的影响程度频次分布情况如图 16-5 所示，农药残留对样品安全没有影响的频次为 48，占 100%。

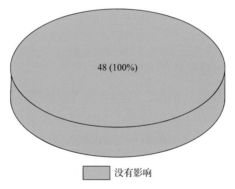

图 16-5　禁用农药对茶叶样品安全影响程度的频次分布图

此外，本次侦测发现部分样品中非禁用农药残留量超过了 MRL 欧盟标准，为了明确超标的非禁用农药对样品安全的影响，分析了非禁用农药残留超标的样品安全指数。

残留量超过 MRL 欧盟标准的非禁用农药对茶叶样品安全的影响程度频次分布情况如图 16-6 所示。可以看出超过 MRL 欧盟标准的非禁用农药共 102 频次，其中农药没有

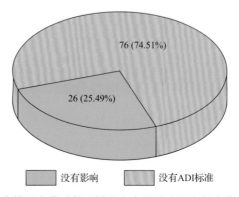

图 16-6　残留超标的非禁用农药对茶叶样品安全的影响程度频次分布图(MRL 欧盟标准)

ADI 的频次为 76，占 74.51%；农药残留对样品安全没有影响的频次为 26，占 25.49%。表 16-4 为茶叶样品中安全指数排名前 10 的残留超标非禁用农药列表。

表 16-4　茶叶样品中安全指数排名前 10 的残留超标非禁用农药列表（MRL 欧盟标准）

序号	样品编号	采样点	基质	农药	含量(mg/kg)	欧盟标准	超标倍数	IFS$_c$	影响程度
1	20190106-340100-AHCIQ-GT-09B	***超市(沿河路店)	绿茶	哒螨灵	0.1541	0.05	2.082	1.21×10^{-3}	没有影响
2	20190105-340100-AHCIQ-GT-08E	***超市(长江路店)	绿茶	异丙威	0.0256	0.01	1.56	1.00×10^{-3}	没有影响
3	20190104-340100-AHCIQ-GT-07B	***茶庄(政务区店)	绿茶	三唑酮	0.3328	0.05	5.656	8.69×10^{-4}	没有影响
4	20190104-340100-AHCIQ-GT-04C	***超市(马鞍山路店)	绿茶	异丙威	0.018	0.01	0.8	7.05×10^{-4}	没有影响
5	20190104-340100-AHCIQ-GT-07B	***茶庄(政务区店)	绿茶	哒螨灵	0.0831	0.05	0.662	6.51×10^{-4}	没有影响
6	20190104-340100-AHCIQ-GT-04B	***超市(马鞍山路店)	绿茶	异丙威	0.0164	0.01	0.64	6.42×10^{-4}	没有影响
7	20190106-340100-AHCIQ-GT-11A	***超市(潜山路店)	绿茶	哒螨灵	0.0773	0.05	0.546	6.06×10^{-4}	没有影响
8	20190106-340100-AHCIQ-GT-12C	***超市(***生活广场店)	绿茶	异丙威	0.014	0.01	0.4	5.48×10^{-4}	没有影响
9	20190106-340100-AHCIQ-GT-12E	***超市(***生活广场店)	绿茶	螺螨酯	0.0606	0.05	0.212	4.75×10^{-4}	没有影响
10	20190104-340100-AHCIQ-GT-04E	***超市(马鞍山路店)	绿茶	异丙威	0.0109	0.01	0.09	4.27×10^{-4}	没有影响

16.2.2　单种茶叶中农药残留安全指数分析

本次 4 种茶叶侦测 58 种农药，检出频次为 450 次，其中 30 种农药没有 ADI，28 种农药存在 ADI 标准。4 种茶叶按不同种类分别计算侦测出的具有 ADI 标准的各种农药的 IFS$_c$ 值，农药残留对茶叶的安全指数分布图如图 16-7 所示。

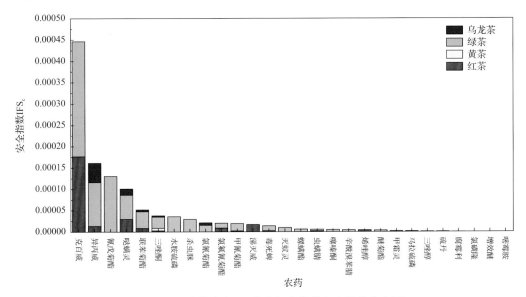

图 16-7　4 种茶叶中 28 种残留农药的安全指数分布图

　　本次侦测中，4 种茶叶和 58 种残留农药(包括没有 ADI)共涉及 91 个分析样本，农药对单种茶叶安全的影响程度分布情况如图 16-8 所示。可以看出，47.25%的样本中农药对茶叶安全没有影响。

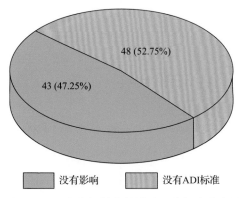

图 16-8　91 个分析样本的影响程度频次分布图

16.2.3　所有茶叶中农药残留安全指数分析

　　计算所有茶叶中 28 种农药的 IFS_c 值，结果如图 16-9 及表 16-5 所示。

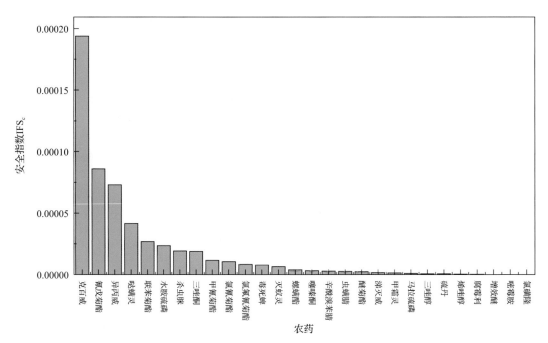

图 16-9　28 种残留农药对茶叶的安全影响程度统计图

　　分析发现，所有农药对茶叶安全的影响程度均为没有影响。说明茶叶中残留的农药不会对茶叶安全造成影响。

表 16-5　茶叶中 28 种农药残留的安全指数表

序号	农药	检出频次	检出率(%)	IFS$_c$	影响程度	序号	农药	检出频次	检出率(%)	IFS$_c$	影响程度
1	克百威	15	12.50	1.94×10^{-4}	没有影响	15	噻嗪酮	3	2.50	3.23×10^{-6}	没有影响
2	氰戊菊酯	13	10.83	8.60×10^{-5}	没有影响	16	辛酰溴苯腈	2	1.67	2.80×10^{-6}	没有影响
3	异丙威	31	25.83	7.30×10^{-5}	没有影响	17	虫螨腈	3	2.50	2.56×10^{-6}	没有影响
4	哒螨灵	16	13.33	4.15×10^{-5}	没有影响	18	醚菊酯	2	1.67	2.35×10^{-6}	没有影响
5	联苯菊酯	30	25.00	2.68×10^{-5}	没有影响	19	涕灭威	3	2.50	1.54×10^{-6}	没有影响
6	水胺硫磷	2	1.67	2.36×10^{-5}	没有影响	20	甲霜灵	2	1.67	1.37×10^{-6}	没有影响
7	杀虫脒	2	1.67	1.93×10^{-5}	没有影响	21	马拉硫磷	1	0.83	9.54×10^{-7}	没有影响
8	三唑酮	30	25.00	1.89×10^{-5}	没有影响	22	三唑醇	1	0.83	6.24×10^{-7}	没有影响
9	甲氰菊酯	9	7.50	1.17×10^{-5}	没有影响	23	硫丹	1	0.83	5.66×10^{-7}	没有影响
10	氯氰菊酯	19	15.83	1.07×10^{-5}	没有影响	24	烯唑醇	1	0.83	3.53×10^{-7}	没有影响
11	氯氟氰菊酯	19	15.83	8.39×10^{-6}	没有影响	25	腐霉利	2	1.67	2.12×10^{-7}	没有影响
12	毒死蜱	11	9.17	7.83×10^{-6}	没有影响	26	增效醚	2	1.67	2.97×10^{-8}	没有影响
13	灭蚁灵	1	0.83	6.53×10^{-6}	没有影响	27	嘧霉胺	1	0.83	9.79×10^{-9}	没有影响
14	螺螨酯	1	0.83	3.96×10^{-6}	没有影响	28	氯磺隆	1	0.83	6.20×10^{-9}	没有影响

16.3　GC-Q-TOF/MS 侦测合肥市市售茶叶农药残留预警风险评估

基于合肥市茶叶样品中农药残留 GC-Q-TOF/MS 侦测数据,分析禁用农药的检出率,同时参照中华人民共和国国家标准 GB 2763—2016 和欧盟农药最大残留限量(MRL)标准分析非禁用农药残留的超标率,并计算农药残留风险系数。分析单种茶叶中农药残留以及所有茶叶中农药残留的风险程度。

16.3.1　单种茶叶中农药残留风险系数分析

16.3.1.1　单种茶叶中禁用农药残留风险系数分析

侦测出的 58 种残留农药中有 8 种为禁用农药,且它们分布在 3 种茶叶中,计算 3 种茶叶中禁用农药的检出率,根据检出率计算风险系数 R,进而分析茶叶中禁用农药的风险程度,结果如图 16-10 与表 16-6 所示。分析发现绿茶中的硫丹残留处于中度风险,其余禁用农药在茶叶中的残留均处于高度风险。

16.3.1.2　基于 MRL 中国国家标准的单种茶叶中非禁用农药残留风险系数分析

参照中华人民共和国国家标准 GB 2763—2016 中农药残留限量计算每种茶叶中每种非禁用农药的超标率,进而计算其风险系数,根据风险系数大小判断残留农药的预警风险程度,茶叶中非禁用农药残留风险程度分布情况如图 16-11 所示。

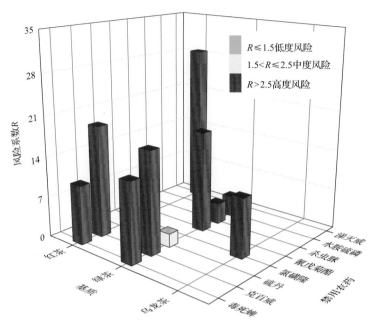

图 16-10　3 种茶叶中 8 种禁用农药残留的风险系数

表 16-6　3 种茶叶中 8 种禁用农药残留的风险系数表

序号	基质	农药	检出频次	检出率(%)	风险系数 R	风险程度
1	红茶	涕灭威	3	27.27	28.37	高度风险
2	红茶	克百威	2	18.18	19.28	高度风险
3	绿茶	克百威	13	16.46	17.56	高度风险
4	绿茶	氰戊菊酯	13	16.46	17.56	高度风险
5	绿茶	毒死蜱	10	12.66	13.76	高度风险
6	乌龙茶	氯磺隆	1	9.09	10.19	高度风险
7	红茶	毒死蜱	1	9.09	10.19	高度风险
8	绿茶	杀虫脒	2	2.53	3.63	高度风险
9	绿茶	水胺硫磷	2	2.53	3.63	高度风险
10	绿茶	硫丹	1	1.27	2.37	中度风险

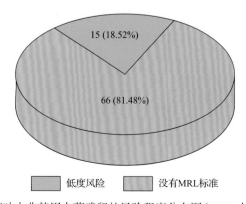

图 16-11　茶叶中非禁用农药残留的风险程度分布图(MRL 中国国家标准)

本次分析中，发现在 4 种茶叶检出 50 种残留非禁用农药，涉及样本 81 个，在 81 个样本中，18.52%处于低度风险，此外发现有 66 个样本没有 MRL 中国国家标准值，无法判断其风险程度，有 MRL 中国国家标准值的 15 个样本涉及 3 种茶叶中的 7 种非禁用农药，其风险系数 R 值如图 16-12 所示。

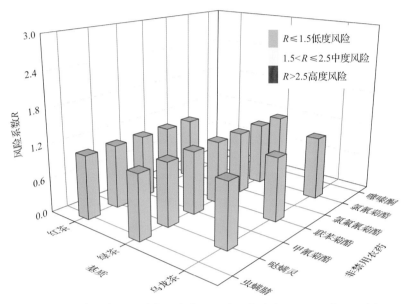

图 16-12　3 种茶叶中 7 种非禁用农药的风险系数分布图(MRL 中国国家标准)

16.3.1.3　基于 MRL 欧盟标准的单种茶叶中非禁用农药残留风险系数分析

参照 MRL 欧盟标准计算每种茶叶中每种非禁用农药的超标率，进而计算其风险系数，根据风险系数大小判断农药残留的预警风险程度，茶叶中非禁用农药残留风险程度分布情况如图 16-13 所示。

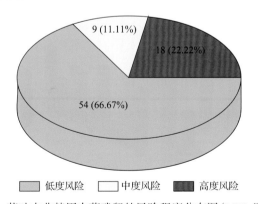

图 16-13　茶叶中非禁用农药残留的风险程度分布图(MRL 欧盟标准)

本次分析中，发现在 4 种茶叶中共侦测出 50 种非禁用农药，涉及样本 81 个，其中，22.22%处于高度风险，涉及 4 种茶叶和 14 种农药；11.11%处于中度风险，涉及 1 种茶叶和 9 种农药；66.67%处于低度风险，涉及 4 种茶叶和 37 种农药。单种茶叶中的非禁用农药风险系数分布图如图 16-14 所示。单种茶叶中处于高度风险的非禁用农药风险系数如图 16-15 和表 16-7 所示。

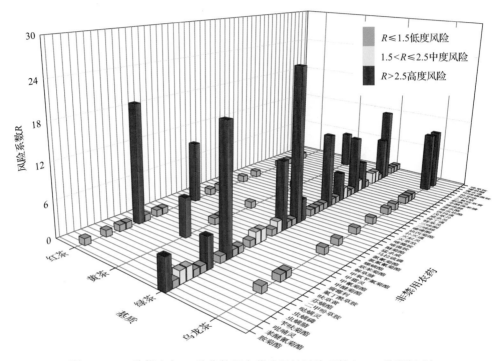

图 16-14　4 种茶叶中 50 种非禁用农药残留的风险系数(MRL 欧盟标准)

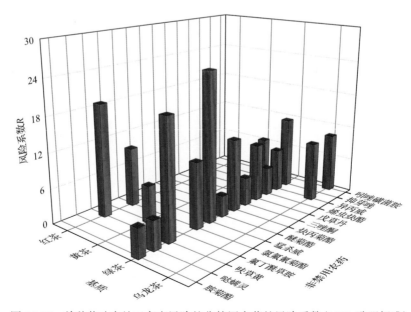

图 16-15　单种茶叶中处于高度风险的非禁用农药的风险系数(MRL 欧盟标准)

表 16-7　单种茶叶中处于高度风险的非禁用农药残留的风险系数表（MRL 欧盟标准）

序号	基质	农药	超标频次	超标率 $P(\%)$	风险系数 R
1	绿茶	猛杀威	19	24.05	25.15
2	绿茶	呋草黄	15	18.99	20.09
3	红茶	呋草黄	2	18.18	19.28
4	绿茶	抑芽唑	9	11.39	12.49
5	绿茶	炔丙菊酯	9	11.39	12.49
6	绿茶	氯氟氰菊酯	8	10.13	11.23
7	乌龙茶	吲唑磺菌胺	1	9.09	10.19
8	乌龙茶	异丙威	1	9.09	10.19
9	红茶	氯氟氰菊酯	1	9.09	10.19
10	绿茶	戊草丹	7	8.86	9.96
11	绿茶	异丙威	5	6.33	7.43
12	黄茶	吲唑磺菌胺	1	5.26	6.36
13	黄茶	氟丁酰草胺	1	5.26	6.36
14	绿茶	三唑酮	3	3.80	4.90
15	绿茶	哒螨灵	3	3.80	4.90
16	绿茶	烯虫炔酯	3	3.80	4.90
17	绿茶	胺菊酯	3	3.80	4.90
18	绿茶	醚菊酯	2	2.53	3.63

16.3.2　所有茶叶中农药残留风险系数分析

16.3.2.1　所有茶叶中禁用农药残留风险系数分析

在侦测出的 58 种农药中有 8 种为禁用农药，计算所有茶叶中禁用农药的风险系数，结果如表 16-8 所示。在 8 种禁用农药中，6 种农药残留处于高度风险，2 种农药残留处于中度风险。

表 16-8　茶叶中 8 种禁用农药的风险系数表

序号	农药	检出频次	检出率(%)	风险系数 R	风险程度
1	克百威	15	12.50	13.60	高度风险
2	氰戊菊酯	13	10.83	11.93	高度风险
3	毒死蜱	11	9.17	10.27	高度风险
4	涕灭威	3	2.50	3.60	高度风险
5	杀虫脒	2	1.67	2.77	高度风险
6	水胺硫磷	2	1.67	2.77	高度风险
7	氯磺隆	1	0.83	1.93	中度风险
8	硫丹	1	0.83	1.93	中度风险

16.3.2.2　所有茶叶中非禁用农药残留风险系数分析

参照 MRL 欧盟标准计算所有茶叶中每种非禁用农药残留的风险系数，如图 16-16 与表 16-9 所示。在侦测出的 50 种非禁用农药中，13 种农药(26%)残留处于高度风险，10 种农药(20%)残留处于中度风险，27 种农药(54%)残留处于低度风险。

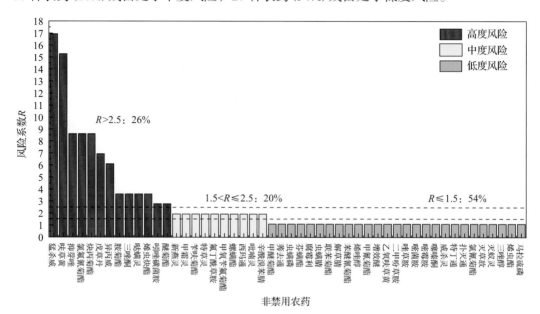

图 16-16　茶叶中 50 种非禁用农药的风险程度统计图

表 16-9　茶叶中 50 种非禁用农药的风险系数表

序号	农药	超标频次	超标率 P(%)	风险系数 R	风险程度
1	猛杀威	19	15.83	16.93	高度风险
2	呋草黄	17	14.17	15.27	高度风险
3	抑芽唑	9	7.50	8.60	高度风险
4	氯氟氰菊酯	9	7.50	8.60	高度风险
5	炔丙菊酯	9	7.50	8.60	高度风险
6	戊草丹	7	5.83	6.93	高度风险
7	异丙威	6	5.00	6.10	高度风险
8	胺菊酯	3	2.50	3.60	高度风险
9	三唑酮	3	2.50	3.60	高度风险
10	哒螨灵	3	2.50	3.60	高度风险
11	烯虫炔酯	3	2.50	3.60	高度风险
12	吲唑磺菌胺	2	1.67	2.77	高度风险
13	醚菊酯	2	1.67	2.77	高度风险
14	新燕灵	1	0.83	1.93	中度风险
15	甲霜灵	1	0.83	1.93	中度风险

续表

序号	农药	超标频次	超标率 $P(\%)$	风险系数 R	风险程度
16	苄呋菊酯	1	0.83	1.93	中度风险
17	特草灵	1	0.83	1.93	中度风险
18	氟丁酰草胺	1	0.83	1.93	中度风险
19	甲氧苄氟菊酯	1	0.83	1.93	中度风险
20	螺螨酯	1	0.83	1.93	中度风险
21	西玛通	1	0.83	1.93	中度风险
22	吡喃灵	1	0.83	1.93	中度风险
23	辛酰溴苯腈	1	0.83	1.93	中度风险
24	甲醚菊酯	0	0	1.10	低度风险
25	莠去通	0	0	1.10	低度风险
26	虫螨磷	0	0	1.10	低度风险
27	芬螨酯	0	0	1.10	低度风险
28	腐霉利	0	0	1.10	低度风险
29	虫螨腈	0	0	1.10	低度风险
30	联苯菊酯	0	0	1.10	低度风险
31	解草腈	0	0	1.10	低度风险
32	苯醚氰菊酯	0	0	1.10	低度风险
33	烯唑醇	0	0	1.10	低度风险
34	甲氰菊酯	0	0	1.10	低度风险
35	增效醚	0	0	1.10	低度风险
36	乙氧呋草黄	0	0	1.10	低度风险
37	二甲吩草胺	0	0	1.10	低度风险
38	唑草胺	0	0	1.10	低度风险
39	嘧菌胺	0	0	1.10	低度风险
40	嘧霉胺	0	0	1.10	低度风险
41	噻嗪酮	0	0	1.10	低度风险
42	威杀灵	0	0	1.10	低度风险
43	特丁通	0	0	1.10	低度风险
44	扑灭通	0	0	1.10	低度风险
45	氯氰菊酯	0	0	1.10	低度风险
46	灭草敌	0	0	1.10	低度风险
47	灭蚁灵	0	0	1.10	低度风险
48	三唑醇	0	0	1.10	低度风险
49	烯虫酯	0	0	1.10	低度风险
50	马拉硫磷	0	0	1.10	低度风险

16.4　GC-Q-TOF/MS 侦测合肥市市售茶叶农药残留风险评估结论与建议

农药残留是影响茶叶安全和质量的主要因素，也是我国食品安全领域备受关注的敏感话题和亟待解决的重大问题之一[15,16]。各种茶叶均存在不同程度的农药残留现象，本研究主要针对合肥市各类茶叶存在的农药残留问题，基于 2018 年 12 月至 2019 年 1 月对合肥市 120 例茶叶样品中农药残留侦测得出的 450 个侦测结果，分别采用食品安全指数模型和风险系数模型，开展茶叶中农药残留的膳食暴露风险和预警风险评估。茶叶菜样品取自超市和茶叶专营店，符合大众的膳食来源，风险评价时更具有代表性和可信度。

本研究力求通用简单地反映食品安全中的主要问题，且为管理部门和大众容易接受，为政府及相关管理机构建立科学的食品安全信息发布和预警体系提供科学的规律与方法，加强对农药残留的预警和食品安全重大事件的预防，控制食品风险。

16.4.1　合肥市茶叶中农药残留膳食暴露风险评价结论

1) 茶叶样品中农药残留安全状态评价结论

采用食品安全指数模型，对 2018 年 12 月至 2019 年 1 月期间合肥市茶叶食品农药残留膳食暴露风险进行评价，根据 IFS_c 的计算结果发现，茶叶中农药的 $\overline{IFS}$ 为 $1.96×10^{-5}$，说明合肥市茶叶总体处于可以接受的安全状态，但部分禁用农药、高残留农药在茶叶中仍有侦测出，导致膳食暴露风险的存在，成为不安全因素。

2) 禁用农药膳食暴露风险评价

本次检测发现部分茶叶样品中有禁用农药侦测出，侦测出禁用农药 8 种，侦测出频次为 48，茶叶样品中的禁用农药 IFS_c 计算结果表明，禁用农药残留膳食暴露风险没有影响的频次为 48，占 100%。

16.4.2　合肥市茶叶中农药残留预警风险评价结论

1) 单种茶叶中禁用农药残留的预警风险评价结论

本次检测过程中，在 3 种茶叶中检测出 8 种禁用农药，禁用农药为：氯磺隆、克百威、毒死蜱、涕灭威、杀虫脒、氰戊菊酯、水胺硫磷、硫丹，茶叶为：乌龙茶、红茶、绿茶，茶叶中禁用农药的风险系数分析结果显示，除绿茶中的硫丹残留处于中度风险外，其他各种农药在各种茶叶中的残留均处于高度风险。

2) 单种茶叶中非禁用农药残留的预警风险评价结论

以 MRL 中国国家标准为标准，计算茶叶中非禁用农药风险系数情况下，81 个样本中，15 个处于低度风险(18.52%)，66 个样本没有 MRL 中国国家标准(81.48%)。以 MRL 欧盟标准为标准，计算茶叶中非禁用农药风险系数情况下，发现有 18 个处于高度风险

(22.22%)，9 个处于中度风险(11.11%)，54 个处于低度风险(66.67%)。基于两种 MRL 标准，评价的结果差异显著，可以看出 MRL 欧盟标准比中国国家标准更加严格和完善，过于宽松的 MRL 中国国家标准值能否有效保障人体的健康有待研究。

16.4.3　加强合肥市茶叶食品安全建议

我国食品安全风险评价体系仍不够健全，相关制度不够完善，多年来，由于农药用药次数多、用药量大或用药间隔时间短，产品残留量大，农药残留所造成的食品安全问题日益严峻，给人体健康带来了直接或间接的危害。据估计，美国与农药有关的癌症患者数约占全国癌症患者总数的 50%，中国更高。同样，农药对其他生物也会形成直接杀伤和慢性危害，植物中的农药可经过食物链逐级传递并不断蓄积，对人和动物构成潜在威胁，并影响生态系统。

基于本次农药残留侦测数据的风险评价结果，提出以下几点建议：

1)加快食品安全标准制定步伐

我国食品标准中对农药每日允许最大摄入量 ADI 的数据严重缺乏，在本次评价所涉及的 58 种农药中，仅有 48.28%的农药具有 ADI 值，而 51.72%的农药中国尚未规定相应的 ADI 值，亟待完善。

我国食品中农药最大残留限量值的规定严重缺乏，对评估涉及的不同茶叶中不同农药 91 个 MRL 限值进行统计来看，我国仅制定出 20 个标准，我国标准完整率仅 21.98%，欧盟的完整率达到 100%(表 16-10)。因此，中国更应加快 MRL 的制定步伐。

表 16-10　我国国家食品标准农药的 ADI、MRL 值与欧盟标准的数量差异

分类		中国 ADI	MRL 中国国家标准	MRL 欧盟标准
标准限值(个)	有	28	20	91
	无	30	71	0
总数(个)		58	91	91
无标准限值比例(%)		51.72	78.02	0

此外，MRL 中国国家标准限值普遍高于欧盟标准限值，这些标准中共有 11 个高于欧盟。过高的 MRL 值难以保障人体健康，建议继续加强对限值基准和标准的科学研究，将农产品中的危险性减少到尽可能低的水平。

2)加强农药的源头控制和分类监管

在合肥市某些茶叶中仍有禁用农药残留，利用 GC-Q-TOF/MS 技术侦测出 8 种禁用农药，检出频次为 48 次，残留禁用农药均存在较大的膳食暴露风险和预警风险。早已列入黑名单的禁用农药在我国并未真正退出，有些药物由于价格便宜、工艺简单，此类高毒农药一直生产和使用。建议在我国采取严格有效的控制措施，从源头控制禁用农药。

对于非禁用农药，在我国作为"田间地头"最典型单位的县级茶叶产地中，农药残留的检测几乎缺失。建议根据农药的毒性，对高毒、剧毒、中毒农药实现分类管理，减少使用高毒和剧毒高残留农药，进行分类监管。

3) 加强农药生物基准和降解技术研究

市售茶叶中残留农药的品种多、频次高、禁用农药多次检出这一现状，说明了我国的田间土壤和水体因农药长期、频繁、不合理的使用而遭到严重污染。为此，建议中国相关部门出台相关政策，鼓励高校及科研院所积极开展分子生物学、酶学等研究，加强土壤、水体中残留农药的生物修复及降解新技术研究，切实加大农药监管力度，以控制农药的面源污染问题。

综上所述，在本工作基础上，根据茶叶残留危害，可进一步针对其成因提出和采取严格管理、大力推广无公害茶叶种植与生产、健全食品安全控制技术体系、加强茶叶质量检测体系建设和积极推行茶叶质量追溯制度等相应对策。建立和完善食品安全综合评价指数与风险监测预警系统，对食品安全进行实时、全面的监控与分析，为我国的食品安全科学监管与决策提供新的技术支持，可实现各类检验数据的信息化系统管理，降低食品安全事故的发生。

参 考 文 献

[1] 全国人民代表大会常务委员会. 中华人民共和国食品安全法[Z]. 2015-04-24.

[2] 钱永忠, 李耘. 农产品质量安全风险评估: 原理、方法和应用[M]. 北京: 中国标准出版社, 2007.

[3] 高仁君, 陈隆智, 郑明奇, 等. 农药对人体健康影响的风险评估[J]. 农药学学报, 2004, 6(3): 8-14.

[4] 高仁君, 王蔚, 陈隆智, 等. JMPR 农药残留急性膳食摄入量计算方法[J]. 中国农学通报, 2006, 22(4): 101-104.

[5] FAO/WHO Recommendation for the revision of the guidelines for predicting dietary intake of pesticide residues, Report of a FAO/WHO Consultation, 2-6 May 1995, York, United Kingdom.

[6] 李聪, 张艺兵, 李朝伟, 等. 暴露评估在食品安全状态评价中的应用[J]. 检验检疫学刊, 2002, 12(1): 11-12.

[7] Liu Y, Li S, Ni Z, et al. Pesticides in persimmons, jujubes and soil from China: Residue levels, risk assessment and relationship between fruits and soils[J]. Science of the Total Environment, 2016, 542(Pt A): 620-628.

[8] Claeys W L, Schmit J F O, Bragard C, et al. Exposure of several Belgian consumer groups to pesticide residues through fresh fruit and vegetable consumption[J]. Food Control, 2011, 22(3): 508-516.

[9] Quijano L, Yusà V, Font G, et al. Chronic cumulative risk assessment of the exposure to organophosphorus, carbamate and pyrethroid and pyrethrin pesticides through fruit and vegetables consumption in the region of Valencia (Spain)[J]. Food & Chemical Toxicology, 2016, 89: 39-46.

[10] Fang L, Zhang S, Chen Z, et al. Risk assessment of pesticide residues in dietary intake of celery in China[J]. Regulatory Toxicology & Pharmacology, 2015, 73(2): 578-586.

[11] Nuapia Y, Chimuka L, Cukrowska E. Assessment of organochlorine pesticide residues in raw food samples from open markets in two African cities[J]. Chemosphere, 2016, 164: 480-487.

[12] 秦燕, 李辉, 李聪. 危害物的风险系数及其在食品检测中的应用[J]. 检验检疫学刊, 2003, 13(5): 13-14.

[13] 金征宇. 食品安全导论[M]. 北京: 化学工业出版社, 2005.

[14] 中华人民共和国国家卫生和计划生育委员会, 中华人民共和国农业部, 中华人民共和国国家食品药品监督管理总局. GB 2763—2016 食品安全国家标准 食品中农药最大残留限量[S]. 2016.

[15] Chen C, Qian Y Z, Chen Q, et al. Evaluation of pesticide residues in fruits and vegetables from Xiamen, China[J]. Food Control, 2011, 22: 1114-1120.

[16] Lehmann E, Turrero N, Kolia M, et al. Dietary risk assessment of pesticides from vegetables and drinking water in gardening areas in Burkina Faso[J]. Science of the Total Environment, 2017, 601-602: 1208-1216.